普通高等教育“十三五”规划教材
普通高等学校研究生系列优秀教材

机械系统微机控制原理与设计

主编　隋修武

中国水利水电出版社
www.waterpub.com.cn
·北京·

内 容 提 要

本书以机械工程学科的工程应用技术为基础，并适当进行扩展，比较系统地阐述了机械系统微机控制的发展、机械系统中常用的 STM32 微控制器结构原理及程序设计、数据处理方法与控制算法、微机系统集成技术，最后介绍了基于 CCD 的线径检测和闭环张力控制两个应用实例。

本书为机械工程学科的专业硕士研究生教材，也可以作为机械电子工程专业、测控技术与仪器专业、自动化专业等高年级的本科生教材，以及供具有一定机电知识背景的工程技术人员使用。

图书在版编目（CIP）数据

机械系统微机控制原理与设计 / 隋修武主编. -- 北京 : 中国水利水电出版社, 2019.7(2024.1重印)
普通高等教育“十三五”规划教材　普通高等学校研究生系列优秀教材
ISBN 978-7-5170-7865-4

Ⅰ. ①机… Ⅱ. ①隋… Ⅲ. ①机械系统－微机控制－自动控制原理－高等学校－教材②机械系统－微机控制－控制系统设计－高等学校－教材 Ⅳ. ①TH

中国版本图书馆CIP数据核字(2019)第155452号

书　　名	普通高等教育“十三五”规划教材 普通高等学校研究生系列优秀教材 **机械系统微机控制原理与设计** JIXIE XITONG WEIJI KONGZHI YUANLI YU SHEJI
作　　者	主编　隋修武
出版发行	中国水利水电出版社 （北京市海淀区玉渊潭南路 1 号 D 座　100038） 网址：www. waterpub. com. cn E - mail：sales@mwr. gov. cn 电话：（010）68545888（营销中心）
经　　售	北京科水图书销售有限公司 电话：（010）68545874、63202643 全国各地新华书店和相关出版物销售网点
排　　版	中国水利水电出版社微机排版中心
印　　刷	北京中献拓方科技发展有限公司
规　　格	184mm×260mm　16 开本　12.5 印张　296 千字
版　　次	2019 年 7 月第 1 版　2024 年 1 月第 2 次印刷
定　　价	**40.00** 元

凡购买我社图书，如有缺页、倒页、脱页的，本社营销中心负责调换

前言

现代机械工程已不是简单的机械结构的设计与应用，机电一体化是大势所趋，机械工程中的微机控制技术是在机械测试技术和控制理论的基础上形成的综合理论与技术，在机电一体化、机械制造、自动化装备等领域中都起到十分重要的作用。微机的应用水平在很大程度上决定了智能制造的水平，决定了生产力的发展水平。作为高等院校的工科类研究生，微机控制系统的基本知识和开发技能已是一项必须掌握的基本功。

为了加强专业型硕士研究生的培养，全国工程硕士学位教育指导委员会提出了一系列的教学改革指导意见。鉴于各专业硕士培养单位的特色不同，培养方案差别也很大。本教材建设的思路是立足机械工程学科，面向专业硕士，紧跟技术应用前沿，突出工程实践，重在系统集成。

通过科学性、先进性的研究生教材建设，实现优质教学资源共享，与时俱进地丰富研究生课程内涵，培养机械系统的微机控制思想与工程应用能力，追踪机电一体化新技术，激发研究生的学习动力，培养研究生掌握机电领域的检测、数据处理、控制等坚实宽广的基础理论、专业知识，以及综合运用专业知识进行系统集成的设计能力、工程应用能力、科研创新能力，全面提高研究生教育教学质量。

本教材在总结多年的教学和科研经验的基础上，立足机械工程学科，重在系统集成，科学合理地安排章节内容，介绍了在机械系统中常用的STM32的结构原理、输入输出通道的电路设计与程序设计，数字信号处理及控制算法设计，机电系统的集成与电磁兼容等专项知识。同时，为了将上述知识有机地结合起来，突破单一知识点的束缚，突出系统的综合设计与集成，培养学生在进行系统设计之初就具备机电一体化的设计思想，熟练掌握嵌入式系统设计及其在机械系统中应用的特定要求，培养学生的综合应用能力，教材安排了基于CCD的线径检测和闭环张力控制两个综合设计实例。

本教材由天津工业大学隋修武教授主编，并负责全书的策划与统稿，天津工业大学的一线教师组成了编写组，刘欣副教授、牛雪娟副教授、郗涛副教授、桑宏强副教授、张宏杰博士参与编写了大部分章节，王德明、张杨、李琰、程国栋、胡秀兵、石峰、韩志昕等研究生进行了大量的资料编辑整理与实验验证工作。本教材的出版是编写组集体智慧的结晶。同时本教材的编写与出版得到了天津工业大学优秀研究生教材建设项目的资助，在此一并表示感谢。

由于编者水平有限，又试图在编写教材的指导思想和内容上做出较大改变，本教材必然存在一些缺点和不足之处，敬请广大教师和同学们在使用过程中能够给予批评和指导，以利于编者的改进和提高，让我们一起携手将机械工程领域的专业学位研究生培养工作做得更好。

编者

2019 年 2 月

目　录

第 1 章　机械系统的微机控制概述

机械系统的微机控制技术是在机械测试技术和控制理论的基础上形成的综合理论与技术，在机电一体化、机械制造、自动化装备等领域中都起着十分重要的作用。机械系统与人工智能的结合为智能制造提供了广阔的发展空间，微机的应用水平在很大程度上决定了智能制造的水平，决定了生产力的发展水平。本章主要讲述机械控制系统的组成、计算机控制系统的结构与发展趋势、嵌入式系统原理与接口技术等。

1.1　机械控制系统的组成

1.1.1　机械控制系统的分类

根据系统的结构，机械工程中的自动控制系统可以分为开环控制系统、闭环控制系统和半闭环控制系统。

1. 开环控制系统

系统的输出端和输入端之间不存在反馈回路，只是根据输入量和干扰量进行控制，输出量在整个控制过程中对系统的控制不产生任何影响，这样的系统称为开环控制系统。如图 1.1 所示的数控机床工作台进给系统。

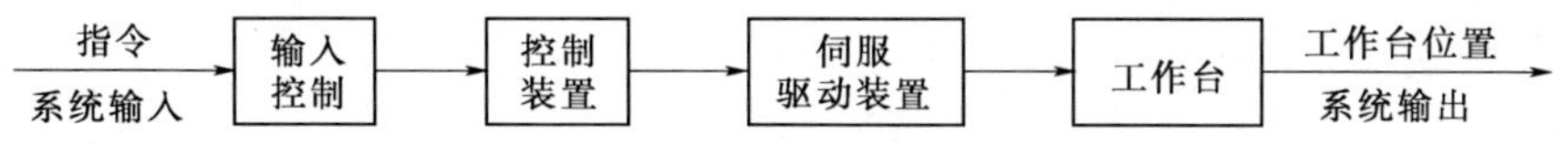

图 1.1　数控机床工作台进给系统

由于没有反馈通道，该系统是一个开环控制系统。系统的输出量仅受输入量的控制。

开环控制系统的输入量与输出量之间存在明确的对应关系。如果在某种干扰的作用下，系统的输出偏离了原始值，由于不存在反馈，控制器将无法获得关于输出量的实际状态信息，系统也将无法自动纠偏。所以，通常开环系统的控制精度较低，如果组成系统的元件特性和参数值比较稳定，而且外界的干扰也比较小，则这种控制系统也可以保证一定的精度。开环控制系统的最大优点是系统简单，成本低，一般都能稳定、可靠地工作，因此对于要求不高的系统可以采用。开环控制系统的一般结构如图 1.2 所示。

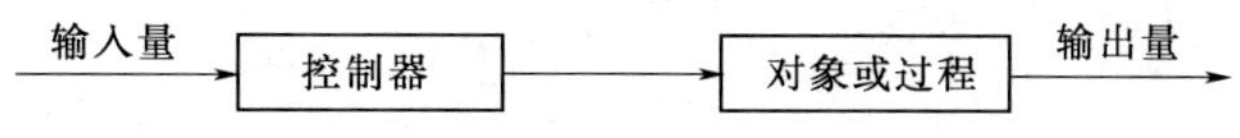

图 1.2　开环控制系统的一般结构

2. 闭环控制系统

如果系统的输出端和输入端之间存在反馈回路，输出量对控制过程产生直接影响，这种系统称为闭环控制系统，如恒温箱自动控制系统就是一个闭环控制系统。闭环控制系统的一般结构如图 1.3 所示。

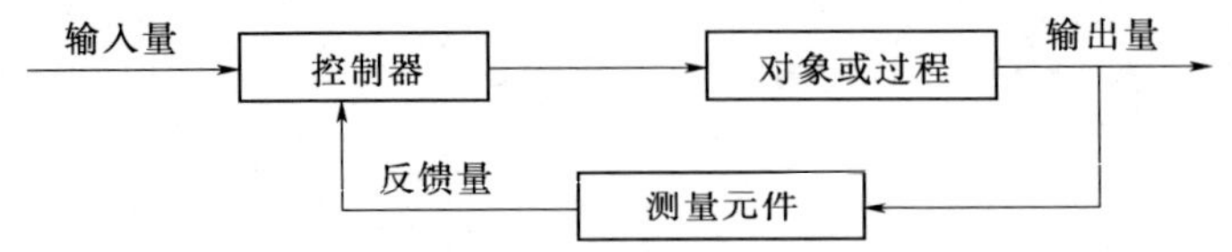

图 1.3　闭环控制系统的一般结构

闭环控制系统的突出优点：输出端和输入端之间存在反馈，因此不管遇到什么干扰，只要被控制量的实际值偏离给定值，闭环控制就会根据偏差自动产生控制作用来减小这一偏差，因此，闭环控制精度通常较高。

闭环控制系统也有它的缺点，这类系统是靠偏差进行控制的，因此，在整个控制过程中可能始终存在着偏差（是否存在偏差，与控制算法有关），由于元件的惯性（如负载的惯性），若参数配置不当，很容易引起振荡，使系统不稳定而无法工作。

3. 半闭环控制系统

如果控制系统的反馈信号不是直接从系统的输出端引出，而是间接地取自中间的测量元件，例如在数控机床的进给伺服系统中，若将位置检测传感器安装在传动丝杆的端部，间接测量工作台的实际位移，则这种系统称为半闭环控制系统。

半闭环控制系统一般可以获得比开环系统更高的控制精度，但由于只存在局部反馈，在局部反馈之外的部分所导致的输出扰动将无法通过自动调节的方式消除。因此，其精度往往比闭环系统要低；但与闭环系统相比，它易于实现系统的稳定。目前，大多数数控机床都采用这种半闭环控制进给伺服系统。

1.1.2　闭环控制系统的组成

闭环控制系统因其控制精度高，在实际的控制系统中应用非常广泛，如机器人的运动控制、智能车的速度与位置控制等。如图 1.4 所示为一个完整的闭环控制系统。由图可见，闭环控制系统一般包括给定元件、反馈元件、比较元件、放大元件、执行元件及校正元件等。

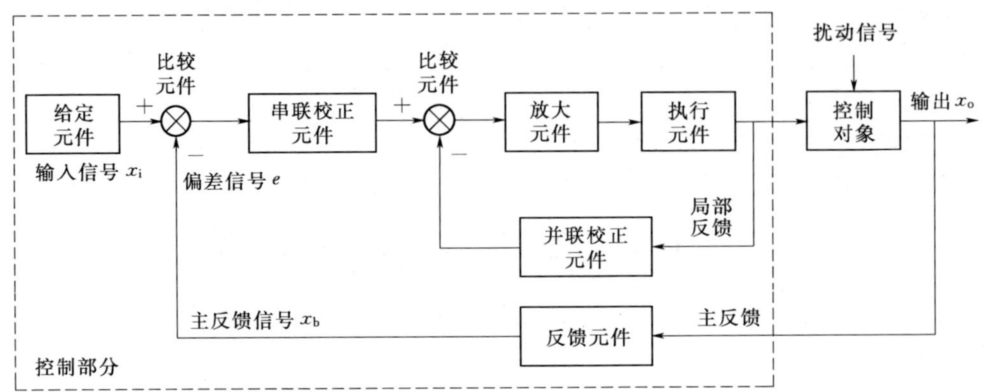

图 1.4　闭环控制系统

1. 给定元件

给定元件主要用于产生给定信号或输入信号。

2. 反馈元件

反馈元件通常是一些用电量来测量非电量的元件，即传感器。它测量被控制量或输出量，产生反馈信号。为了便于传输，反馈信号多为电信号（电压信号或电流信号）。

必须指出，在机械、液压、气动、机电、电机等系统中存在着内在反馈。这是一种没有专设反馈元件的信息反馈，是系统内部各参数相互作用而产生的反馈信息流，如作用力与反作用力之间形成的直接反馈。内在反馈回路由系统动力学特性确定，它所构成的闭环系统是一个动力学系统。例如，机床工作台低速爬行等自激振荡现象，都是由具有内在反馈的闭环系统产生的。

3. 比较元件

比较元件用来接收输入信号和反馈信号并进行比较，产生反映两者差值的偏差信号。

4. 放大元件

放大元件指对偏差信号进行放大的元件。例如，电压放大器、功率放大器、电液伺服阀、电气比例/伺服阀等。放大元件的输出一定要有足够的能量，才能驱动执行元件，实现控制功能。

5. 执行元件

执行元件指直接对受控对象进行操纵的元件。例如，伺服电动机、液（气）压电动机、伺服液（气）压缸等。

6. 校正元件

校正元件指为保证控制质量，使系统获得良好的动、静态性能而加入系统的元件。校正元件又称校正装置。串联接在系统前向通路上的校正元件称为串联校正装置；并联接在反馈回路上的校正元件称为反馈校正装置。

尽管一个控制系统包含许多不同作用的元部件，但从总体上看，任何一个控制系统都可认为仅由控制器（完成控制作用）和控制对象两部分组成。在图 1.4 中，比较元件、放大元件、执行元件和反馈元件等共同起着控制作用，为控制器部分。图 1.4 还包括了扰动信号，扰动信号是由于系统内部元器件参数的变化或外部环境的改变而造成的，不管是何种扰动，其最终结果都会导致输出量（即被控制量）发生偏移，因此直接将扰动信号集中表示在控制对象上。考虑到输出量的偏移所产生的偏差可以通过反馈作用予以自动纠正，故采用上述表示方法是合适的。

1.2　微机控制系统

微型计算机自动测量和控制（Micro - Computer Automatic Measurement and Control）系统是一门多学科综合技术。它是自动控制技术、计算机科学、微电子学和通信技术等有机结合、综合发展的产物。微机测控系统包含的内容十分广泛，包括各种数据采集和处理系统、自动测量系统、生产过程控制系统、导弹与卫星的检测及发射控制系统等，广泛应用于航空、航天、核科学研究、工厂自动化、实验室自动测量和控制，以及办公自动化、商业自动化、家庭自动化等人类活动的各个领域。

微机控制系统是以微型计算机为核心，以“监测”和“控制”为目的、测控一体化的系统，如图 1.5 所示。

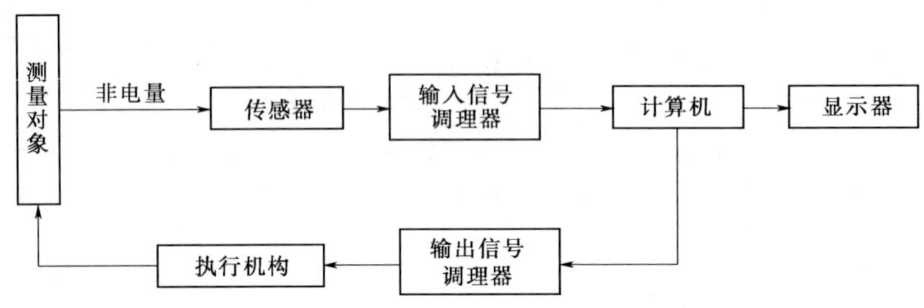

图 1.5　微机控制系统

这种系统对被控对象的控制是依据对被控对象的测量结果决定的。

1.2.1　微机控制系统的特点

1. 技术集成和系统复杂程度高

微机控制系统是计算机、控制、通信、电子等多种高新技术的集成，是理论方法和应用技术的结合。由于信息量大、速度快和精度高，因此能实现复杂的控制规律，从而达到较高的控制质量。控制系统实现了常规系统难以实现的多变量控制、智能控制、参数自整定等。

2. 实时性强

微机控制系统是一个实时计算机系统，可以根据采集到的数据，立即采取相应的动作。例如，检测到化学反应罐的压力超限，可以立即打开减压阀，这样就避免了爆炸的危险。实时性是区别于普通计算机系统的关键特点，也是衡量微机控制系统性能的一个重要指标。

3. 可靠性高和可维修性好

这两个因素决定系统的可用程度。由于采取有效的抗干扰、冗余、可靠性技术和系统的自诊断功能，微机控制系统的可靠性高且可维修性好。如有的控制系统一旦出现故障，微机能迅速报出故障点和处理办法，便于立即修复。

4. 环境适应性强

工业环境恶劣，要求微机系统能适应特定的环境要求，如高温、高湿、腐蚀、振动、冲击、灰尘等工业环境，微机控制系统还特别要有高的电磁兼容性。

5. 控制的多功能性

微机控制系统具有集中操作、实时控制、控制管理、生产管理等多功能。

6. 应用的灵活性

由于软件功能丰富、编程方便和硬件体积小、重量轻以及结构设计上的模块化、标准化，故系统配置上有很强的灵活性。微机系统可以嵌入到被控对象的系统中，要有简易的结构化、组态化控制软件，硬件的可装配性、可扩充性也很好。

另外，技术更新快，信息综合性强，内涵丰富，操作便利等也都是微机控制系统的一些特点。

1.2.2 微机控制系统的设计要求

区别于传统的控制系统，微机测控系统设计有着自己特殊的要求。

(1) 具有良好的实时性。

(2) 具有高可靠性和较强的环境适应性。

(3) 采用标准化部件，便于扩充、升级和维护。

(4) 具有良好的人机界面和丰富的监视画面。

(5) 具有良好的系统组态和可选的各种控制策略。

(6) 具有网络通信功能，便于实现工厂自动化和信息化。

1.2.3 微机控制系统发展趋势

1. 智能化

所谓智能，是指能随外界条件的变化，具有确定正确行动的能力，也即具有人的思维能力以及推理、作出决策的能力，而智能化的仪表或系统，可以在个别的部件上，也可以在局部或整体系统上具有智能的特征。例如智能化的测试仪表，它能在被测参数变化时自动选择测量方案，进行自校正、自补偿、自检、自诊断等，以获取最佳测试结果。为了更有效地利用被测量，在检测时往往要附加一些分析与控制的功能，因而采用实时动态建模技术、在线识别技术，以获得实时最优控制、自适应控制等功能。有的系统则直接运用人工智能、专家系统技术设计智能控制器。

2. 综合化与集成化

电子测量仪器、自动化仪表、自动化测试系统、数据采集和控制系统在过去是分属各学科和领域，各自独立发展的。由于生产自动化的要求，它们在发展中相互靠近，功能互相覆盖，差异逐渐缩小，体现为一种“信息流”综合管理与控制系统。其综合的目的是提高人们对生产过程全面的监视、检测、控制与管理等多方面的能力。与此同时，对测量控制技术本身提出了高的要求，如高灵敏度、高精度、高分辨率、高速响应、高稳定性、高度自动化和智能化等。为此，要求提高系统综合与设计的能力，这就涉及多种学科、多种技术的互相融合、互相渗透，使系统功能强大，向更高层次发展。

3. 系统化与标准化

现代检测与控制的任务，更多地涉及系统的特征。所谓系统，是指若干个相互间具有内在关联的要素，构成一个整体，由它来完成规定的功能，以达到某个给定的目的。因而在系统内部，若要设立多台计算机，则这些计算机往往不是互不相干的，而是要构成相互联系的整体，这就形成了各种多计算机的系统。即使使用单独的计算机进行测量控制，也要通过标准总线与各个部件进行联络。

在向系统化发展的同时，还需要涉及系统部件接口的标准化、系列化和模块化，用户只需选用符合标准的制造厂产品，而不必再考虑能否与现有系统连接，能否与现有系统进行数据通信等问题。

4. 微型化与大型化

嵌入式系统也是计算机测控技术的一个发展方向。所谓嵌入式系统，是指计算机测控系统是与被监控对象一体的，即计算机测控系统是嵌入在被监控对象之中的。微处理芯片技术、液晶显示技术、大容量电子存储器件技术的发展为嵌入式系统的开发提供了可靠的保证。另外，家庭、家电中以及一些特殊场合（例如人体）的应用也对计算机测控系统的微型化提出了要求。

与微型化相反的一个方向是大型化。大型化的特点：①控制系统监控的参量非常多，可以达到数万个甚至数十万个；②控制的地域非常宽广，面积可达数十平方千米，距离可达上万千米。由于大型化的需求以及计算机网络技术的日渐成熟，基于计算机网络的计算机控制系统越来越多。

5. 多媒体化与网络化

多媒体技术正在迅速地从家庭、办公室向计算机控制技术应用的各个领域扩散。通过应用多媒体技术，操作人员不仅能够获取丰富的现场信号，同时，还使得原本枯燥乏味的工作变得有趣起来。

随着计算机技术和网络技术的迅猛发展，各种层次的计算机网络在控制系统中的应用越来越广泛，规模也越来越大，从而使传统意义上的回路控制系统所具有的特点在系统网络化过程中发生了根本变化，并最终逐步实现了控制系统的网络化。

6. 虚拟仪器化

随着硬件技术的不断提升，总线化、模块化的结构化设计模式使得测控系统的形式也发生了变化。软件在系统中的作用越来越明显，在硬件的支持下，通过软件实现等效的仪器作用成了灵活、方便的仪器实现形式。现在的虚拟仪器开发软件系统已经得到了很大的发展。

1.3　微机控制系统的核心——微型计算机

1.3.1　微型计算机的基本组成

迄今为止，所有计算机的组成结构都是冯·诺依曼型的，即它是通过执行存储器中的程序而工作的。微机系统包括软件和硬件，如图 1.6 所示。软件分为系统软件、应用软件和程序设计语言。硬件包括主机和外围设备，主机包括 CPU、存储器、输入/输出接口、总线；外围设备包括外部设备与辅助设备。其中，外部设备包括输入设备、输出设备和辅助存储器，辅助设备包括电源电路和时钟电路。

CPU 是计算机的控制核心，它的功能是执行指令，完成算数运算、逻辑运算，并对整机进行控制。存储器用于存储程序和数据。输入/输出接口（又称 I/O 接口）是 CPU 和外部设备之间相连的逻辑电路，外部设备必须通过接口才能和 CPU 相连，不同的外部设备所用接口不同，每个 I/O 接口也有一个地址，CPU 通过对不同的 I/O 接口进行操作来完成对外部设备的操作。存储器、I/O 接口和 CPU 之间通过总线相连。用于传送程序或数据的总线称为数据总线（ Data Bus）；地址总线（ Address Bus）用于传送地址，以

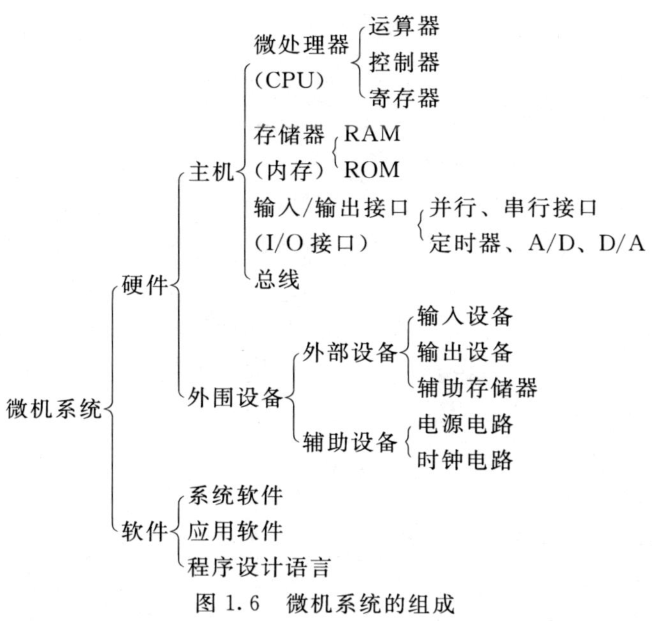

图 1.6 微机系统的组成

识别不同的存储单元或 I/O 接口；控制总线（Control Bus）用于控制数据总线上数据流的方向、对象等。

1.3.2 微型计算机的主要技术指标

微型计算机主要有如下一些技术指标。

（1）字长：CPU 并行处理二进制数据位，由此定为 8 位机、16 位机、32 位机等。

（2）存储容量：存储器单元数，如 256B、8KB、1MB 等（1B 即一个字节，也就是一个 8 位二进制数，是计算机数据的基本单位）。

（3）运算速度：CPU 处理速度，它和内部的工艺结构以及外接的时钟频率有关。

（4）时钟频率：在 CPU 极限频率以下，一般地讲，时钟频率越高，执行指令速度越快。

1.3.3 嵌入式微型计算机系统的发展

嵌入式系统从出现至今已有 40 多年的历史，其发展轨迹呈现出硬件和软件交替发展的双螺旋式。早在电子数字计算机出现之前就有了把计算装置嵌入在系统和设备中的嵌入式系统，如把计算机嵌入到导弹等武器和航天器中。直到 20 世纪 70 年代末的集成电路化的第三代计算机时期，嵌入式计算机才逐步兴起。近几年来，随着计算机、通信、消费电子的一体化趋势日益明显，嵌入式技术已成为一个研究热点。比如，在航空和航天领域中，微机测控系统已经代替了大量的测试仪器，担负着实验室、导弹总装厂和发射场的各种测试和发射控制任务，使测试和发射准备时间大大缩短，操作人员和特种车辆大量减少，发射场的指挥员在控制室或指挥车里就可观察到导弹或卫星各系统的工作情况和各种参数，以便做出正确的判断，对发射过程进行有效的控制。

（1）嵌入式应用始于微型机时代。电子数字计算机诞生于 1946 年，在其后漫长的历史进程中，计算机始终是供养在特殊的机房中、实现数据计算的大型昂贵设备。直到 20 世纪 70 年代微处理器的出现，计算机才出现了历史性的变化。以微处理器为核心的微型计算机以其小型、价廉、高可靠性等特点，迅速走出机房。基于高速数据计算能力的微型机表现出的智能化水平引起了控制专业人士的兴趣，要求将微型机嵌入到一个对象体系中，实现对象体系的智能化控制。例如，将微型计算机经电气加固、机械加固，并配置各种外围接口电路，安装到大型舰船中构成自动驾驶仪或轮机状态监测系统。这样一来，计算机便失去了原来的形态与通用的计算机功能。为了区别于原有的通用计算机系统，我们把嵌入到对象体系中、实现对象体系智能化控制的计算机称为嵌入式计算机系统。因此，嵌入式系统诞生于微型机时代，其嵌入性本质是将一个计算机嵌入到一个对象体系中去，这些是理解嵌入式系统的基本出发点。

(2) 现代计算机技术的两大分支。由于嵌入式系统要嵌入到对象体系中，实现的是对象的智能化控制，因此它有着与通用计算机系统完全不同的技术要求与技术发展方向。

通用计算机系统的技术要求是高速、海量的数据计算，技术发展方向是总线速度的无限提升、存储容量的无限扩大；而嵌入式系统的技术要求则是对象的智能化控制能力，技术发展方向是与对象体系密切相关的嵌入性能、控制能力与控制的可靠性。

早期，人们勉为其难地将通用计算机系统进行改装，在大型设备中实现嵌入式应用。然而，对于众多的对象体系（如家用电器、仪器仪表、工控单元……），无法嵌入通用计算机系统，况且嵌入式系统与通用计算机系统的技术发展方向完全不同，因此必须独立地发展通用计算机系统与嵌入式系统，这就形成了现代计算机技术发展的两大分支。

如果说微型机的出现使计算机进入到现代计算机发展阶段，那么嵌入式系统的诞生，则标志着计算机进入了通用计算机系统与嵌入式系统两大分支并行发展时代，从而极大地推动了 20 世纪末计算机的高速发展。

(3) 两大分支发展的里程碑事件。通用计算机系统与嵌入式系统的专业化分工发展，促进 20 世纪末、21 世纪初计算机技术的飞速发展。计算机专业领域集中精力发展通用计算机系统的软、硬件技术，不必兼顾嵌入式应用要求，通用微处理器迅速从 286、386、486 发展到奔腾系列，乃至当前的酷睿双核、四核等多核；操作系统则迅速扩张了计算机高速、海量的数据处理能力，使通用计算机系统进入到一个相对比较成熟的阶段。

嵌入式系统则走上了一条完全不同的道路，这条独立发展的道路就是单芯片化。它动员了原有的传统电子系统领域的厂家与专业人士，接过起源于计算机领域的嵌入式系统，承担起发展与普及嵌入式系统的历史任务，迅速地将传统的电子系统发展到智能化的现代电子系统。

现代计算机技术发展的两大分支的里程碑意义在于：它不仅形成了计算机发展的专业化分工，而且将发展计算机技术的任务扩展到传统的电子系统领域，使计算机成为进入人类社会全面智能化时代的有力工具。

纵观嵌入式技术的发展历程，大致经历了 4 个阶段。

(1) 以单芯片为核心的可编程控制器形式的系统。这类系统大部分应用于一些专业性强的工业控制系统中，具有与监测、伺服、指示设备相配合的功能。一般没有操作系统的支持，通过汇编语言编程对系统进行直接控制，运行结束后再清除内存。这些装置虽然已经初步具备了嵌入式的应用特点，但仅仅只是使用 8 位的 CPU 芯片来执行一些单线程的程序，因此严格地说还谈不上“系统”的概念。这一阶段系统的主要特点是：系统结构和功能相对单一，处理效率较低，存储容量较小，几乎没有用户接口。由于这种嵌入式系统使用简单、价格低，以前在国内工业领域应用较为普遍，但是已经远远不能适应高效的、需要大容量存储的现代工业控制和新兴信息家电等领域的需求。

（2）以嵌入式 CPU 为基础、以简单操作系统为核心的嵌入式系统。20 世纪 80 年代，随着微电子工艺水平的提高，IC 制造商开始把嵌入式应用中所需要的微处理器、I/O 接口、串行接口以及 RAM、ROM 等部件统统集成到一片 VLSI 中，制造出面向 I/O 设计的微控制器，并一举成为嵌入式系统领域中异军突起的新秀。与此同时，嵌入式系统的程序员也开始基于一些简单的“操作系统”开发嵌入式应用软件，大大缩短了开发周期，提高了开发效率。这一阶段嵌入式系统的主要特点是：出现了大量高可靠、低功耗的嵌入式 CPU（如 Power PC 等），但通用性比较弱；各种简单的嵌入式操作系统开始出现并得到迅速发展，并初步具有了一定的兼容性和扩展性，系统开销小，内核精巧且效率高，主要用来控制系统负载以及监控应用程序的运行；应用软件较专业化，但用户界面不够友好。

（3）以嵌入式操作系统为标志的嵌入式系统。20 世纪 90 年代，在分布控制、柔性制造、数字化通信和信息家电等巨大需求的牵引下，嵌入式系统进一步飞速发展，而面向实时信号处理算法的 DSP 产品则向着高速度、高精度、低功耗的方向发展。随着硬件实时性要求的提高，嵌入式系统的软件规模也不断扩大，逐渐形成了实时多任务操作系统（RTOS），并开始成为嵌入式系统的主流。主要特点是：嵌入式操作系统能运行于各种不同类型的微处理器上，兼容性好；操作系统内核小、效率高，并且具有高度的模块化和扩展性；具备文件和目录管理、多任务、网络支持、图形窗口以及用户界面等功能；具有大量的应用程序 API，开发应用程序较简单；嵌入式应用软件丰富。

（4）以 Internet 为标志的嵌入式系统。目前大多数嵌入式系统还孤立于 Internet 之外，信息时代和数字时代的到来为嵌入式系统的发展带来了巨大的机遇。随着 Internet 的发展以及 Internet 技术与信息家电、工业控制技术结合日益密切，嵌入式设备与 Internet 的结合将代表嵌入式系统的未来。

综上所述，嵌入式系统技术日益完善，32 位微处理器在该系统中占主导地位。嵌入式操作系统已经从简单走向成熟，其与网络、Internet 的结合日益密切，其应用日益广泛。

1.3.4 嵌入式处理器

嵌入式处理器是嵌入式微型计算机系统的核心。

目前据不完全统计，全世界嵌入式处理器的品种总量已经超过 1000 多种，流行体系结构有三十几个系列，其中 8051 体系的占有多半。生产 8051 单片机的半导体厂家有 20 多个，共 350 多种衍生产品，仅飞利浦品牌的产品就有近 100 种。现在几乎每个半导体制造商都生产嵌入式处理器，越来越多的公司开始拥有自己的处理器设计部门。嵌入式处理器的寻址空间一般为 64KB～16MB，处理速度 0.1～2000MIPS，常用封装 8～144 个引脚。根据其现状，嵌入式处理器可以分成嵌入式微处理器（EMPU）、嵌入式微控制器

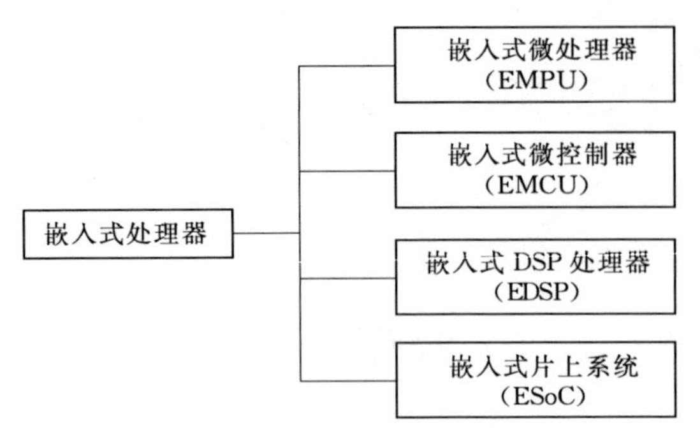

图 1.7　嵌入式处理器分类

(EMCU)、嵌入式 DSP 处理器（EDSP）、嵌入式片上系统（ESoC）4 类，如图 1.7 所示。

1. 嵌入式微处理器（Embedded Microprocessor Unit，EMPU）

嵌入式微处理器的基础是通用计算机中的 CPU，即由通用计算机中的 CPU 演变而来。与通用计算机处理器不同的是，在实际嵌入式应用中，将微处理器装配在专门设计的电路板上，只保留和嵌入式应用紧密相关的母板功能，去除了其他冗余的功能部分，这样可以大幅度减小系统体积和功耗。为了满足嵌入式应用的特殊要求，嵌入式微处理器虽然在功能上和标准微处理器基本是一样的，但在工作温度、抗电磁干扰、可靠性等方面一般都作了各种增强。

和工业控制计算机相比，嵌入式微处理器具有体积小、重量轻、成本低、可靠性高的优点，但是在电路板上必须包括 ROM、RAM、总线接口、各种外设等器件，从而降低了系统的可靠性，技术保密性也较差。嵌入式微处理器及其存储器、总线、外设等安装在一块电路板上，称为单板计算机，如 STD－BUS、PC104 等。近年来，德国、日本的一些公司又开发出了类似火柴盒式、名片大小的嵌入式计算机系列 OEM 产品。

嵌入式微处理器目前主要有 Am186/88、386EX、SC－400、Power PC、68000、MIPS、ARM 系列等。

2. 嵌入式微控制器（Embedded Microcontroller Unit，EMCU）

嵌入式微控制器又称单片机，顾名思义，就是将整个计算机系统集成到一块芯片中，这也是目前嵌入式系统工业的主流。嵌入式微控制器一般以某一种微处理器内核为核心，片上资源比较丰富（芯片内部集成有 ROM/EPROM、RAM、总线、总线逻辑、定时/计数器、WatchDog、I/O、串行口、脉宽调制输出、A/D、D/A、Flash RAM、EEPROM 等各种必要功能和外设），适合控制，因此称为微控制器。为适应不同的应用需求，一般一个系列的单片机具有多种衍生产品，每种衍生产品的处理器内核都是一样的，不同的是存储器和外设的配置及封装。这样可以使单片机最大限度地和应用需求相匹配，功能不多不少，从而减少功耗和成本。

和嵌入式微处理器相比，嵌入式微控制器的最大特点是单片化，体积大大减小，从而使功耗和成本下降、可靠性提高。

目前嵌入式微控制器的品种和数量最多，比较有代表性的通用系列包括 8051、P51XA、MCS－251、MCS－96/196/296、C166/167、MC68HC05/11/12/16、68300 等。另外还有许多半通用系列，如支持 USB 接口的 MCU 8XC930/931、C540、C541；支持 IIC、CAN－Bus、LCD 及众多专用 MCU 的兼容系列。目前 MCU 占嵌入式系统约 70% 的市场份额。

特别值得注意的是，近年来提供 x86 微处理器的著名厂商 AMD 公司将 Am186 CC/H/CU 等嵌入式处理器称为 Microcontroller，摩托罗拉公司将以 PowerPC 为基础的

PPC505 和 PPC555 也列入了单片机行列，TI 公司亦将其 TMS320C2XXX 系列 DSP 作为 MCU 进行推广。

3. 嵌入式 DSP 处理器（Embedded Digital Signal Processor，EDSP）

DSP 的理论算法在 20 世纪 70 年代就已经出现，但是由于专门的 DSP 处理器还未出现，所以这种理论算法只能通过 MPU 等由分立元件实现。1982 年世界上诞生了首枚 DSP 芯片，在语音合成和编码解码器中得到了广泛应用。随着 DSP 运算速度的进一步提高，其应用领域也迅速从上述范围扩大到了通信和计算机方面。

DSP 处理器是专用于信号处理方面的处理器，对系统结构和指令进行了特殊设计，使其适合于执行 DSP 算法，编译效率较高，指令执行速度也高。在数字滤波、FFT、谱分析等方面，DSP 算法正在大量进入嵌入式领域，DSP 应用正在逐步从在通用单片机中以普通指令实现 DSP 功能过渡到采用嵌入式 DSP 处理器。

嵌入式 DSP 处理器有两个发展来源：①DSP 处理器经过单片化、EMC 改造、增加片上外设成为嵌入式 DSP 处理器，TI 的 TMS320C2000/C5000 等即属于此范畴；②在通用单片机或 SOC 中增加 DSP 协处理器，例如 Intel 的 MCS－296 和 Infineon（Siemens）的 TriCore。

推动嵌入式 DSP 处理器发展的主要因素是嵌入式系统的智能化，例如各种带有智能逻辑的消费类产品，生物信息识别终端，带有加解密算法的键盘，ADSL 接入、实时语音压解系统，虚拟现实显示等。这类智能化算法一般都是运算量较大，特别是向量运算、指针线性寻址等较多，而这些正是 DSP 处理器的长处所在。

嵌入式 DSP 处理器比较有代表性的产品是德州仪器公司的 TMS320 系列和摩托罗拉公司的 DSP56000 系列。TMS320 系列处理器包括用于控制的 C2000 系列、移动通信的 C5000 系列，以及性能更高的 C6000 和 C8000 系列。摩托罗拉公司在 DSP56000 系列的基础上相继研发、推出了 DSP56100、DSP56200 和 DSP56300 等多个不同系列的处理器，其中于 1997 年推出的 24 位 DSP56300 系列的首枚芯片 DSP56301 经过不断升级，提供了大容量的片内存储器、滤波器、协处理器，具有较优异的性能与体积、价位、功耗比。另外，飞利浦公司也推出了基于可重置嵌入式 DSP 结构的、采用低成本、低功耗技术制造的 R. E. A. L DSP 处理器，其特点是具备双 Harvard 结构和双乘/累加单元，应用目标是大批量消费类产品。

4. 嵌入式片上系统（Embedded System on Chip，ESoC）

SoC 系统结构如图 1.8 所示。

随着电子信息交换系统（EDI）的推广、超大规模集成电路（VLSI）设计的普及化以及半导体工艺的迅速发展，在一个硅片上实现一个更为复杂的系统的时代已经来临，这就是 System on Chip (SoC)。SoC 设计技术始于 20 世纪 90 年代中期，它使用专用集成电路 ASIC 芯片设计。嵌入式片上系统从整个系统性能要求出发，把微处理器、芯片结构、外围器件各层次电路直至器件的设计紧密结合起来，并通过建立在全新理念上的系统软件和硬件的协同设计，在单个芯片上实现整个系统的功能。

SoC 是一种基于 IP（Intellectual Property）核嵌入式系统级芯片设计技术，它将许多功能模块集成在一个芯片上。如 ARM RISC、MIPS RISC、DSP 或其他的微处理器核心，

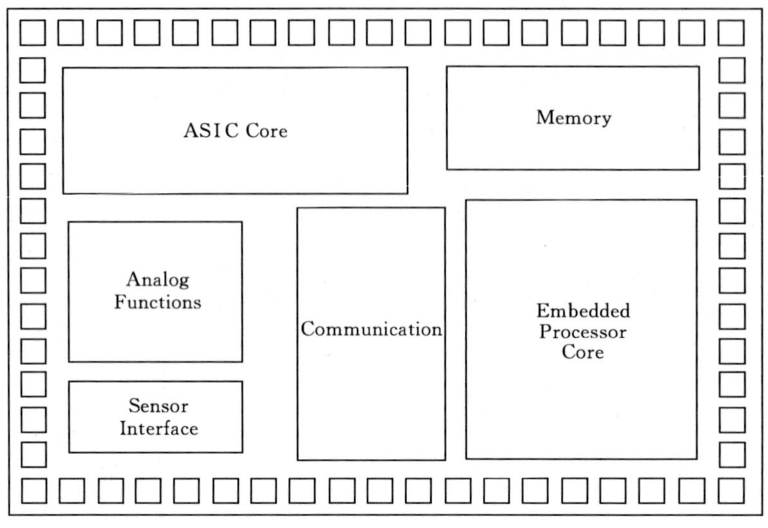

图 1.8　SoC 系统结构

加上通信的接口单元，例如通用串行端口（USB）、TCP/IP 通信单元、GPRS 通信接口、GSM 通信接口、IEEE1394、蓝牙模块接口等，这些单元以往都是依照其各自功能做成一个个独立的处理芯片。

各种通用处理器内核将作为 SoC 设计公司的标准库，和许多其他嵌入式系统外设一样，成为 VLSI 设计中一种标准的器件，用标准的 VHDL 等语言描述，存储在器件库中。用户只需定义出其整个应用系统，仿真通过后就可以将设计图交给半导体工厂制作样品。这样除个别无法集成的器件以外，整个嵌入式系统的大部分均可集成到一块或几块芯片中去，应用系统电路板将变得很简洁，对于减小体积和功耗、提高可靠性非常有利。

SoC 可以减少外围驱动接口单元及电路板之间的信号传递，加快微处理器数据处理速度；其内嵌的线路可以避免外部电路板在信号传递时造成的系统杂讯；可以通过改变内部工作电压，降低芯片功耗。

SoC 可以分为通用和专用两类。通用系列包括 Infineon 的 TriCore、Motorola 的 M—Core、某些 ARM 系列器件、Echelon 和 Motorola 联合研制的 Neuron 芯片等。专用 SoC 一般专门用于某个或某类系统中，不为一般用户所知。一个颇具代表性的产品便是 Philips 的 Smart XA，它将 XA 单片机内核和支持超过 2048 位复杂 RSA 算法的 CCU 单元制作在一块硅片上，形成一个可加载 Java 或 C 语言的专用 SoC，可用于公众互联网（如 Internet）安全方面。

1.4　嵌入式系统的应用

嵌入式系统的应用远远超过了各种通用计算机。一台通用计算机的外部设备中就包含了 5～10 个嵌入式微处理器，键盘、鼠标、软驱、硬盘、显示卡、显示器、Modem、网卡、声卡、打印机、扫描仪、USB 集线器等均是由嵌入式处理器控制的。嵌入式系统因其体积小、可靠性高、功能强、灵活方便等许多优点，其应用已深入到制造工业、过程控制、网络、通信、仪器、仪表、汽车、船舶、航空、航天、军事装备、消费类产品等应用领域，对各行各业的技术改造、产品更新换代、加速自动化进程、提高生产率等方面起到了极其重要的推动作用。

嵌入式系统的应用前景非常广阔，人们会无时无处不接触到嵌入式产品——从家里的洗衣机、电冰箱，到作为交通工具的自行车、小汽车，到办公室里的远程会议系统等。特别是以蓝牙为代表的小范围无线接入协议的出现，使嵌入式无线电的概念迅速发展，人们使用数十片甚至更多的嵌入式无线电芯片将一些电子信息设备甚至电气设备构成无线网络；在车上、旅途中，人们利用这样的嵌入式无线芯片可以实现远程办公、远程遥控，真正实现把网络随身携带。下面介绍几种具体的应用。

1. 嵌入式移动数据库

所谓的移动数据库是指支持移动计算的数据库，它有两层含义。

(1) 用户在移动的过程中可以联机访问数据库资源。

(2) 用户可以带着数据库移动。

典型的应用场合有：在行驶中的救护车上查询最近的医院，该系统由前台移动终端、后台同步服务器组成，移动终端上有嵌入式实时操作系统和嵌入式数据库。其他包括手机、PDA、掌上电脑等各种移动设备。用掌上电脑（或 PDA）上网，人们可以随时随地获取信息。

2. 嵌入式系统在智能家居网络中的应用

智能家居网络（E－Home）是指在家中建立一个通信网络。为家庭信息提供必要的通路。在家庭网络操作系统的控制下，通过相应的硬件和执行机构，即可实现对所有家庭网络中的家电、设备的控制和监测。家用电器将向数字化和网络化方向发展，电视机、微波炉、电话等都将嵌入计算机并通过家庭控制中心与 Internet 连接，转变为智能网络家电。其网络结构中的家庭网关实现控制网络和信息网络的信号综合及与外界接口，以便进行远程控制和信息交换。不论是网关还是各家电上的控制模块，都需有嵌入式操作系统。这些操作系统必须具有内嵌式、实时性好、多用户的特点。

3. 嵌入式语音芯片

嵌入式语音芯片基于嵌入式操作系统，采用语音识别和语音合成、语音学层次结构体系和文本处理模型等技术，可以应用在手持设备、智能家电等多个领域，赋予这些设备人性化的交互方式和便利的使用方法；也可应用于玩具中，实现声控玩具、仿真宠物、与人对话的玩具；还能应用于车载通信设备，实现人机交流；此外，也可将其应用在移动通信设备中，例如别人发来手机短信时，我们不必费力地去看，而是可以听到声音。

4. 基于小范围无线通信协议的嵌入式产品

以蓝牙为代表的小范围无线接入协议与嵌入式系统的结合，必将推动嵌入式系统的广泛应用。近来基于这些协议的嵌入式产品层出不穷，包括各种电话系统、无线公文包、各类数字电子设备以及在电子商务中的应用。这些产品以其微型化和低成本的特点为它们在家庭和办公自动化、电子商务、工业控制、智能化建筑物和各种特殊场合的应用开辟了广阔的前景。

5. 其他工控和仿真领域，嵌入式设备也早已得到广泛应用

我国的工业生产需要完成智能化、数字化改造，智能控制设备、智能仪表、自动控制等为嵌入式系统提供了很大的市场，而工控、仿真、数据采集、军用等领域一般都要求操作系统支持实时；在服务业和交通系统，嵌入式也在发挥着越来越重要的作用。

习　题

1.1　机械控制系统有哪几类，各有什么特点？

1.2　简述微机控制系统的要求和发展趋势。

1.3　举出一个机械系统的微机控制实例，并针对系统的各部分结构和功能进行分析。

第 2 章　STM32 结构及工作原理

2.1　STM32 性能介绍

STM32 是基于 ARM Cortex－M3 内核的 32 位处理器，具有杰出的功耗控制以及众多的外设，最重要的是其性价比较高。单片机的学习，通常从最基础的 51 系列学起，但是 51 单片机的外设相对来说比较少，扩展能力有限，CPU 的处理精度和速度都较低。与 51 单片机相比，AVR 是很成功的一款芯片，功耗低，性能强，性能提升了好几个档次。在高端市场，ST 公司最近几年对 STM32 的推广，可谓是不遗余力，效果也是很显著的。例如，STM32F103RBT6 这款芯片，外设功能非常强悍：128K FLASH、20K SRAM、USB、CAN、12 位 ADC、SPI、IIC、TIMER、USART、RTC、DMA 等，基本上涵盖了所有常用的功能。现在 STM32 低配置的芯片 STM32F101C4，具有 16K FLASH，4K SRAM。STM32F103 系列中较低配置的 STM32F103C8，64K FLASH，20K SRAM，带 USB 和 CAN。单从这 2 个数据，就能说明很多问题了。在使用方面，STM32 支持 JTAG 仿真和烧写程序，支持串口下载。这就把学习 STM32 的门槛一下降低了，加上 KEIL 对 STM32 的支持，比学习 AVR 的门槛还低了。

对于单片机的学习，笔者认为可以从 51 开始，熟练掌握 AVR 或者 STM32，基本上就可以满足开发应用需求，而从性价比和学习的难易程度，以及市场应用范围来讲，建议精通学习 STM32 系列。

STM32 具有价格低、功能强、使用简单、开发方便等几个很有利的特点，在应用上，STM32 具有以下几点优势：

（1）复用 IO 口重映射功能。由于有些复用功能可以重映射，使得在 STM32 的 PCB 设计的时候方便很多。

（2）全部引脚都可以作为中断输入。全部 IO 口都可以作为中断输入，比很多 ARM 在使用方面更加便捷。当要使用中断的时候，随便哪个 IO 口都可以，而不需要接到特定的几个脚上，极大地方便了原理图和 PCB 的设计。

（3）SWD 调试支持。STM32 支持 SWD 调试，只需要 2 根 IO 线，就可以用来调试和下载代码，对引脚不多的型号尤其适用。

（4）串口下载程序。串口下载程序不需要 JLINK、ULINK、STLINK，也不需要专门的下载器。很多 ARM 串口下载程序都具有这个功能，STM32 也保留了这一优秀设计，极大地降低了开发成本。

2.2　ALIENTEK MiniSTM32 开发系统

2.2.1　开发系统的硬件组成

在学习单片机（含嵌入式系统、DSP 数字信号处理系统）时，为了能够尽快上手，一定要先选择一款合适的开发板，开发板上一般都集成了常用的外设，可以很快地看到学习效果，提高学习兴趣。在实际项目开发时，也可以直接采用一些集成度高的开发板，从而大大缩短开发周期。下面以 ALIENTEK MiniSTM32 开发板为例，进行介绍。

1. ALIENTEK MiniSTM32 开发板简介

ALIENTEK MiniSTM32 开发板是一款迷你型的开发板，小巧而不小气，简约而不简单。其外观尺寸只有 8cm×10cm 大小，ALIENTEK MiniSTM32 开发板的外观如图 2.1 所示。

ALIENTEK MiniSTM32 开发板板载资源如下：

（1）CPU：STM32F103RBT6，LQFP64，FLASH：128K，SRAM：20K。

（2）1 个标准的 JTAG/SWD 调试下载口。

（3）1 个电源指示灯（蓝色）。

（4）2 个状态指示：（DS0：红色，DS1：绿色）。

（5）1 个红外接收头，配备一款小巧的红外遥控器。

（6）1 个 IIC 接口的 EEPROM 芯片，24C02，容量 256 字节。

（7）1 个 SPI FLASH 芯片，W25X16，容量为 2M 字节。

（8）1 个 DS18B20/DS1820 温度传感器预留接口。

（9）1 个标准的 2.4/2.8 寸 LCD 接口，支持触摸屏。

（10）1 个 OLED 模块接口。

（11）1 个 USB 串口，可用于程序下载和代码调试。

（12）1 个 USB SLAVE 接口，用于 USB 通信。

（13）1 个 SD 卡接口。

（14）1 个 PS/2 接口，可外接鼠标、键盘。

（15）1 组 5V 电源供应/接入口。

（16）1 组 3.3V 电源供应/接入口。

（17）1 个启动模式选择配置接口。

（18）2 个 2.4G 无线通信接口（24L01 和 JF24C）。

（19）1 个 RTC 后备电池座，并带电池。

（20）1 个复位按钮，可用于复位 MCU 和 LCD。

（21）3 个功能按钮，其中 WK_UP 兼具唤醒功能。

（22）1 个电源开关，控制整个板的电源。

（23）独创的一键下载功能。

（24）除晶振占用的 IO 口外，其余所有 IO 口全部引出。

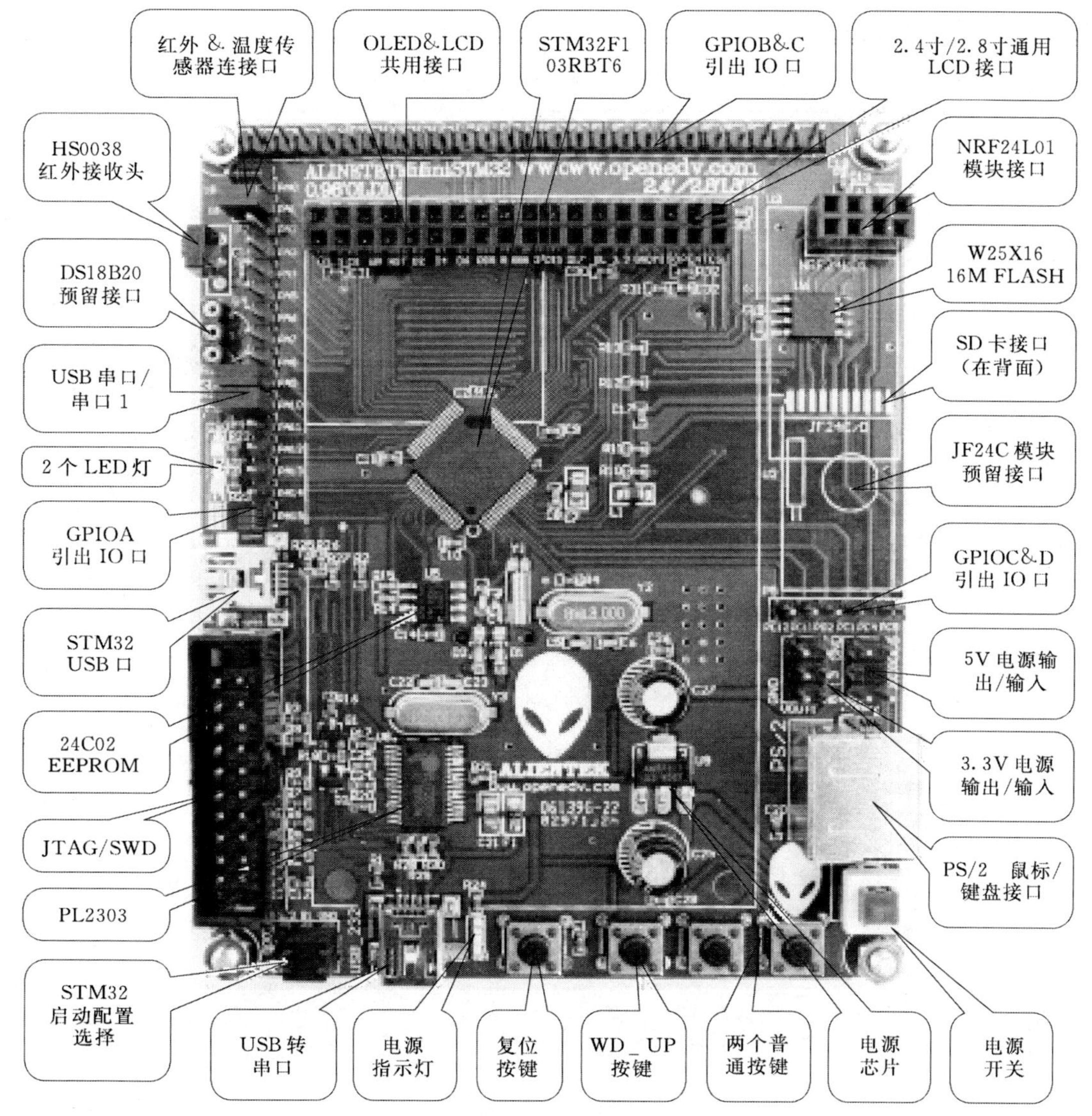

图 2.1 MiniSTM32 开发板外观图

从上面的板载资源可以看出，MiniSTM32 开发板的板载资源是很丰富的，加上灵活的设计，更有利于学习和开发。

ALIENTEK MiniSTM32 开发板的特点如下：

（1）小巧。整个板子尺寸为 8cm×10cm×2cm（包括液晶，但不计算铜柱的高度）。

（2）灵活。板上除晶振外的所有的 IO 口全部引出，特别还有 GPIOA 和 GPIOB 的 IO 口是按顺序引出的，可以极大的方便大家扩展及使用。另外，板载独特的一键下载功能，避免了频繁设置 B0、B1 带来的麻烦，直接在电脑上一键下载。

（3）资源丰富。板载十多种外设及接口，可以充分挖掘 STM32 的潜质。

2. 主流入门级 STM32 开发平台对比

目前市面上常见的几款入门级开发板有 ALIENTEK MiniSTM32 开发板、奋斗板、芯达板、ST 三合一开发板等。下面我们简单对比一下这几款开发板，见表 2.1。

表 2.1　　入门级开发板对比表

<table>
<tr><th colspan="2">品牌 / 外设</th><th>ALIENTEK</th><th>奋斗板</th><th>芯达板</th><th>ST 三合一板</th></tr>
<tr><td rowspan="15">主要外设</td><td>CPU</td><td>STM32F103RBT6</td><td>STM32F103VET6</td><td>STM32F103VCT6</td><td>STM2F103C8T6</td></tr>
<tr><td>FLASH</td><td>2M BYTE</td><td>2M BYTE</td><td>无</td><td>无</td></tr>
<tr><td>EEPROM</td><td>2K bit</td><td>无</td><td>无</td><td>无</td></tr>
<tr><td>USB</td><td>支持</td><td>支持</td><td>支持</td><td>支持</td></tr>
<tr><td>RTC</td><td>支持</td><td>支持</td><td>支持</td><td>支持</td></tr>
<tr><td>JTAG</td><td>支持</td><td>支持</td><td>支持</td><td>支持</td></tr>
<tr><td>SD 卡</td><td>大卡座</td><td>小卡座</td><td>小卡座</td><td>无</td></tr>
<tr><td>液晶屏</td><td>2.8 寸 TFTLCD</td><td>2.4 寸 TFTLCD</td><td>2.4 寸 TFTLCD</td><td>无</td></tr>
<tr><td>触摸屏</td><td>支持</td><td>支持</td><td>支持</td><td>无</td></tr>
<tr><td>按键</td><td>3 个</td><td>1 个</td><td>2 个</td><td>5 维导向键</td></tr>
<tr><td>LED</td><td>红绿蓝各 1 个</td><td>1 个蓝色 1 个橙色</td><td>4 个红色 1 个蓝色</td><td>4 个红色</td></tr>
<tr><td>无线</td><td>NRF24L01 标准接口＋JF24C/D 无线接口</td><td>无</td><td>无</td><td>无</td></tr>
<tr><td>红外</td><td>38K 接头＋配送遥控器</td><td>无</td><td>无</td><td>无</td></tr>
<tr><td>串口</td><td>1 路 USB 串口</td><td>1 路 RS232 串口</td><td>2 路 RS232 串口</td><td>无</td></tr>
<tr><td>引出 IO 口</td><td>全部 IO 口</td><td>剩余 IO 口</td><td>11 个</td><td>全部 IO 口</td></tr>
<tr><td rowspan="5">其他外设</td><td>PS/2</td><td>支持</td><td>无</td><td>无</td><td>无</td></tr>
<tr><td>DS18B20</td><td>支持</td><td>无</td><td>无</td><td>无</td></tr>
<tr><td>OLED</td><td>支持</td><td>无</td><td>无</td><td>无</td></tr>
<tr><td>电源输出</td><td>3.3V 和 5V 双电源输入输出，每组 3 路</td><td>无</td><td>3.3V 和 5V 各一路</td><td>无</td></tr>
<tr><td>STLINK＋STM8 小板</td><td>无</td><td>无</td><td>无</td><td>有</td></tr>
<tr><td rowspan="2">其他</td><td>价格（￥）</td><td>218</td><td>198</td><td>148</td><td>199</td></tr>
<tr><td>特点</td><td>全部原创例程，内容丰富，高效率寄存器操作，注释详细，外设齐全，资料翔实，性价比极高</td><td>例程大都基于库操作，以 ucGUI 见长，外设较少，性价比适中</td><td>例程大都基于库，例程较少，外设较少，单价格便宜，性价比较高</td><td>ST 原装开发板，外设几乎没有，但配了 STlink 和 STM8 小板，性价比一般</td></tr>
</table>

由表 2.1 可以看出，从外设资源方面来说，ALIENTEK 相比其他几款开发板要多得多。虽然 ALIENTEK MiniSTM32 开发板的 CPU 配置要比奋斗板和芯达板的要低一些，不过 ALIENTEK 开发板的 IO 口全部（时钟所占 IO 口不包括在内）都引出来了。这样，总共引出的 IO 数有 41 个，在实验的时候，是绰绰有余了。从表 2.1 中还可以看出，ALIENTEK 带的是 USB 串口，而其他的都是 RS232 串口或者没有，USB 串口的好处是

不需要电脑自带串口，只需要 1 根 USB 线即可实现串口功能，从而给 STM32 下载代码提供了极大方便。事实上，现在的电脑自带串口的越来越少了，尤其是笔记本，几乎都没有串口，ALIENTEK 开发板设计成 USB 串口，就是考虑到了这点，所以在 ALIENTEK MiniSTM32 开发板上只需要 1 根 USB 线，就能实现 STM32 开发（供电＋下载＋串口调试）。从例程方面来说，ALIENTEK 相比其他几款开发板，最大的区别就是 ALIENTEK 的例程，几乎都不是用库函数的，而其他几款开发板的例程，都是基于库函数的。基于库函数的例程，其实在 MDK 的安装目录下都有，只是那些例程是基于 ST 的另外两款开发板的，但只要稍作修改，大都能在其他开发板上运行。ALIENTEK 的这款开发板的例程，基本都是原创的，不基于库函数的，而且拥有详实的注释，代码风格统一，循序渐进，非常适合初学者入门。而其他几款开发板的例程，大都是来自 ST 库函数的直接修改，注释也比较少，对初学者来说不那么容易入门。

2.2.2 STM32 的外设及接口电路

1. MCU

ALIENTEK MiniSTM32 选择的是 STM32F103RBT6 作为 MCU。STM32F103 的型号众多，具有很高的性价比，作为一款低端开发板，选择 STM32F103RBT6 是最佳的选择。128K FLASH、20K SRAM、2 个 SPI、3 个串口、1 个 USB、1 个 CAN、2 个 12 位的 ADC、RTC、51 个可用 IO 引脚……，性价比极高。

MCU 部分原理图如图 2.2 所示。

图 2.2 中上部的 BOOT1 用于设置 STM32 的启动方式，其对应启动模式见表 2.2。

表 2.2 BOOT0、BOOT1 启动模式表

BOOT0	BOOT1	启动模式	说　明
0	X	用户闪存存储器	用户闪存存储器，也是 FLASH 启动
1	0	系统存储器	系统存储器启动，用于串口下载
1	1	SRAM 启动	SRAM 启动，用于在 SRAM 中调试代码

按照表 2.2 所示，一般情况下，如果我们想用串口下载代码，则必须配置 BOOT0 为 1，BOOT1 为 0；而如果想让 STM32 一按复位键就开始运行程序，则需要配置 BOOT0 为 0，BOOT1 任意设置都可以。这里 ALIENTEK 这款开发板专门设计了一键下载电路，通过串口的 DTR 和 RTS 信号，来自动配置 BOOT0 和 BOOT1，因此不需要用户来手动切换它们的状态，直接串口下载软件自动控制，可以非常方便地下载代码。

2. EEPROM

ALIENTEK MiniSTM32 自带了 24C02 的 EEPROM 芯片。该芯片的容量为 2Kbit，也就是 256 个字节，对于我们普通应用来说是足够了的。你也可以选择换大的芯片，因为在原理上是兼容 24C02～24C512 全系列的 EEPROM 芯片的。其原理图如图 2.3 所示。

这里把 A0～A2 均接地，对 24C02 来说也就是把地址位设置成 0 了，写程序的时候要注意这点。IIC _ SCL 接在 MCU 的 PC12 上，IIC _ SDA 接在 MCU 的 PC11 上，这里并没有接到 STM32 内部的 IIC 上，因为 STM32 的 IIC 不是非常好用。如果想在 ALIEN-

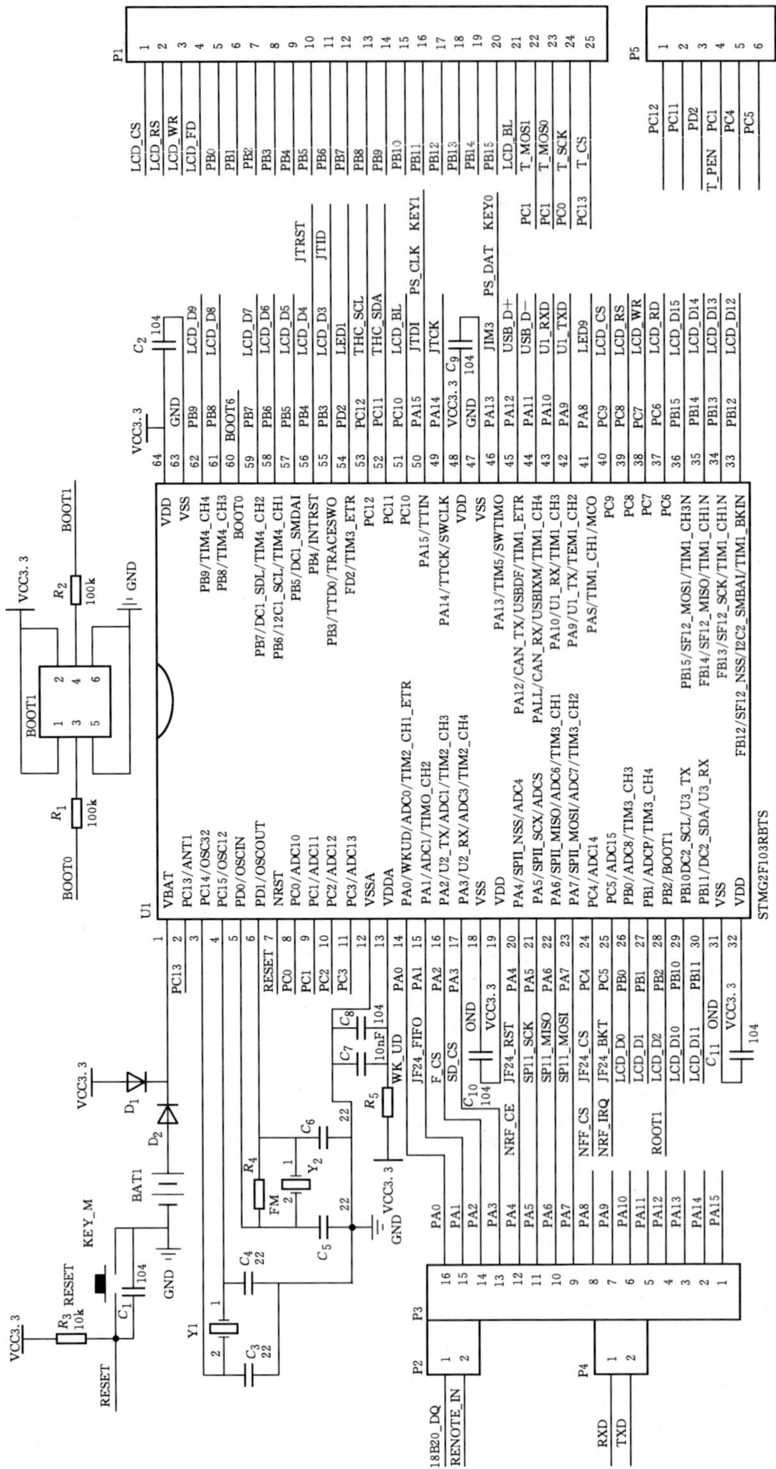

图 2.2 MCU 部分原理图

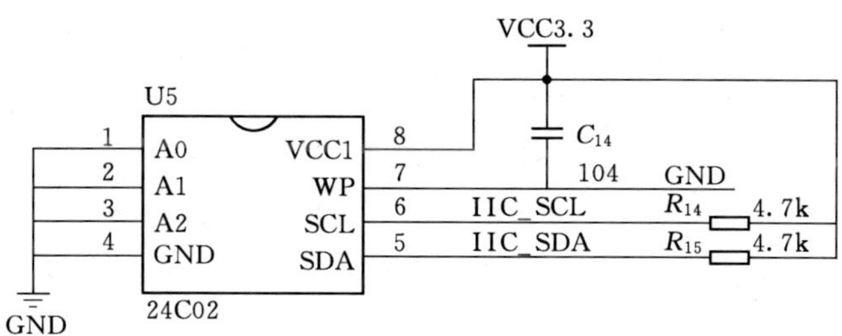

图 2.3 EEPROM 原理图

TEK MiniSTM32 开发板上使用硬件 IIC，那么也是可以的，只需要设置 PC11 和 PC12 为浮空输入，然后把 PB10 和 PB11（IIC2）或者 PB6 和 PB7（IIC1）通过飞线连接到 PC11 和 PC12 上就可以使用硬件 IIC 了。

3. SD 卡

ALIENTEK MiniSTM32 开发板载有标准的 SD 卡接口，有了这个接口，我们就可以外扩大容量存储设备，可以用来记录数据。其原理图如图 2.4 所示。

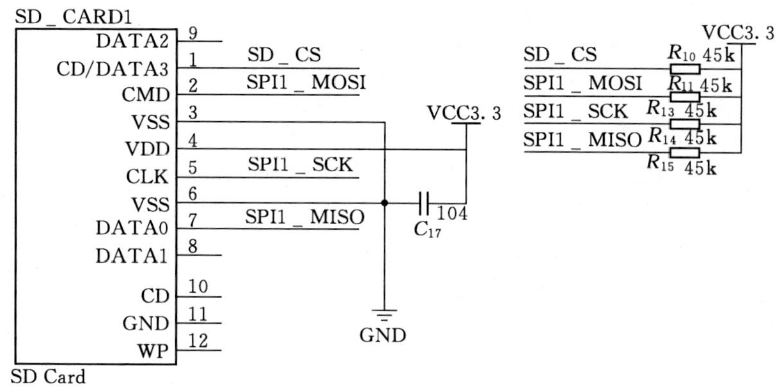

图 2.4 SD 卡接口原理图

SD 卡在这里使用的是 SPI 模式通信，SD 卡的 SPI 接口连接到 STM32 的 SPI1 上，SD_CS 接在 PA3 上，ALIENTEK MiniSTM32 开发板上的 SPI1 总共由 4 个外设共用，它们分别是：SD 卡、NRF24L01 无线模块、JF24C 无线模块和 W25X16。它们可以通过不同的片选信号来分时复用。

4. SPI FLASH

ALIENTEK MiniSTM32 开发板载有 SPI FLASH 芯片 W25X16，该芯片的容量为 2M 字节，其原理图如图 2.5 所示。

W25X16 也是共用了 SPI1，F_CS 接在 PA2 上。在使用接在 SPI1 引脚的其中一个器件的时候，要记得禁止其他器件的 CS 脚，否则会有干扰。

5. USB 串口、USB、电源

ALIENTEK MiniSTM32 开发板板载了 USB 串口，并且由 USB 提供电源，我们只需要 1 根 USB 线就可以使用 ALIENTEK MiniSTM32 开发板了，包括下载、供电、调试

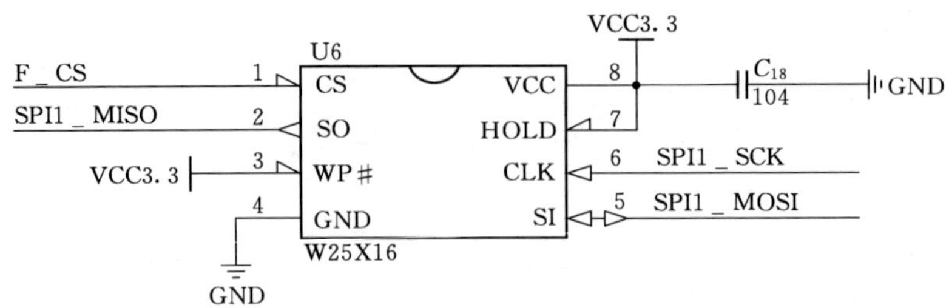

图 2.5 W25X16 原理图

三位一体。ALIENTEK MiniSTM32 开发板的供电部分还引出了 5V 和 3.3V 的排针，可以用来为外部设备提供电源或者从外部引入电源。

开发板上还集成有温度传感器、键盘、液晶显示模块、红外接收头、PS/2 接口，LED 显示、无线模块等其他功能模块，都是非常常用的模块，非常方便大家进行实验学习和工程开发。限于篇幅，本书不作详细介绍，感兴趣的同学可参阅开发板的相关书籍，如《ALIENTEK MiniSTM32 不完全手册》等。

2.3 STM32 的软件开发工具

STM32 作为目前最热门的 ARM Cortex M3 处理器之一，正在被越来越多的公司和开发者选择使用。学习 STM32 的工程技术人员也越来越多，这里我们总结学习 STM32 的几个要点。

（1）选择一款实用的开发板。这个是实验的基础，有时候软件仿真通过了，在实际电路板上并不一定能运行起来，如果有个开发板在手，什么东西都可以直观地看到，效果不是仿真能比的。但开发板不宜多，多了的话连自己都不知道该学哪个了，觉得这个也还可以，那个也不错，结果往往会学得不深入，倒不如从一而终，学完一个再学另外一个。

（2）准备两本参考资料。《STM32 参考手册》是 ST 公司出版的官方资料，有 STM32 的详细介绍，包括了 STM32 的各种寄存器定义以及功能等，是学习 STM32 的必备资料之一。《Cortex-M3 权威指南》则是对《STM32 参考手册》的补充，后者一般认为使用 STM32 的人都对 CM3 有了较深的了解，所以 Cortex-M3 的很多东西它只是一笔带过，但前者对 Cortex-M3 有非常详细的说明，这样两者搭配，就基本上任何问题都能得到解决了。

（3）从例程入手、实践为主。STM32 不是高不可攀的，不要畏难，STM32 的学习和普通单片机一样，掌握方法，勤学慎思，从例程入手，以实践为主，通过解决具体问题学习 STM32 的应用，就能达到预期的学习效果。基本方法如下：

1）掌握时钟树图与时序图。任何单片机都是靠时钟驱动的，时钟就是单片机的动力，STM32 也不例外，通过时钟树可以知道，各种外设的时钟是怎么来的，有什么限制，从而理清思路，方便理解，通过时序图，理解各个功能模块、各外设是如何按照时钟的先后次序工作的。

2）要多思考，多动手。单片机是用来解决测量或控制领域的工程技术问题的工具，学习一个工具，必须以实践为主。所谓熟能生巧，先要熟，才能巧。如何熟悉？这就要靠大家自己动手，多多练习，光看书和学习理论没有太多用处。学习 STM32，不是应试教育，不需要考试，不需要你倒背如流。你只需要知道这些寄存器，在哪个地方，用到的时候，可以迅速查找到，就可以了。完全是可以翻书，可以查资料的，可以抄袭的，不需要死记硬背。掌握学习的方法，远比掌握学习的内容重要得多。熟悉了之后，就应该进一步思考，也就是所谓的巧了。跟着例程走，无非就是熟悉 STM32 的过程，只有进一步思考，才能更好地掌握 STM32，也即所谓的举一反三。例程是死的，人是活的，所以，可以在例程的基础上，通过各模块的重新更改和组合，自由发挥，实现更多的其他功能，并不断总结规律，为以后的学习和使用打下坚实的基础。所以，学习一定要自己动手，光看视频，光看文档，是不行的。

1. MDK5 简介

MDK 源自德国的 KEIL 公司，是 RealView MDK 的简称。在全球 MDK 被超过 10 万的嵌入式开发工程师使用。例程开发采用的版本是 MDK5.14，该版本使用 uVision5 IDE 集成开发环境，是目前针对 ARM 处理器，尤其是 Cortex M 内核处理器的最佳开发工具。MDK5 向后兼容 MDK4 和 MDK3 等，以前的项目同样可以在 MDK5 上进行开发（但是头文件方面得全部自己添加），MDK5 同时加强了针对 Cortex - M 微控制器开发的支持，并且对传统的开发模式和界面进行升级，MDK5 由两个部分组成：MDK Core 和 Software Packs。其中，Software Packs 可以独立于工具链进行新芯片支持和中间库的升级。如图 2.6 所示。

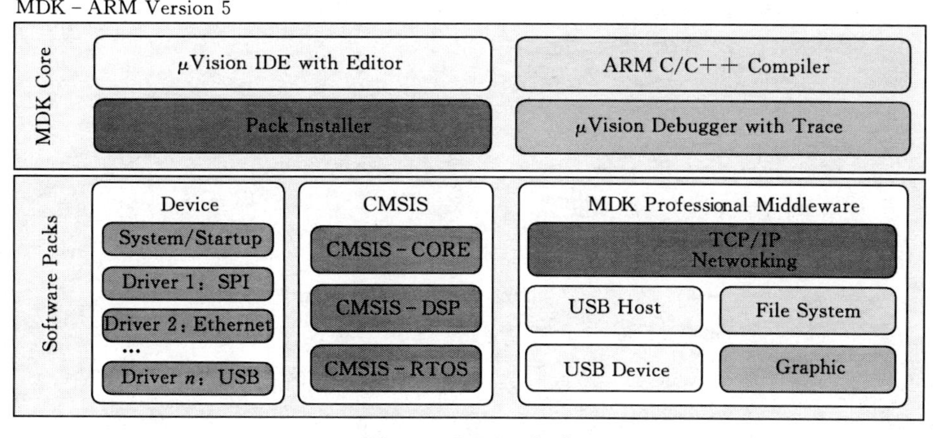

图 2.6 MDK5 组成

从图 2.6 可以看出，MDK Core 又分成 4 个部分：μVision IDE with Editor（编辑器），ARMC/C++ Compiler（编译器），Pack Installer（包安装器），μVision Debugger with Trace（调试跟踪器）。μVision IDE 从 MDK4.7 版本开始就加入了代码提示功能和语法动态检测等实用功能，相对于以往的 IDE 改进很大。Software Packs（包安装器）又分为 Device（芯片支持）、CMSIS（ARM Cortex 微控制器软件接口标准）和 Mdiddleware（中间库）3 个小部分，通过包安装器，我们可以安装最新的组件，从而支持新的器件、提供新的设备驱动库以及最新例程等，加速产品开发进度。

同以往的 MDK 不同，以往的 MDK 把所有组件都包含到了一个安装包里面，显得十分“笨重”，MDK5 则不一样，MDK Core 是一个独立的安装包，它并不包含器件支持和设备驱动等组件，但是一般都会包括 CMSIS 组件，大小 350M 左右，相对于 MDK4.70A 的 500 多 M，瘦身不少，MDK5 安装包可以在 http：//www.keil.com/demo/eval/arm.htm 下载。而器件支持、设备驱动、CMSIS 等组件，则可以点击 MDK5 的 Build Toolbar 的最后一个图标，调出 Pack Installer 来进行各种组件的安装。也可以在 http：//www.keil.com/dd2/pack 这个地址下载，然后进行安装。在 MDK5 安装完成后，要让 MDK5 支持 STM32F103 的开发，我们还需要安装 STM32F1 的器件支持包：Keil.STM32F1xx _ DFP.1.0.5.pack（STM32F1 的器件包）。

2. 新建 MDK5 工程

首先，打开 MDK（以下将 MDK5 简称为 MDK）软件。然后点击 Project→New μVision Project，如图 2.7 所示。

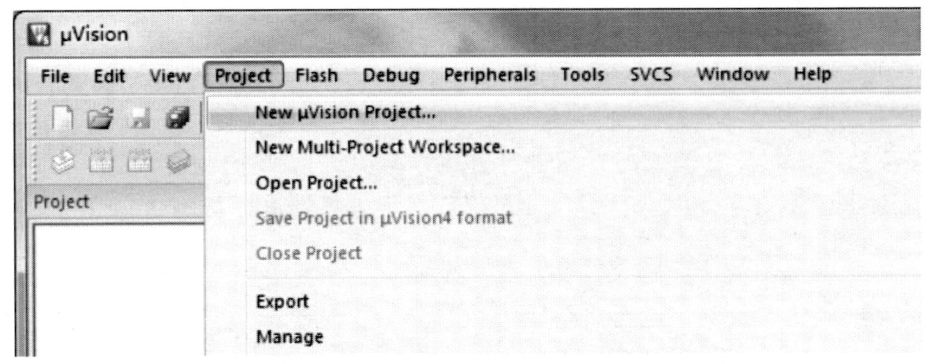

图 2.7　新建 MDK 工程

在桌面新建一个 TEST 的文件夹，然后在 TEST 文件夹里面新建 USER 文件夹，将工程名字设为 test，保存在这个 USER 文件夹里面，之后，弹出选择器件的对话框，如图 2.8 所示。因为 ALIENTEK MiniSTM32 开发板所使用的 STM32 型号为 STM32F103RCT6，所以在这里我们选择 STMicroelectronics→STM32F1 Series→STM32F103→STM32F103RCT6。如果使用的是其他系列的芯片，选择相应的型号就可以了，特别注意：一定要安装对应的器件 pack 才会显示这些内容。然后将看到如图 2.9 所示界面。

到这里，我们还只是建了一个框架，还需要添加启动代码，以及 .c 文件等。这里我们先介绍一下启动代码。启动代码是一段和硬件相关的汇编代码，是必不可少的。这代码主要作用如下：①初始化堆栈（SP）；②初始化程序计数器（PC）；③设置向量表异常事件的入口地址；④调用 main 函数。ST 公司提供了 3 个启动文件，分别用于不同容量的 STM32 芯片，这 3 个文件是：startup _ stm32f10x _ ld.s，startup _ stm32f10x _ md.s，startup _ stm32f10x _ hd.s。其中，ld.s 适用于小容量产品；md.s 适用于中等容量产品；hd.s 适用于大容量产品。这里的容量是指 FLASH 的大小，判断方法如下：小容量，FLASH≤32K；中容量，64K≤FLASH≤128K；大容量，256K≤FLASH。

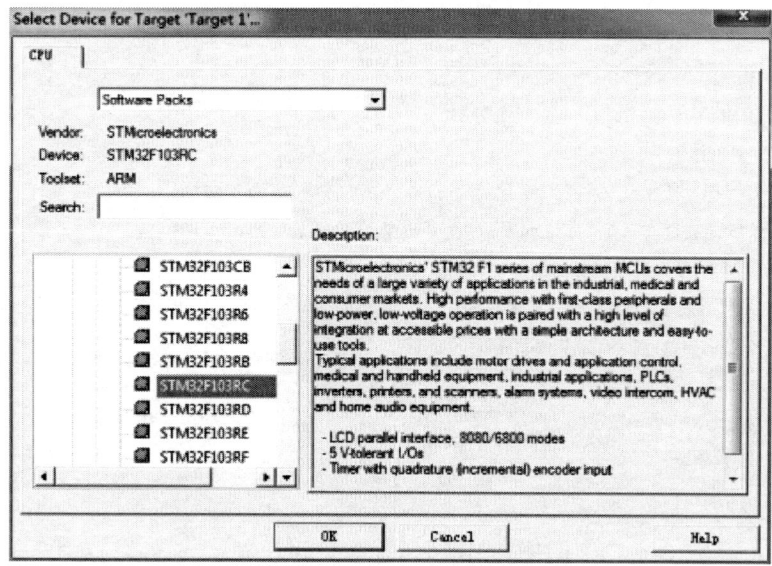

图 2.8 器件选择界面

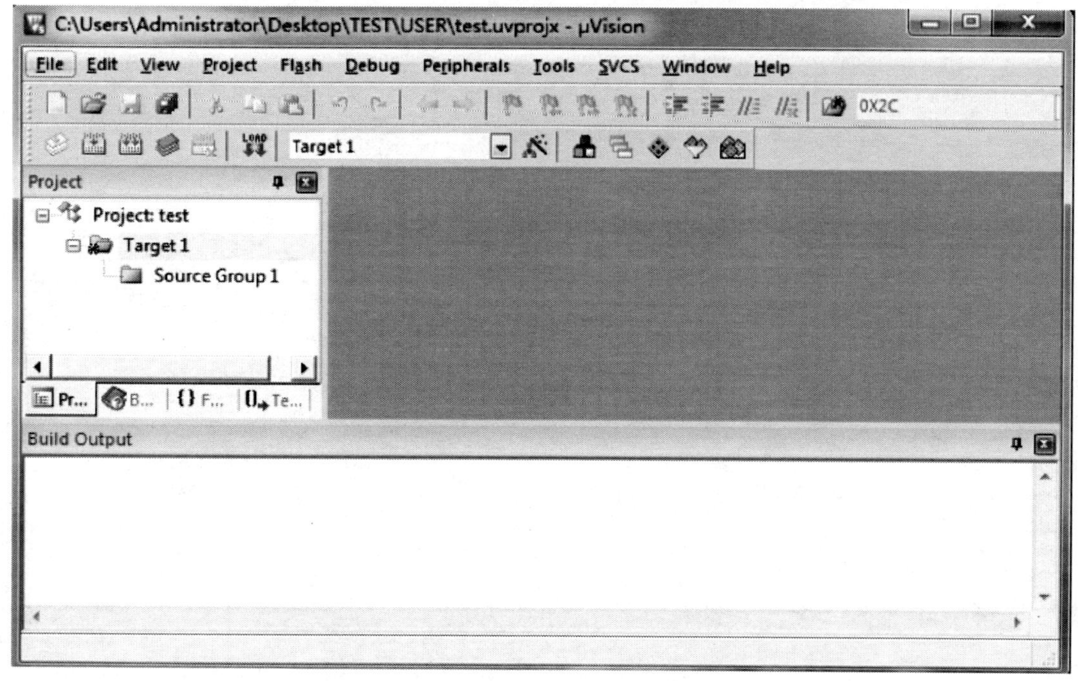

图 2.9 工程初步建立

开发板使用的是 STM32F103RCT6，FLASH 容量为 256KB，属于大容量产品，所以选择 startup _ stm32f10x _ hd. s 作为启动文件。

这 3 个启动文件在开发板光盘→程序源码→STM32 启动文件的文件夹里面，也可以从论坛下载，地址：http://www.openedv.com/posts/list/313.htm，这里把 startup _ stm32f10x _ hd. s 拷贝到刚刚新建的 USER 文件夹里面。不过这个启动文件，需要做一点点修改，具体是 Reset _ Handler 函数，该函数修改后代码如下：

```
Reset_Handler PROC
                EXPORT Reset_Handler [WEAK]
                IMPORT __main
                ;寄存器版本代码,因为没有用到 SystemInit 函数,所以注释掉
                ;库函数版本代码,建议加上这里(外部必须实现 SystemInit 函数),
                ;初始化 stm32 时钟等。
                ;IMPORT SystemInit;
                ;LDR R0,=SystemInit;
                ;BLX R0;
                LDR R0,=__main
                BX R0
                ENDP
```

这段代码，屏蔽了复位中断服务函数（Reset _ Handler）对函数 SystemInit 的调用，如果是库函数版本，可以取消这个函数的注释，并在外部实现 SystemInit 函数。找到 Target1→Source Group1→双击→设置打开文件类 Asm Sourcefile→选择 startup _ stm32f10x _ hd. s→点击 Add，如图 2. 10 所示。

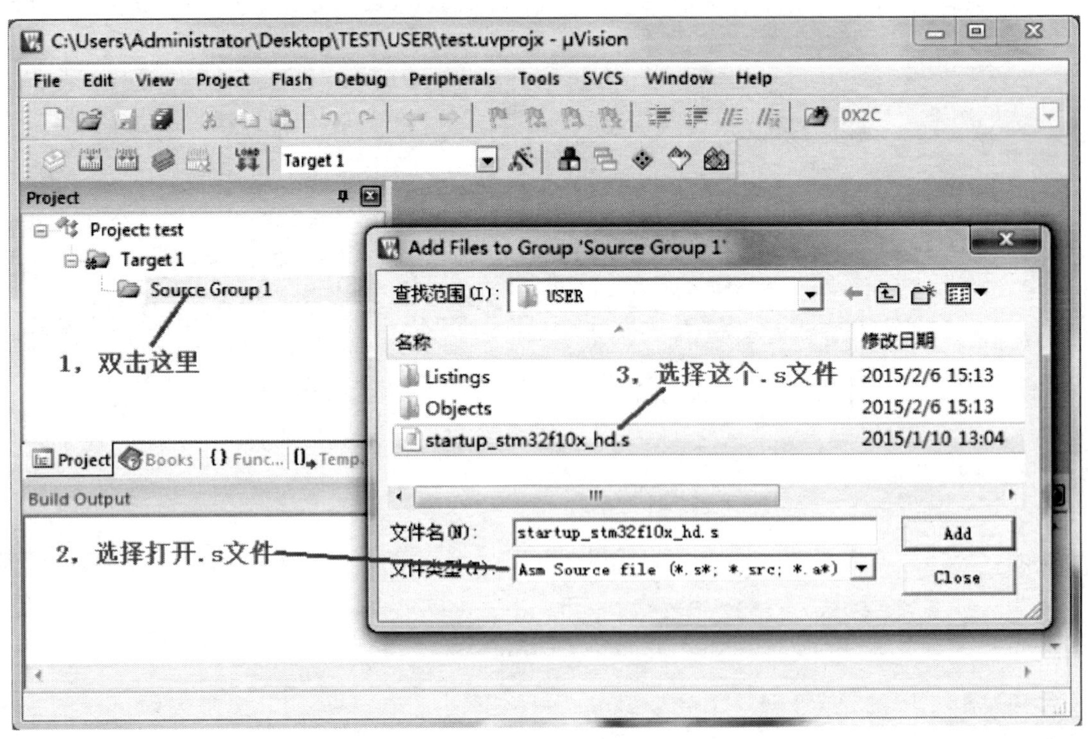

图 2. 10　加载启动文件

这里看到的 2 个文件夹：Listings 和 Objects，是 MDK5 自行创建的，用于保存编译过程中生成的一些文件。添加完后，得到如图 2. 11 所示的界面。

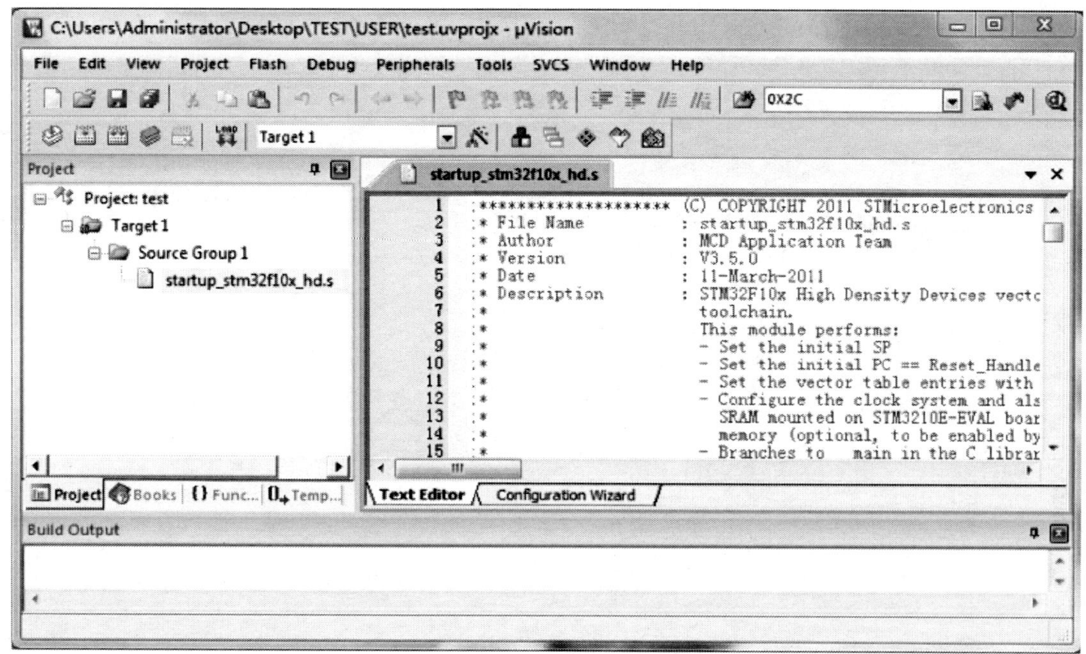

图 2.11 成功添加启动文件

至此，就可以开始编写自己的代码了。一般地，在此之前先做两件事，第一件先编译一下，看看什么情况，编译后如图 2.12 所示。

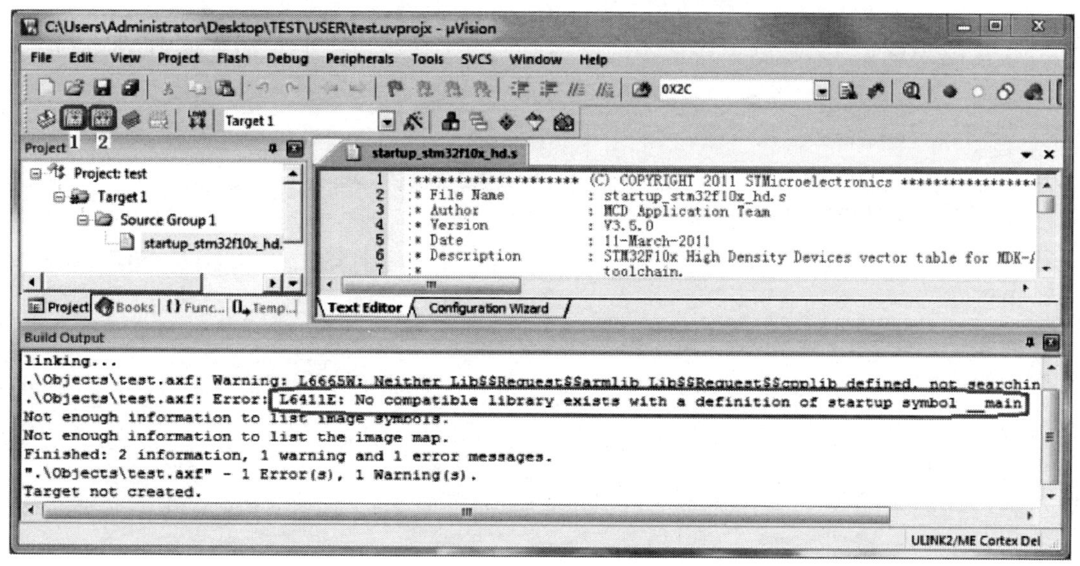

图 2.12 编译结果

图 2.12 中 1 处为编译当前目标按钮；2 处为全部重新编译按钮（工程大的时候，编译耗时较久，建议少用）。出错和警告信息在下面的 Build Output 对话框中提示出来了。因为工程中没有 main 函数，所以报错了。接下来做第二件事，看看存放工程的文件夹有

什么变化。打开刚刚建立的 TEST\USER 文件夹，可以看到里面多了 2 个文件夹：Listings 和 Objects，如图 2.13 所示。

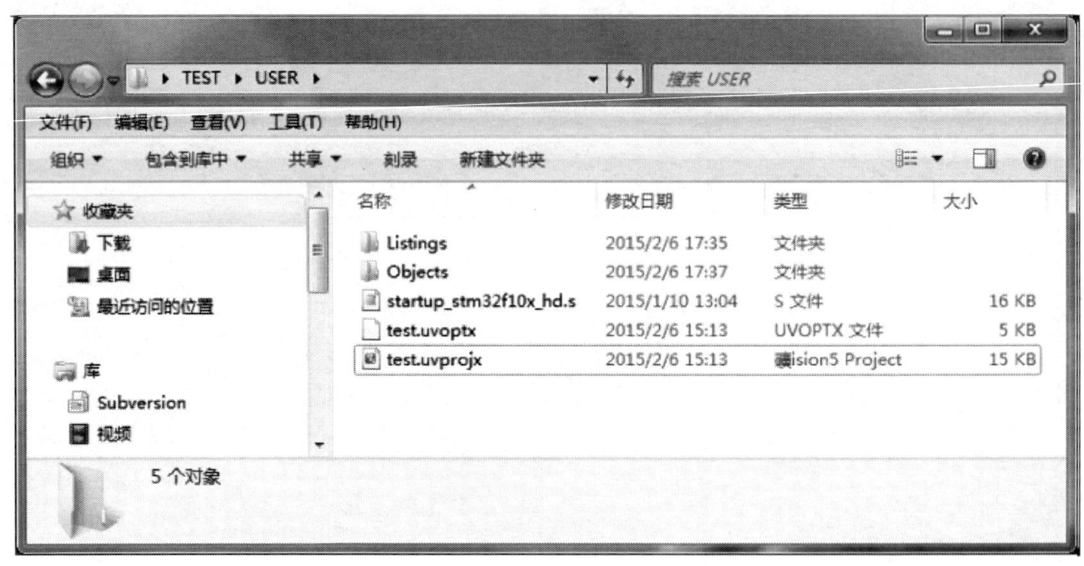

图 2.13　编译后工程文件夹的变化

在 USER 文件夹下，startup_stm32f10x_hd.s（启动文件）和 test.uvprojx（MDK5 工程文件）是我们必须用到的 2 个文件，然后 Listings 和 Objects 文件夹是 MDK5 自动生成的，如果打开 Listings 和 Objects 文件夹，就可以看到里面多了一些文件，这就是 MDK 编译过程产生的中间文件，如果工程量大，产生的文件更多（多的可达 100MB 以上）。MDK5.14 已经默认将这些文件生成在了 Listings 和 Objects 文件夹里面，但是 MDK5.11A 及之前版本是不会自动生成这两个文件夹的，所有中间文件都是生成在工程同名目录下，也就是 USER 文件夹下，这样会显得比较混乱。

为了便于文件管理，我们不用 MDK5 自己生成的这两个文件夹来存放中间文件，而是在 TEST 目录下新建一个新的 OBJ 文件夹来存放这些中间文件。这样，USER 文件夹专门用来存放启动文件（startup_stm32f10x_hd.s）、工程文件（test.uvprojx）等不可缺少的文件，而 OBJ 则用来存放这些编译过程中产生的中间文件，.hex 文件也将存放在这个文件夹里面。然后把 Listings 和 Objects 文件夹里面的东西全部移到 OBJ 文件夹下。整理后效果如图 2.14 所示。

经过上面的操作之后，在工程文件里还没有任何代码。为了尽快掌握文件结构，这里把系统代码 COPY 过来（即 SYSTEM 文件夹，该文件夹由 ALIENTEK 提供，可以在开发板配套光盘的任何一个实例的工程目录下找到，注意不要把库函数代码的系统文件夹拷贝到寄存器代码里面用，反之亦然）。这些代码在任何 STM32F10x 的芯片上都是通用的，可以用于快速构建自己的工程。完成之后，TEST 文件夹下的文件如图 2.15 所示。

然后我们在 USER 文件夹下面找到 test.uvprojx，打开它，然后在 Target 目录树上点击右键→Manage Project Items，弹出如图 2.16 所示对话框。

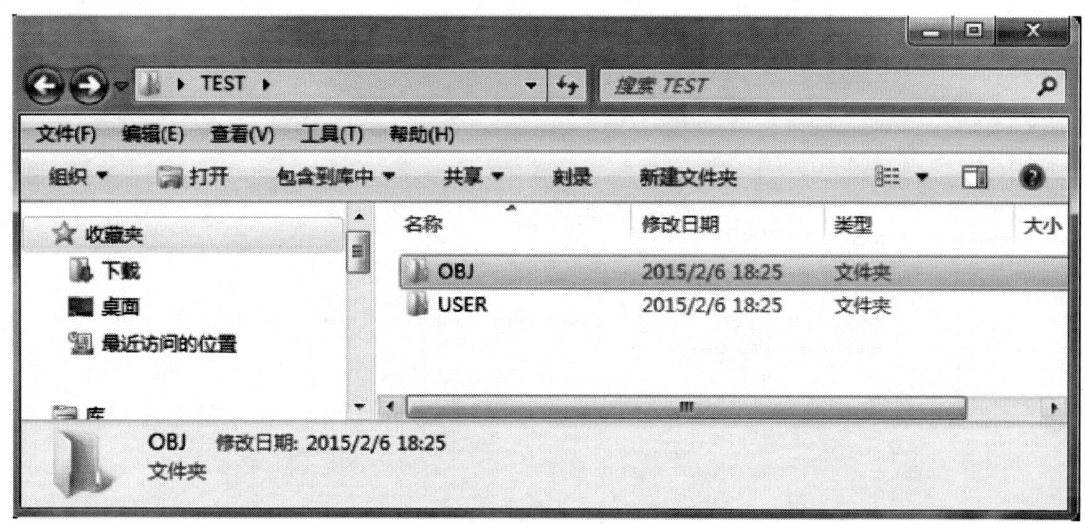

图 2.14 整理后效果

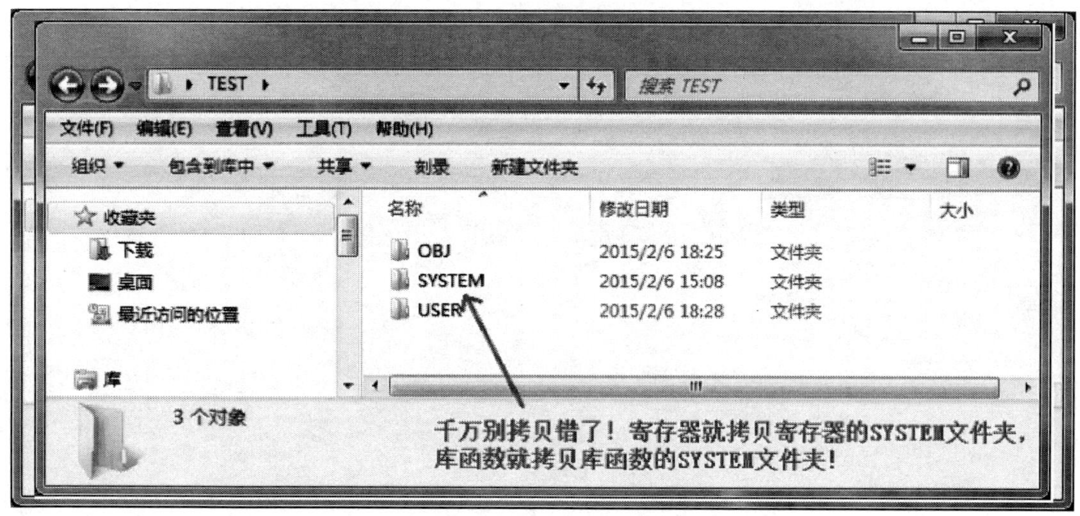

图 2.15 TEST 文件夹最终模样

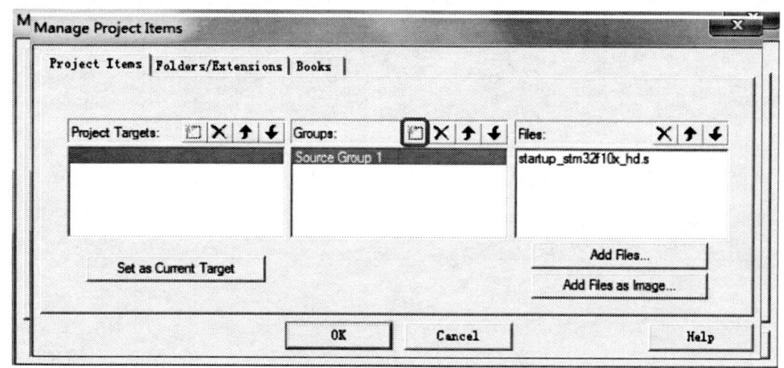

图 2.16 Project Items 选项卡

在上面对话框的中间栏，点新建（用红圈标出）按钮（也可以通过双击下面的空白处实现），新建 USER 和 SYSTEM 两个组。然后点击 Add Files 按钮，把 SYSTEM 文件夹 3 个子文件夹里面的 sys. c、usart. c、delay. c 加入到 SYSTEM 组中。注意：此时 USER 组下还是没有任何文件，得到如图 2. 17 所示的界面。

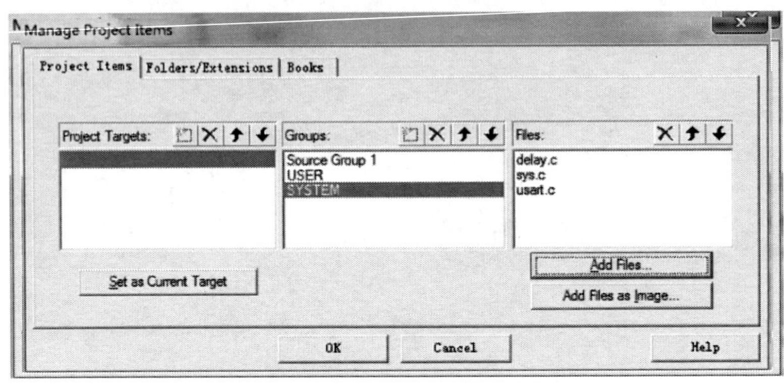

图 2. 17　修改结果

点击 OK，退出该界面返回 IDE。这时，我们在 Target1 树下发现多了 2 个组名，就是我们刚刚新建的 2 个组。如图 2. 18 所示。

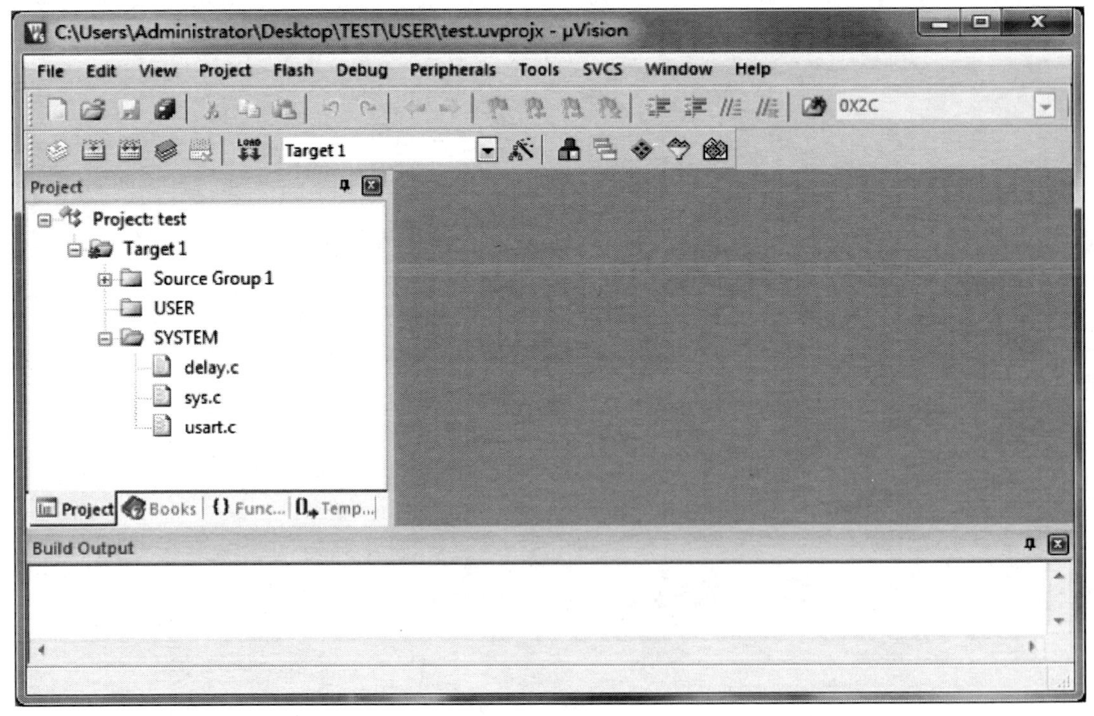

图 2. 18　在编辑状态下的体现

接着，我们新建一个 test. c 文件，并保存在 USER 文件夹下。然后双击 USER 组，会弹出加载文件的对话框，此时我们在 USER 目录下选择 test. c 文件，加入到 USER 组下，得到如图 2.19 所示的界面。

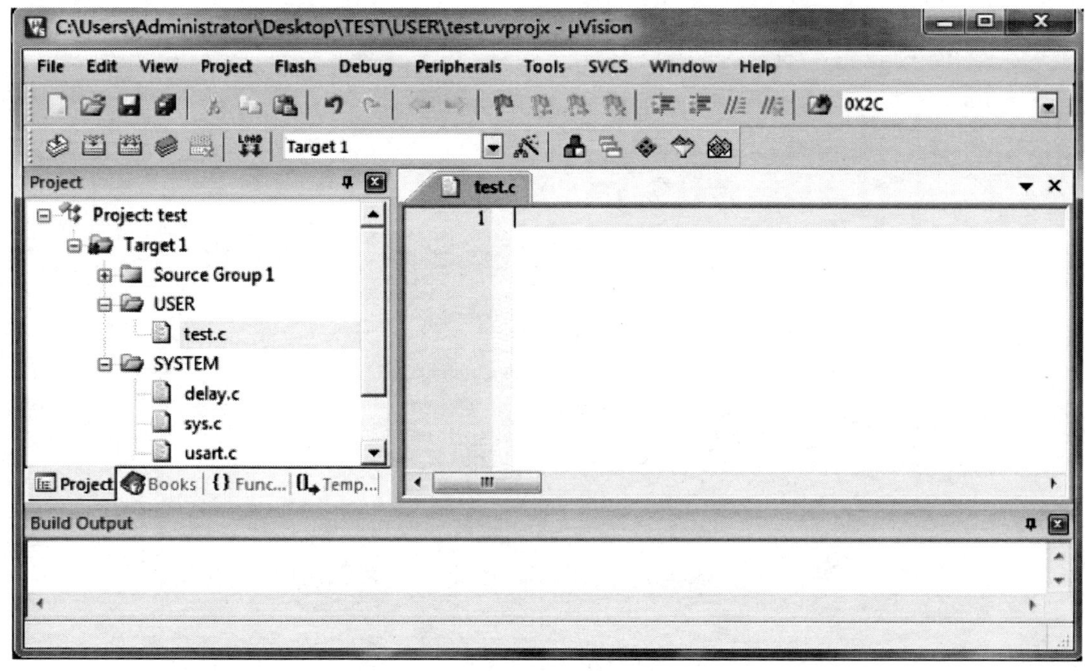

图 2.19　在 USER 组下加入 test.c 文件

至此，我们就可以开始编写我们自己的代码了。在 test.c 文件里面输入如下代码：

```
#include "sys.h"
#include "usart.h"
#include "delay.h"
int main(void)
{
    u8 t=0;
    Stm32_Clock_Init(9);  //系统时钟设置
    delay_init(72);  //延时初始化
    uart_init(72,9600);  //串口初始化为 9600
    while(1)
    {
        printf("t:%d\r\n",t);
        delay_ms(500);
        t++;
    }
}
```

如果我们此时编译的话，生成的中间文件，还是会存放在 Listings 和 Objects 文件夹下，所以，我们先设置输出路径，再编译。点击 Options for Target 按钮，弹出 Options for Target ‘Target 1’ 对话框，选择 Output 选项卡→选中 Create Hex File（用于生成

Hex 文件，后面会用到）→点击 Select Folder for Objects→找到 OBJ 文件夹→点击 OK，如图 2.20 所示。

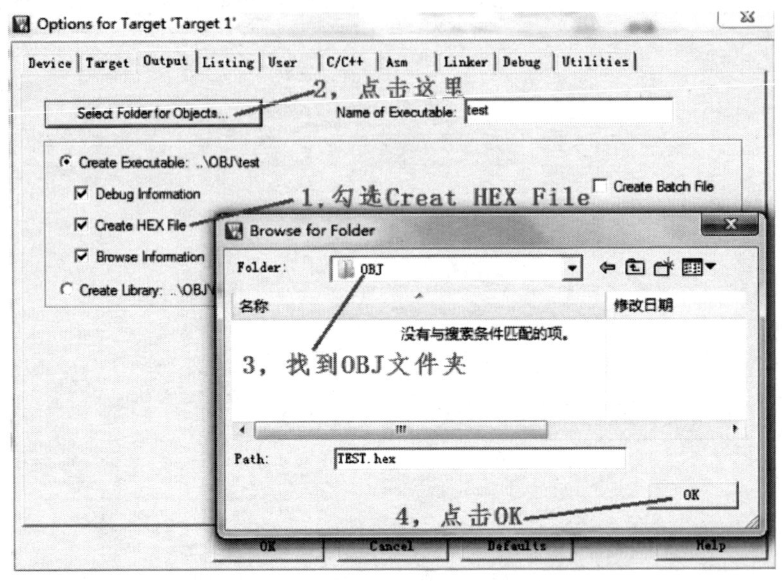

图 2.20　设置 Output 文件路径

接着，再设置 Listings 文件路径，在图 2.20 的基础上，打开 Listing 选项卡→点击 SelectFolder for Listings→找到 OBJ 文件夹→点击 OK，如图 2.21 所示。

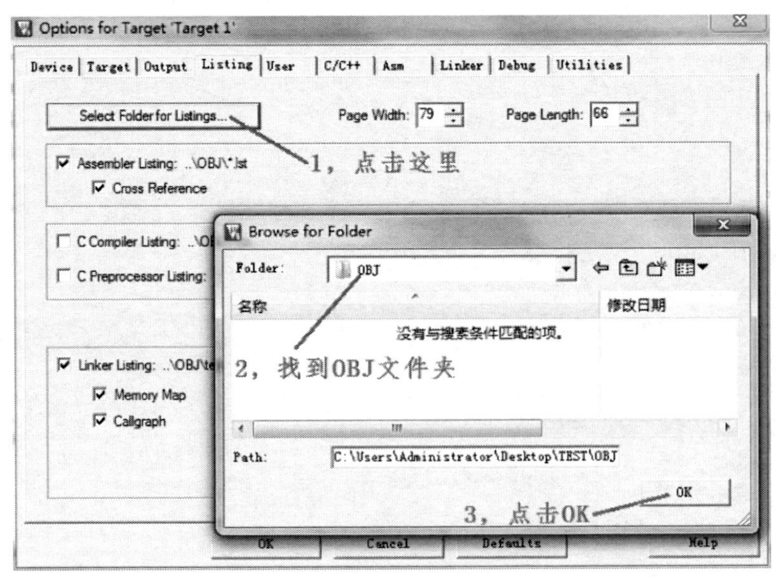

图 2.21　设置 Listings 文件路径

最后点击 OK，回到 IDE 主界面，如图 2.22 所示。

这个界面，同刚输入完代码的时候一样，在第一行，会出现一个红色的“X”，把光

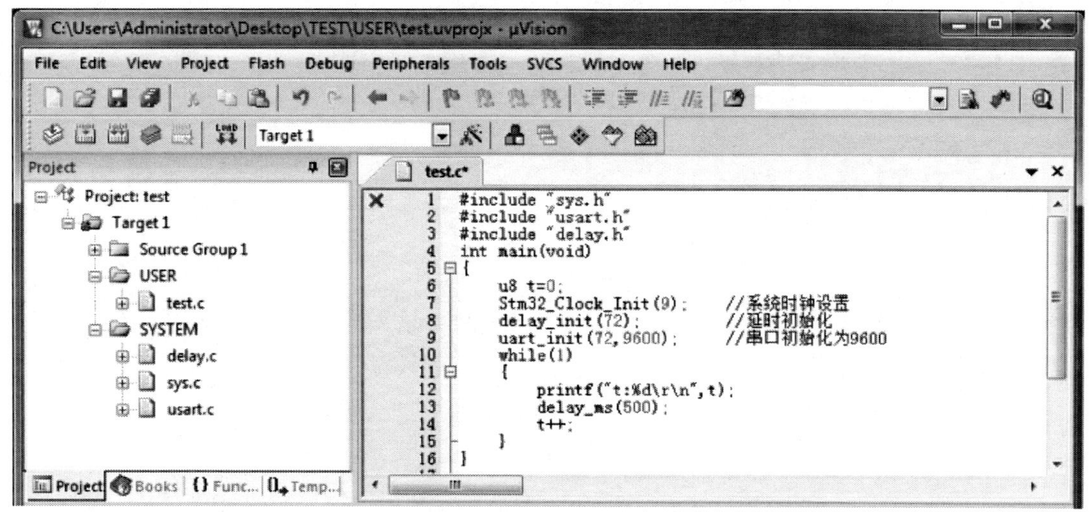

图 2.22 设置完成回到 IDE 界面

标放上面，会看到提示信息：fatal error：‘sys. h’ file not found，意思是找不到 sys. h 这个源文件。这是 MDK4.7 以上才支持的动态语法检查功能，不需要编译，就可以实时检查出语法错误，方便编写代码，非常实用的一个功能。当然也可以编译一下，MDK 会报错，然后双击第一个错误即可定位到出错的地方，如图 2.23 所示。

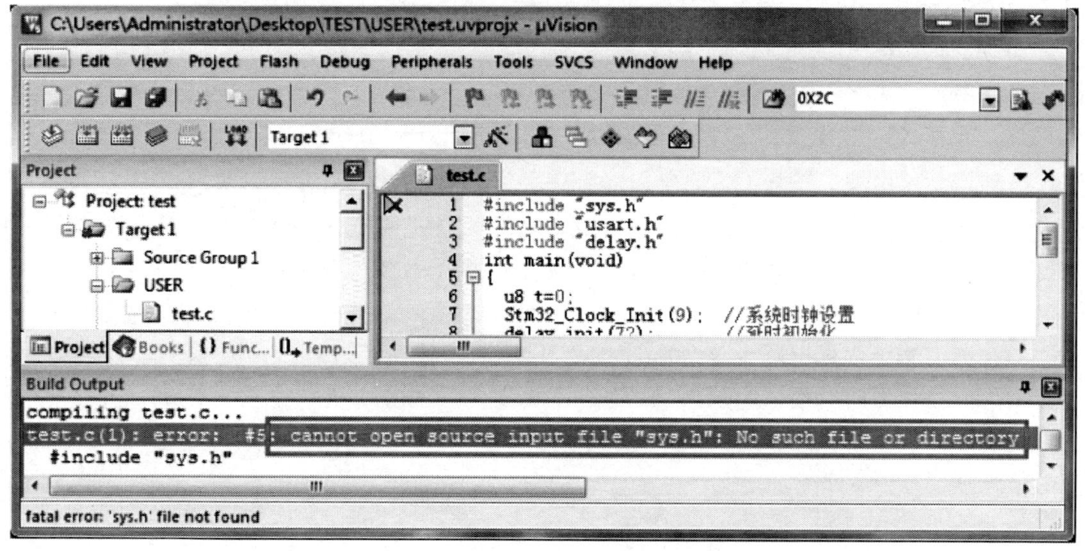

图 2.23 编译出错

双击红圈内的内容，你会发现在 test. c 的第 1 行出现了一个浅绿色的三角箭头，说明错误是这个地方产生的，熟悉 C++的人都要知道 C++也有这个功能，快速定位错误、警告产生的地方。错误提示很清楚地告诉我们错误的原因：就是 sys. h 的 include 路径没有加进去，MDK 找不到 sys. h，从而导致了这个错误。现在我们再次点击（Options for Target 按钮），弹出 Options for Target ‘Target 1’ 对话框，选择 C/C++选项卡，如图 2.24 所示。

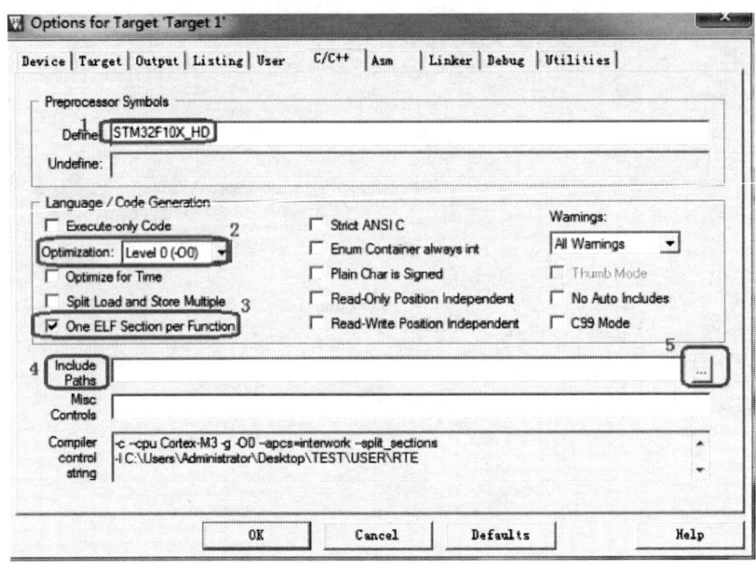

图 2.24　加入头文件包含路径

特别提醒大家，图 2.24 中 1 处，我们必须根据所用 STM32F1 型号的容量来输入相关宏定义，对于 STM32F103 系列芯片，设置原则见表 2.3。

因为 MniSTM32 使用的是 STM32F103RCT6，FLASH 容量为 256KB，所以，这个位置设置为：STM32F10X _ HD。图 2.24 中 2 处是编译器优化选项，有 O0～O3 四种选择（default 则是 O2），值越大，优化效果越强，但是仿真调试效果越差。这里我们选择 O0 优化，以得到最好的调试效果，方便开发代码，在代码调试结束后，大家可以选择 O2 之类的优化，得到更好的性能和更少的代码占用量。图 2.24 中 3 处，One ELF Section per Function 主要是用来对冗余函数的优化。通过这个选项，可以在最后生成的二进制文件中将冗余函数排除掉，以便最大限度地优化最后生成的二进制代码，所以一般勾选上这个，可以减少整个程序的代码量。然后在 Include Paths 处（4 处），点击 5 处的按钮。在弹出的对话框中加入 SYSTEM 文件夹下的 3 个文件夹名字，把这几个路径都加进去（此操作即加入编译器的头文件包含路径，在工程开发中经常用到），如图 2.25 所示。

表 2.3　STM32F103 系列芯片设置原则

16KB≤FLASH≤32KB	选择：STM32F10X _ LD
64KB≤FLASH≤128KB	选择：STM32F10X _ MD
256KB≤FLASH≤512KB	选择：STM32F10X _ HD

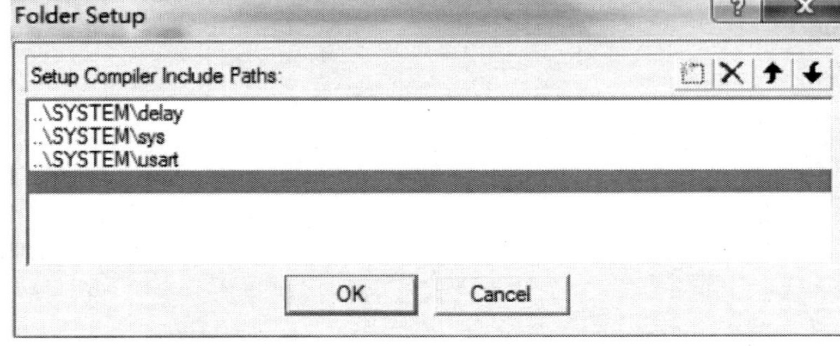

图 2.25　头文件包含路径设置

点击 OK 确认，回到 IDE，此时再点击按钮，再编译一次，发现没错误了，得到如图 2.26 所示的界面。

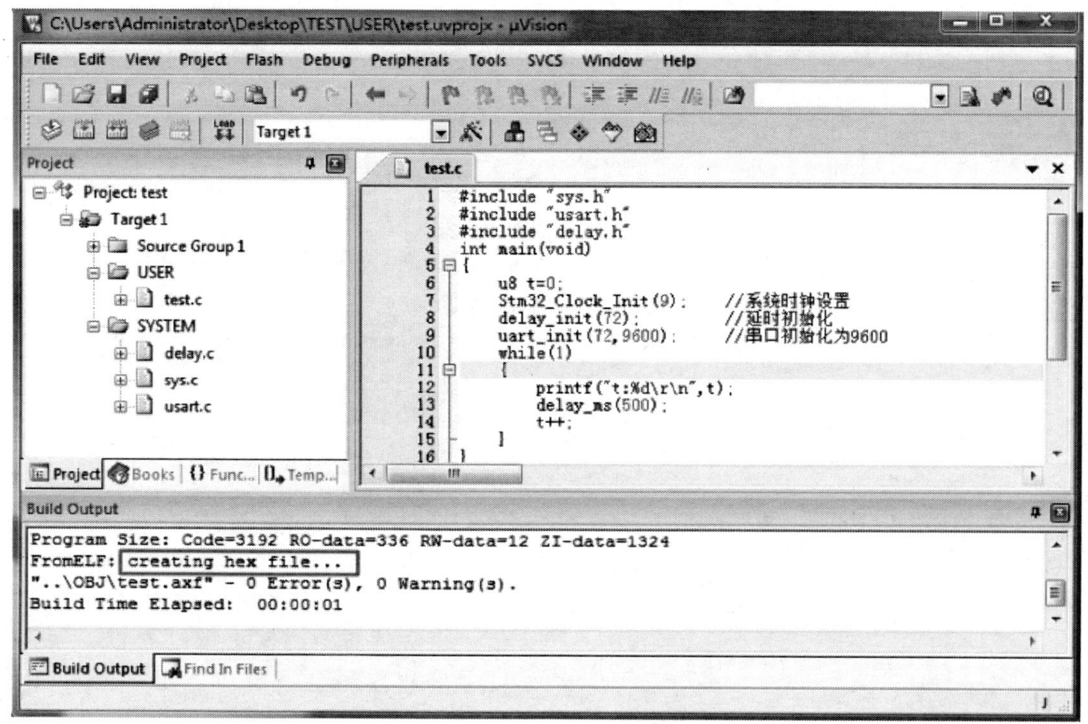

图 2.26　再次编译后的结果

因为之前选择了生成 Hex 文件，所以在编译的时候，MDK 会自动生成 Hex 文件(图 2.26 中圈出部分)，这个文件在 OBJ 文件夹里面，串口下载的时候，就是下载这个文件到 STM32 里面的。这里有的同学编译后，可能会出现一个警告：warning：#1－D last line of file ends without a newline。这个警告是在告诉我们，在某个 C 文件的最后，没有输入新行，只需要双击这个警告，跳转到警告处，然后在后面输入多一个空行就好了。至此，一个完整的 STM32F1 开发工程在 MDK5 下建立了，接下来就可以进行代码下载和仿真调试了。

习　　题

2.1　ALIENTEK MiniSTM32 有多少个 ADC，多少个 IO 口？

2.2　如何启动 STM32，需配置哪些寄存器？

2.3　如何建立一个 KEIL 工程？

2.4　STM32 的芯片设置原则是什么？

第 3 章　STM32 的输入输出通道

3.1　输　入　通　道

输入通道是微机控制系统的信息获取的主要来源，而传感器与测试技术是获取信息的主要手段，它们对于微机控制系统的设计具有十分重要的意义。在机械工程领域，机电系统最常用的速度、加速度、位移检测、力学量检测、视觉检测和触觉检测，都要用到相应的传感器。

3.1.1　传感器的选用

传感器是以一定的精确度把被测量（物理量、生物量、化学量）转换为与之有确定关系的、便于处理应用的某种物理量（如电量、光学量）的测量部件或装置。传感器通常由敏感元件、转换元件和转换电路组成，如图 3.1 所示。在现有技术条件下，因为电量最容易被使用，所以传感器的输出物理量一般是电量。

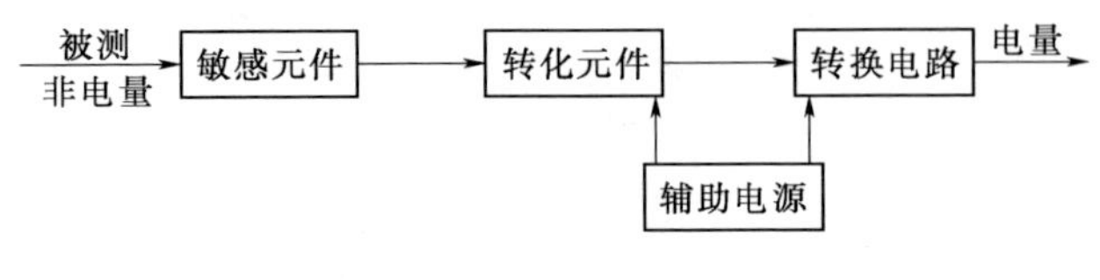

图 3.1　传感器组成框图

(1) 敏感元件。直接感受被测量，以确定的关系输出某一物理量（包括电学量）的元件。如膜片和波纹管可以把被测压力变成位移量。

(2) 转化元件。敏感元件输出的非电物理量（如位移、应变、应力等）转换为电学量（包括电路参数量），如光敏电阻和热敏电阻等。

(3) 转换电路。将转换元件输出的电信号（如电阻、电容、电感）量转换成便于测量、显示、记录、控制和处理的电量，如电压、电流、频率等。

传感器是信号的来源，是微机控制系统的关键环节之一。由于传感器技术的发展非常迅速，各种类型的传感器应运而生，所以大多数系统设计者只需从现有传感器产品中正确地选用而不必自己另行研制传感器。要正确选用传感器，首先要明确所设计的测试系统对传感器的技术要求；其次要了解现有传感器厂家有哪些可供选择的传感器，把同类产品的指标和价格进行对比，认真分析测试系统对传感器各种静态性能指标和动态性能指标（量程、测量范围、线性度、灵敏度、分辨力、阈值、迟滞、重复性、稳定性、漂移、静态误差）的要求，从中挑选合乎要求的性能价格比高的传感器，重点要考虑以下几方面。

1. 对传感器的主要技术要求

(1) 具有将被测量转换为后续电路可用电量的功能，转换范围与被测量实际变化幅度范围、频率范围相一致。

(2) 转换精度符合整个测试系统根据总精度要求而分配给传感器的精度指标（一般应优于系统精度的10倍左右），转换速度应符合整个系统要求。

(3) 能满足被测介质和使用环境的特殊要求，如耐高温、耐高压、防腐、抗振、防爆、抗电磁干扰、体积小、质量轻和不耗电或耗电少等。

(4) 能满足用户对可靠性和可维护性的要求。

以上要求是正确选用传感器的主要依据。

2. 可供选用的传感器类型

对于一种被测量，常常有多种传感器可以选用，例如测量温度的传感器就有热电偶、热电阻、热敏电阻、半导体PN结、IC温度传感器和光纤温度传感器等多种。不同类型的传感器具有不同的特点和不同的价格，在都能满足测量范围、精度、速度、使用条件等情况下，应侧重考虑成本高低、相配电路是否简单等因素，尽可能选择性能价格比高的传感器。

近年来，传感器厂家已生产出一些便于系统简化电路和提高性能的传感器，一般有以下几类：

(1) 大信号输出传感器。为了与A/D输入要求相适应，传感器厂家开始设计、制造一些专门与A/D相配套的大信号输出传感器。通常是把放大电路与传感器做成一体，使传感器能直接输出0～5V、0～10V或0～2.5V要求的信号电压，把传感器与相应的变送器电路做成一体，构成能输出4～20mA直流标准信号的变送器（我国还有不少变送器仍然以直流电流0～10mA为输出信号）。信号输入通道中应尽可能选用大信号传感器或变送器，这样可以省去小信号放大环节。对于大电流输出，只要经过简单I/V转换即可变为大信号电压输出。对于大信号电压可以经A/D转换，也可以经V/F转换送入微机，但后者响应速度较慢。

(2) 数字式传感器。数字式传感器一般是由频率敏感效应器件构成，也可以是由敏感参数 R、L、C 构成的振荡器，或模拟电压输入经V/F转换等。因此，数字量传感器一般都是输出频率参量，具有测量精度高、抗干扰能力强、便于远距离传送等优点。此外，采用数字量传感器时，传感器输出如果满足TTL电平标准，则可直接接入计算机的I/O口或中断入口。如果传感器输出不是TTL电平，则须经电平转换或放大整形。一般进入控制器的I/O口或扩展I/O口时还要通过光电耦合隔离，如图3.2所示。

由图3.3可见，频率量及开关量输出的传感器还具有信号调理较为简单的优点。因

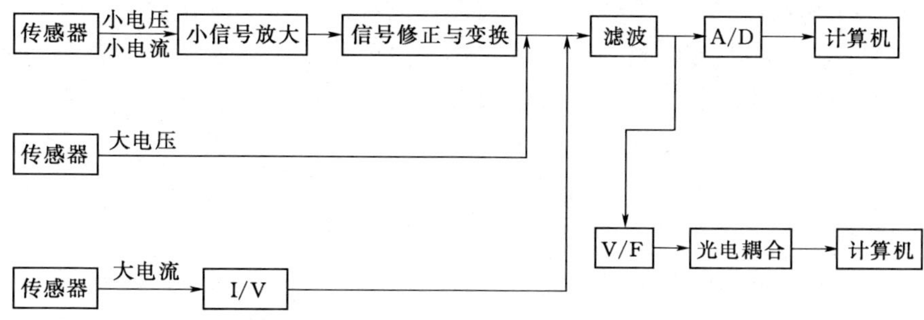

图3.2 大信号输出传感器的使用

此，在一些非快速测量中应尽可能选用频率量输出传感器（频率测量时，响应速度不如A/D 转换快，故不适合快速测量）。

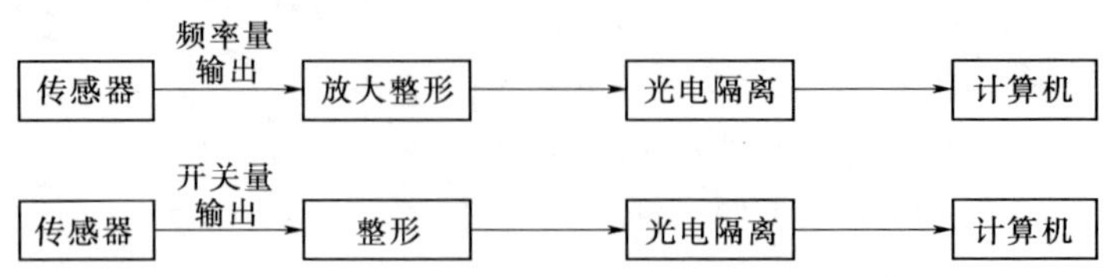

图 3.3　频率量及开关量输出传感器

（3）集成传感器。集成传感器是将传感器与信号调理电路制成一体。例如，将应变片、应变电桥、线性化处理、电桥放大等制成一体，构成集成压力传感器。采用集成传感器可以减轻输入通道的信号调理任务，简化通道结构。

（4）光纤传感器。这种传感器的信号拾取、变换、传输都是通过光导纤维实现的，避免了电路系统的电磁干扰。在信号输入通道中采用光纤传感器可以从根本上解决由现场通过传感器引入的干扰。

除此之外，目前市售的各种测量仪表，其内部传感器及其测量电路配置较完善，一般都有大信号输出端，有的还有 BCD 码输出。但其售价远高于一个传感器的价格，故在小型测试系统中较少采用，在较大型的系统中使用较多。

对于一些特殊的测量需要或特殊的工作环境，目前还没有现成的传感器可供选用。一种解决办法是提出用户要求，找传感器厂家定做，但是批量小的价格一般都很昂贵；另一种办法是从现有传感器定型产品中选择一种作为基础，在该传感器前面设计一种敏感器或（和）在该传感器后面设计一种转换器，从而组合成满足特定测量需要的特制传感器。

3.1.2　常用调理电路

在微机控制系统中，传感器的输出有各种形式，有电压信号的、有电流信号的、有模拟信号的、有开关量信号的、有数字信号的。为了便于信号的显示、记录和分析处理，检测装置的输出信号必须经调理电路进行转化成微机能够接收的信号。调理电路就是通过对信号的转换、放大、解调、A/D 转换以及干扰抑制等各种变换得到所希望的输出信号的处理过程。调理电路的形式多种多样，本节仅对常用的几个基本电路进行分析和介绍。

1. 传感器等效电路

传感器的输出电压或电流信号一般来说都比较小，电压为毫伏级或微伏级，电流为毫安级或微安级，通常采用运算放大器构成的放大电路将其放大或变换到伏级电压输出。传感器的因变量为电源性参数时，其等效电路可归结为如图 3.4 和图 3.5 所示的 3 种形式。

如图 3.4（a）所示为电压源等效电路，信号源 U_S 与传感器的等效电阻 R_S 串联，热电偶的等效电路即属于此种类型；如图 3.4（b）所示为电流源等效电路，电流源 I_S 与传感器的等效电阻 R_S 并联，光电二极管的等效电路即属于此种类型；在电压源的情况下，往往使用如图 3.5 所示的参考电路。

这种电路有两个电压源 U_S 和 U_C，U_C 同时加在两个输出端，称为共模电压，U_S（或用 U_D 表示）称为差模电压。U_C 通常是无用信号，必须进行抑制，U_S 则是需要进行放大

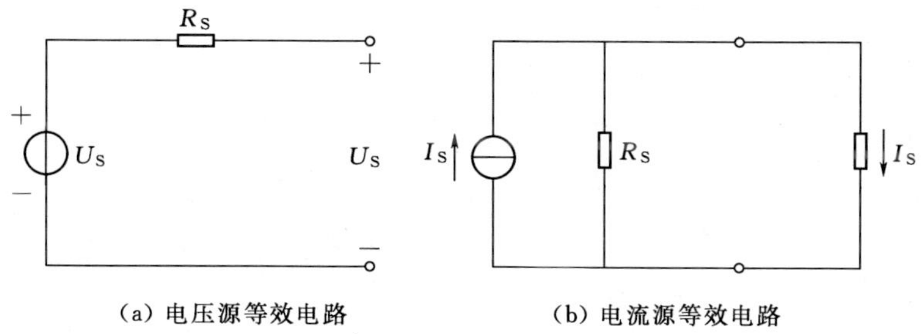

(a) 电压源等效电路　　(b) 电流源等效电路

图 3.4　传感器等效电路

的有用信号。在一些测量场合，共模信号往往比差模信号大许多倍，因此，要求放大电路有极大的差模放大倍数 A_D 和极小的共模放大倍数 A_C，或者有极大的共模抑制比 $CMRR=20\lg\frac{A_D}{A_C}$。在心电波形的测量中，两测量电极上的电压即是这种情况，220V 供电及其输电线路与人体之间的分布电容会在两个测量电极上感应出十几伏甚至几十伏的共模电压，而两电极之间的心电信号的差模信号最大只有几毫伏。高温炉使用的热电偶由于存在来自电源的漏电，在分析时也应采用如图 3.5 所示的等效电路。采用差分原理的电感、电容和电阻式传感器，其输出等效电路也是如此。

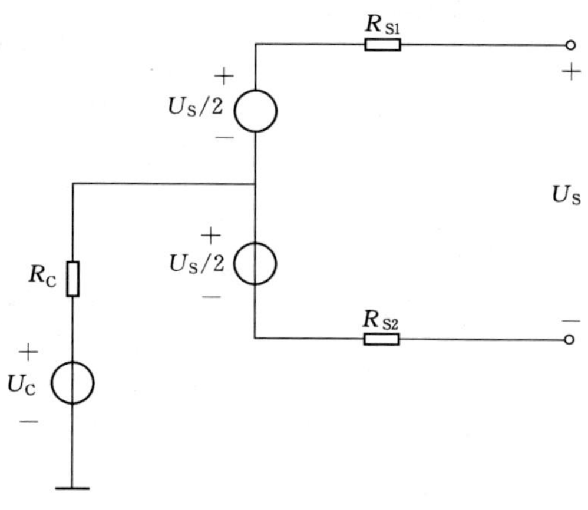

图 3.5　存在共模电压时的电压源等效电路

2. 基本放大电路

集成运算放大器是内部具有差分放大电路的集成电路，国家标准规定的符号如图 3.6 (a) 所示，习惯的表示符号如图 3.6 (b) 所示，运放有两个信号输入端和一个输出端。两个输入端中，标“+”的为同相输入端；标“−”的为反相输入端。所谓同相或反相是表示输出信号与输入信号的相位相同或相反。$U_{iD}=U_{i1}-U_{i2}$ 称为差模或差分输入信号，$U_{iC}=(U_{i1}+U_{i2})/2$ 则称为共模输入信号，输出信号为 U_0，其参考点为信号地。

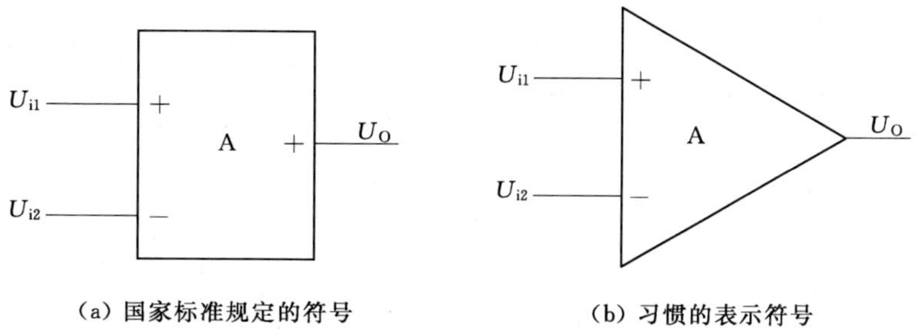

(a) 国家标准规定的符号　　(b) 习惯的表示符号

图 3.6　集成运算放大器符号

理想的运算放大器，简称为运放，具有以下特性：

(1) 对差模信号的开环放大倍数为无穷大。

(2) 共模抑制比无穷大。

(3) 输入阻抗无穷大。

如果集成运放工作在线性放大状态，那么它具有以下两个特点：

(1) 两输入端电压非常接近，即 $U_{i1} \approx U_{i2}$，但不是短路，故称为“虚短”。在工程中分析电路时，可以认为 $U_{i1} = U_{i2}$。

(2) 流入两个输入端的电流通常可视为零，即 $i_- \approx 0$，$i_+ \approx 0$，但不是断开，故称为“虚断”。在工程中分析电路时，可以认为 $i_- = i_+ = 0$。

运算放大器最基本的用法如图 3.7 所示，图 3.7 (a) 中输入电压 U_S 加在“+”端，输出电压 U_O 经电阻 R_1 和 R_2 分压后得到反馈电压 U_F 加到“−”端，构成负反馈，R_1 称为反馈电阻。应用运放“虚短”和“虚断”的概念，可得这种电压负反馈放大电路的放大倍数为

$$A_u = 1 + \frac{R_1}{R_2} \tag{3.1}$$

信号也可以从反相端输入，如图 3.7 (b) 所示，设 $R_S = 0$，这时的放大倍数为

$$A_u = -\frac{R_f}{R_1} \tag{3.2}$$

存在共模电压时，运放接成差分放大器的形式，电路只对差分信号进行放大，如图 3.7 (c) 所示。电阻 R_1 和 R_2 组成反馈通道，根据“虚短”和“虚断”的概念，求得输出电压为可见，共模电压 U_C 被抑制掉了，只有差模信号 U_S 得到放大。

$$U_O = \frac{R_1}{R_2}(U_1 - U_2) = \frac{R_1}{R_2}U_S \tag{3.3}$$

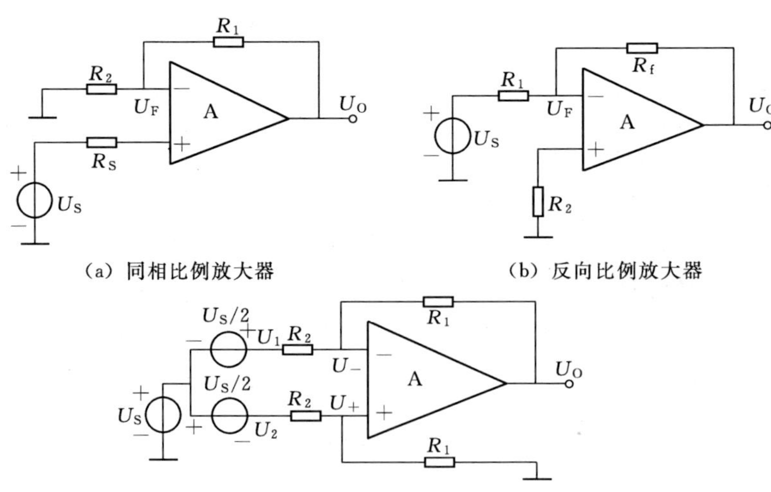

(a) 同相比例放大器　　(b) 反向比例放大器

(c) 差分放大器

图 3.7　比例放大电路

3. 仪用放大电路

在信号很微弱而共模干扰很大的场合，放大电路的共模抑制比是一个很重要的指标。在做常规心电图时，对人体的心电信号（为差模信号）需要分辨到 0.1mV，如果附近供

电电网通过分布电容耦合到人体上的共模干扰高达10V，则一个共模抑制比为80dB的放大器就满足不了要求。因为10V的共模干扰作用于该放大器时，其等效差模误差为1mV。若能将该放大器的共模抑制比提高到120dB，对于相同的共模干扰，其等效差模误差仅为0.01mV，这样就能用来放大0.1mV级的信号了。

为了抑制干扰，运放常采用差动输入方式，对测量电路的基本要求如下：

(1) 高输入阻抗，以减轻信号源的负载效应和抑制传输网络电阻不对称引入的误差。

(2) 高共模抑制比，以抑制各种共模干扰引入的误差。

(3) 高增益及宽增益调节范围。

(4) 非线性误差要小。

(5) 零点的时间及温度稳定性要高，零位可调，或者能自动校零。

(6) 具有优良的动态特性，即放大器的输出信号能尽可能快地跟随被测量的变化。

以上这些要求通常采用多运放组合的测量放大器来满足。典型的组合方式有：二运放同相串联式测量放大电路，如图3.8(a)所示；三运放同相并联式测量放大电路，如图3.8(b)所示及四运放高共模抑制放大电路，如图3.8(c)所示。

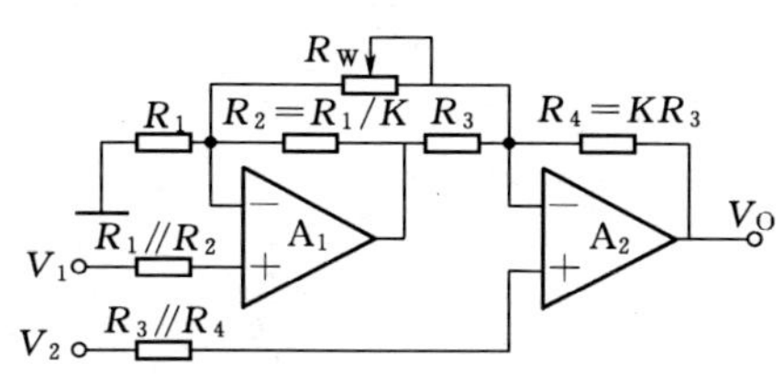

(a) 二运放同相串联式测量放大电路

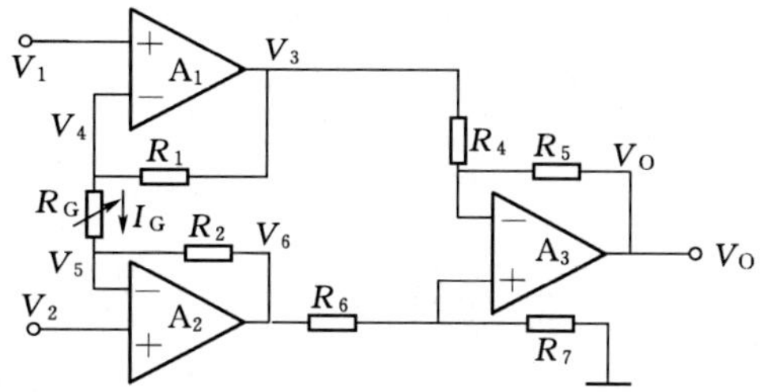

(b) 三运放同相并联式测量放大电路

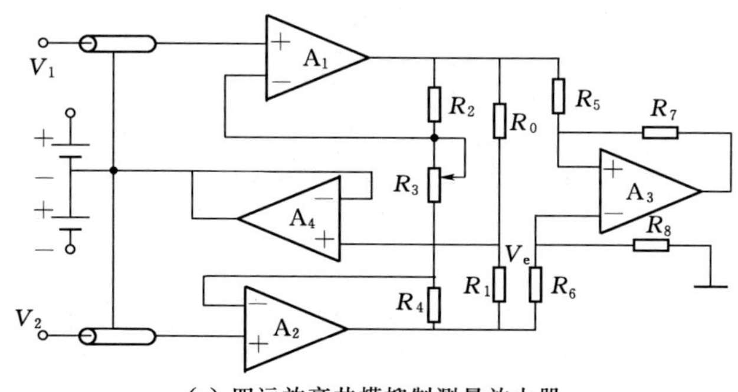

(c) 四运放高共模抑制测量放大器

图3.8 多运放组合的测量放大电路

下面主要分析三运放同相并联式测量放大电路，即常用的仪用放大电路。

三运放结构的测量放大器由两级组成，两个对称的同相放大器构成第一级，第二级为差动放大器——减法器。

设加在运放 A_1 同相端的输入电压为 V_1，加在运放 A_2 同相端的输入电压为 V_2，若 A_1、A_2、A_3 都是理想运放，则 $V_1=V_4$，$V_2=V_5$，有

$$I_G=\frac{V_4-V_5}{R_G}=\frac{V_1-V_2}{R_G} \tag{3.4}$$

$$V_3=V_4+I_G R_1=V_1+\frac{V_1-V_2}{R_G}R_1 \tag{3.5}$$

$$V_6=V_5-I_G R_2=V_2-\frac{V_1-V_2}{R_G}R_2 \tag{3.6}$$

所以测量放大器第一级的闭环放大倍数为

$$A_{F1}=\frac{V_3-V_6}{V_1-V_2}=1+\frac{R_1+R_2}{R_G} \tag{3.7}$$

整个放大器的输出电压为

$$V_O=V_6\left[\frac{R_7}{R_6+R_7}\left(1+\frac{R_5}{R_4}\right)\right]-V_3\frac{R_5}{R_4} \tag{3.8}$$

为了提高电路的抗共模干扰能力和抑制漂移的影响，应根据上下对称的原则选择电阻，若取 $R_1=R_2$，$R_4=R_6$，$R_5=R_7$，则输出电压为

$$V_O=\frac{R_5}{R_4}(V_6-V_3)=-\left(1+\frac{2R_1}{R_G}\right)\frac{R_5}{R_4}(V_1-V_2) \tag{3.9}$$

第二级的闭环放大倍数：

$$A_{F2}=\frac{V_O}{V_6-V_3}=\frac{R_5}{R_4} \tag{3.10}$$

整个放大器的闭环放大倍数为

$$A_F=\frac{V_O}{V_1-V_2}=-\left(1+\frac{2R_1}{R_G}\right)\frac{R_5}{R_4} \tag{3.11}$$

若取 $R_4=R_6=R_5=R_7$，则 $V_O=V_6-V_3$，$A_{F2}=1$。

$$A_F=-\left(1+\frac{2R_1}{R_G}\right) \tag{3.12}$$

由式（3.12）可看出，改变电阻 R_G 的大小，可方便地调节放大器的增益。在集成化的测量放大器中，R_G 是外接电阻，用户可根据整机的增益要求来选择 R_G 的值。

4. 热电阻接口电路

热电阻是一种用于测量温度的传感器，它的阻值随温度变化而变化。测量电阻的方法主要是根据欧姆定律，因而需要恒流源或恒压源作为驱动信号才能进行测量。

由于热电阻本身的阻值较小，随温度变化而引起的电阻变化值更小，因此在传感器与测量仪器之间的引线过长会引起较大的测量误差。在实际应用时，通常采用两线制、三线制或四线制的方式，如图 3.9 所示。

（1）二线制。二线制的电路如图 3.9（b）所示。这是热电阻最简单的接入电路，也是容易产生较大误差的电路。图中的两个 R 是固定电阻，R_r是为保持电桥平衡的电位器，R_t是热电阻。二线制的接入电路由于没有考虑引线电阻和接触电阻，有可能产生较大的误差。如果采用这种电路进行精密温度测量，整个电路必须在使用温度范围内校准。

（2）三线制。三线制的电路如图 3.9（c）所示。这是热电阻最实用的接入电路，可得到较高的测量精度。图中的两个 R 是固定电阻，R_r是为保持电桥平衡的电位器。R_{11}、R_{12}和 R_{13}分别是传感器和驱动电源的引线电阻，一般来说，R_{11}和 R_{12}基本上相等，而 R_{13}不会引入误差。三线制的接口电路由于考虑了引线电阻和接触电阻带来的影响，所以可取得较高的精度。

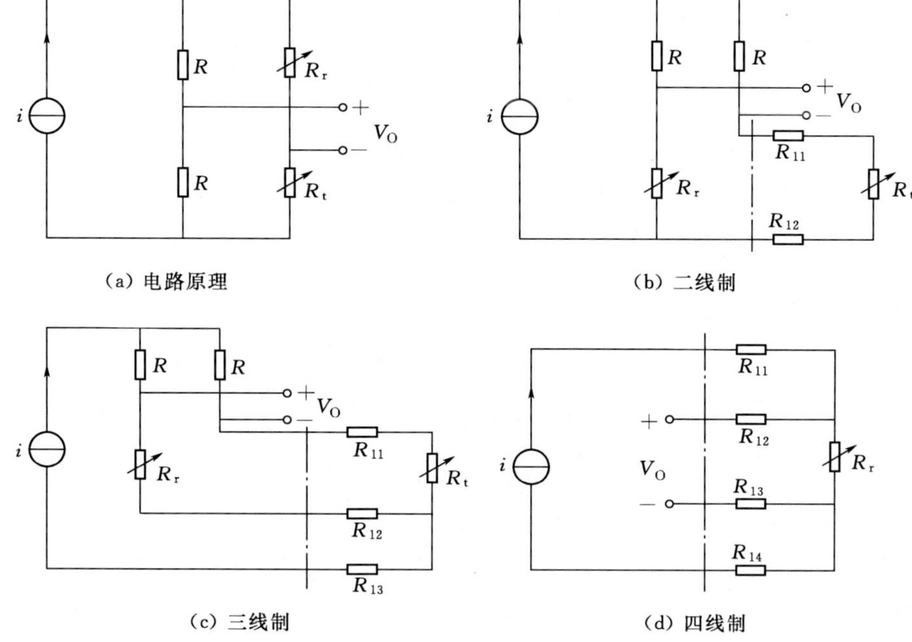

(a) 电路原理 (b) 二线制

(c) 三线制 (d) 四线制

图 3.9 热电阻传感器接口电路

(3) 四线制。四线制的电路如图 3.9 (d) 所示。这是热电阻最高精度的接入电路，图中 R_{11}、R_{12}、R_{13}和 R_{14}都是引线电阻和接触电阻。R_{11}和 R_{14}在恒流源回路，不会引入误差，R_{12}和 R_{13}则在高输入阻抗的仪器放大器的回路中，也不会带来误差。

上述 3 种热电阻传感器的接口电路的输出，都需要后接高输入阻抗、高共模抑制比的仪用放大电路。

5. 电容传感器接口电路

电容传感器是一种传统的传感器，它是一个具有可变参数的电容器，具有结构简单、体积小、分辨率高、可实现非接触式测量的优点。其工作原理基于

$$C=\frac{\varepsilon A}{d} \tag{3.13}$$

式中：ε 为电容极板间介质的介电常数；A 为两平行极板的面积；d 为两平行极板的距离；C 为电容量。

由于电容传感器是电参量传感器，因而需要驱动信号才能工作。电容传感器的接口电路常用如下的形式：桥式电路、谐振电路、调频电路、运算电路、二极管双 T 型交流电桥等，这里只介绍桥式接口电路。

如图 3.10 所示，传感器接在电桥内，激励源采用稳频、稳幅和固定波形的低阻信号源，电桥电压经放大和相敏整流后得到直流的输出信号。

交流电桥平衡时：

$$\frac{Z_1}{Z_2}=\frac{C_2}{C_1} \tag{3.14}$$

式中：C_1、C_2分别为传感器中的差分电容。

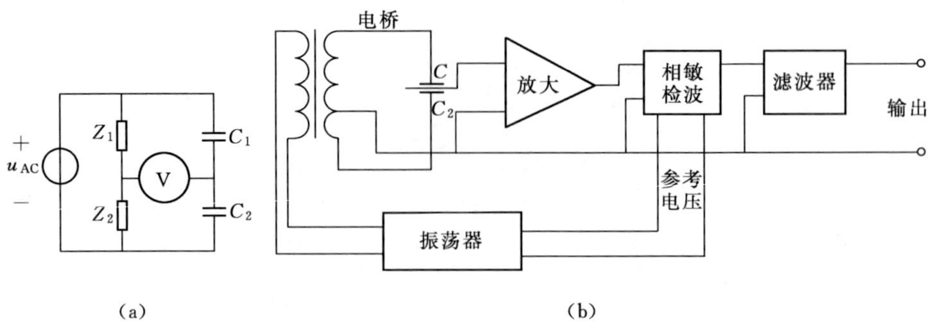

图 3.10　电容传感器桥式接口电路

当差分电容中的动极移动 Δd 时，交流电桥的输出电压为

$$u_0=\frac{u_{AC}}{2}\frac{1+j\omega\Delta C}{R_0+\frac{1}{j\omega C_0}}=\frac{u_{AC}}{2}\frac{\Delta Z}{Z} \tag{3.15}$$

式中：R_0为电容损耗电阻；ΔC 为差分电容的变化量；C_0为 $C_0=C_1$时的电容值；Z 为 C_0和 R_0的等效阻抗。

6. 压阻式压力传感器接口电路

压阻式压力传感器是利用晶体的压阻效应制成的传感器，一般由恒流源或恒压源供电，使用恒流源供电时，电桥输出只受电桥电流和电阻变化的影响。而使用恒压源供电时，电桥的输出受电阻变化、电桥电压和 ΔR_t的影响，增加了温度误差，所以一般采用恒流源给传感器供电。

图 3.11 是压阻式传感器的典型接口电路，该电路由 A_1、D_{Z1}和 R_1构成恒流源电路对电桥供电，输出 1.5mA 的恒定电流。

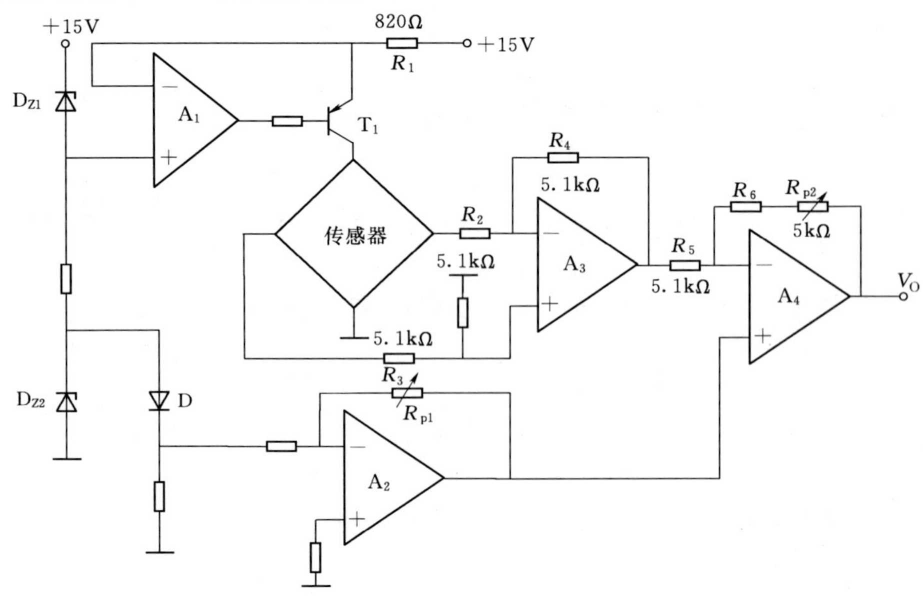

图 3.11　压阻式传感器的典型接口电路

为了保证测量电路的精度，在测量电路中设置了由二极管 D 和放大器 A_2 组成的温度补偿电路，其原理是利用硅二极管对温度敏感而作为温度补偿元件，一般二极管的温度系数为 $-2\mathrm{mV/℃}$，调节 R_{p1} 可获得最佳的温度补偿效果。运放 A_3 和 A_4 组成两级差分放大电路，放大倍数约为 60，并由 R_{p2} 来调节增益的大小。

若传感器在零压力时，测量电路的输出不为零，这时要在电路中增加零输出调整电路，调节 R_{p1} 的大小即可达到传感器输出为零。

7. 压电晶体传感器接口电路

石英晶体、压电陶瓷和一些特殊材料在外界机械力的作用下，内部会产生极化现象，导致其上下表面出现电荷。当去掉外压力时电荷立即消失，这种现象就是压电效应。压电式加速度传感器是灵敏度很高的容性传感器，常配以电荷放大器，其电路如图 3.12 所示。

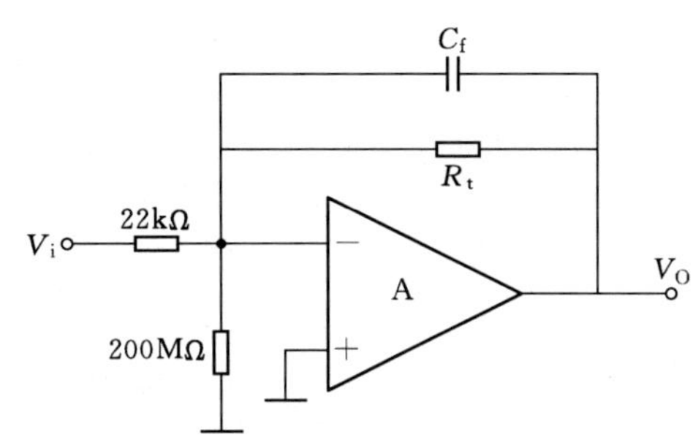

图 3.12 压电晶体传感器接口电路

由于电荷放大器频带宽，增益由负反馈电路中的电容 C_f 决定，输出电缆的电容对放大器无影响，输出电压为 $V_O=-q/C_f$。在实际应用时，传感器在过载时，会有很大的输出，所以在放大器的输入端加保护电路，电荷放大电路只适用于动态测量。

8. 光电二极管接口电路

光电二极管是一种基本的敏感元件，作用是将输入光量的变化转换为电量的变化，不仅可以直接测量光强，也可以与二次转换元件如光纤等配合，用于测量其他物理量或化学量。

由于光电二极管的输出短路电流与输入光强有极好的线性关系，因此，为得到良好的精度和线性，光电二极管通常都采用电流/电压转换电路作为接口电路，如图 3.13 所示。不难得出，电路的输出为

$$V_O=-i_g R_f \tag{3.16}$$

为了抑制高频干扰和消除运放输入偏置电流的影响，实际应用电路如图 3.14 所示。

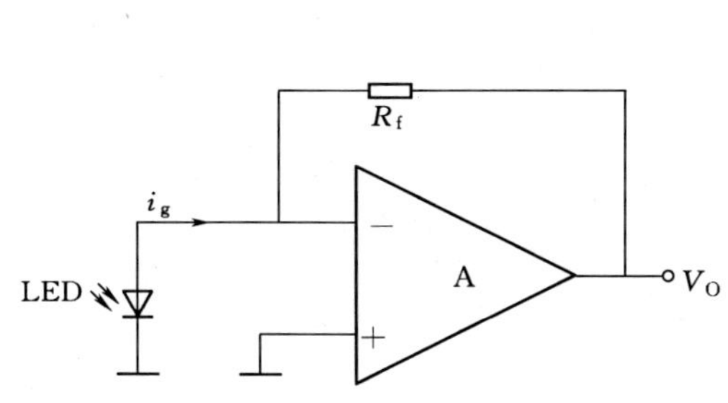

图 3.13 基本光电二极管接口电路

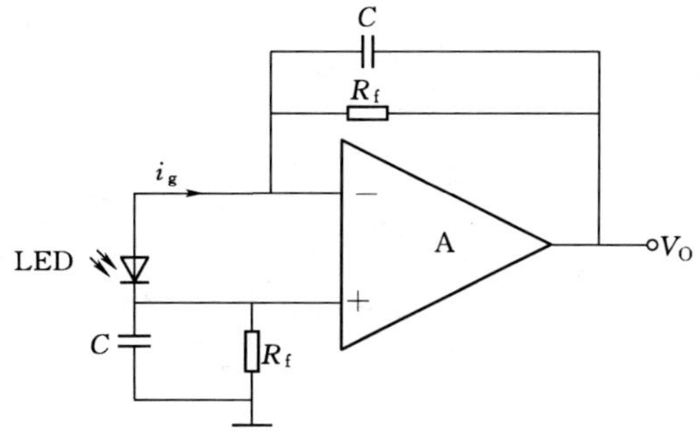

图 3.14 常用光电二极管接口电路

OTP301 是一种集成化的光电传感器，其内部的结构如图 3.15 所示。采用集成化的光电传感器可以大幅度简化电路，提高系统的抗干扰能力和性能。

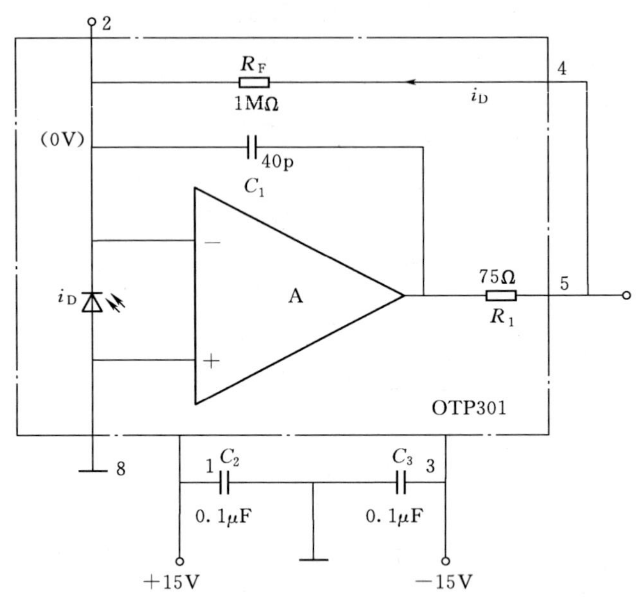

图 3.15　集成化的光电传感器 OTP301 内部结构

9. 电流/电压变换器（CVC）

电流/电压变换器（CVC）用来将电流信号变换为成正比的电压信号。如图 3.16 所示为电流/电压变换器的原理图。图中 i_S 为电流源，R_S 为电流源内阻。理想的电流源的条件是输出电流与负载无关，也就是说电流源内阻 R_S 应很大。若将电流源接入运算放大器的反相输入端，并忽略运算放大器本身的输入电流 i_B，则有 $i_F = i_S - i_B \approx i_S$，即输入电流 i_S 全部流过反馈电阻 R_F，电流 i_S 在电阻 R_F 上的压降就是电路的输出电压

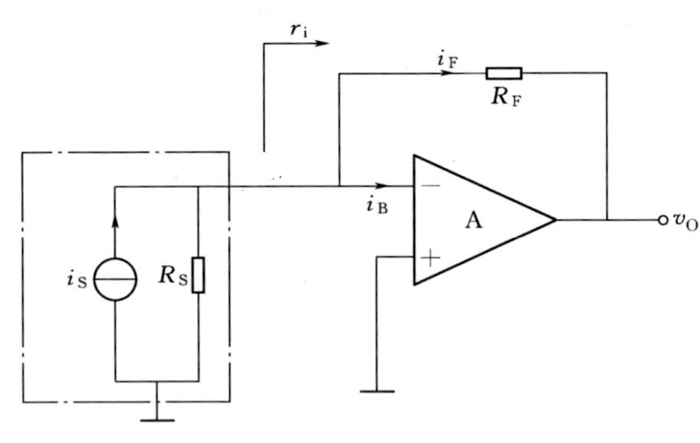

图 3.16　电流/电压变换电路原理图

$$v_O = -i_S R_F$$

上式表明输出电压 v_O 与输入电流 i_S 成正比，即实现了电流/电压的变换。若运算放大器的输出阻抗很低，那么可用一般的电压表在输出端直接测定输入电流值大小，其变换系数就是 R_F 值。若被测电流 i_S 很小，为了要有一定的输出电压数值，应该取较大的 R_F 值，但 R_F 值过大，必然带来两个问题：①大阻值的电阻不容易找到，精度也差；②输出端的噪声也越大。在应用上，一是采用 T 形电阻网络替代大阻值电阻，这时可采用较小阻值的电阻；二是为了要降低噪声，可在电阻 R_F 的两端并接一个小电容来解决，且该电容本身的漏电流应足够小。图 3.17 给出了实用测量微弱电流信号的电流/电压变换电路。

测量电流 i_S 的下限值受运算放大器本身的输入电流 i_B 所限制，i_B 值越大，则带来的测量误差也越大，通常希望 i_B 的数值应比被测电流 i_S 低 1～2 个数量级以上。一般通用型集成运算放大器本身的输入电流在数十至数百纳安的量级，因此只适宜用来测量 μA 级电流，若需测定更微弱的电流，可采用 CMOS 场效应管作为输入级的运算放大器，该运算放大器的输入电流 i_B 可降至 pA 级以下。

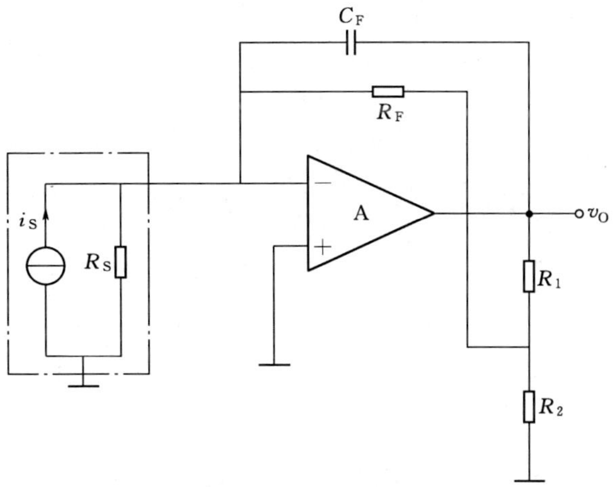

图 3.17 实用测量微弱电流信号的电流/电压变换电路

10. 波形变换

方波、三角波和正弦波是测控系统中常见的波形，也经常需要在它们之间进行变换，如图 3.18 所示。很多参考资料介绍几十种波形变换的方法，但这些方法中绝大多数没有实用价值。以三角波/正弦波的变换为例，仅采用非线性变换的方法就有二极管折线近似电路、模拟近似计算法、利用场效应管等元器件的非线性等。这些方法只能对特定幅值的波形进行变换，超过或小于设定的幅值将不能进行变换。即便如此，波形变换的方法仍然有很多有实用价值的方法，限于篇幅，本节只介绍几种经典的变换方法。

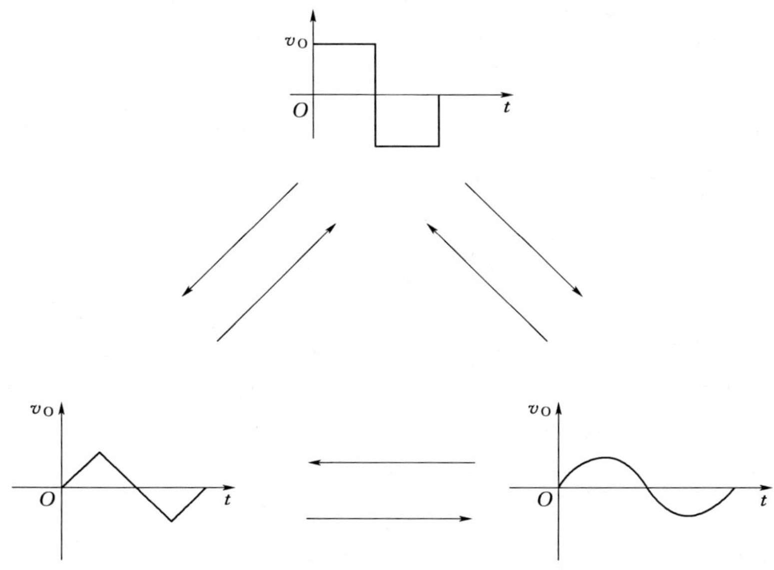

图 3.18 波形变换

(1) 三角波/正弦波的变换方法。对于周期性的三角波，按傅里叶级数展开时，有

$$v(\omega t)=\frac{8}{\pi^2}V_m\left(\sin\omega t+\frac{1}{3!}\sin 3\omega t+\frac{1}{5!}\sin 5\omega t+\cdots\right) \tag{3.17}$$

若用低通滤波器（积分电路）滤除 3 次以上的高次谐波，就可获得正弦信号输出。

（2）三角波或正弦波/方波的变换方法。三角波或正弦波/方波的变换只需采用输出钳位（限幅）的过零比较器即可，按照需要的方波幅值设计相应的钳位电路。

（3）方波/三角波或正弦波的变换方法。对于周期性的方波变换成三角波，可以直接采用如图 3.19 所示的积分器。为了准确地实现变换，应该使图中元件的参数满足下式：

$$RC \gg \frac{1}{f} \tag{3.18}$$

式中：f 为方波的频率。

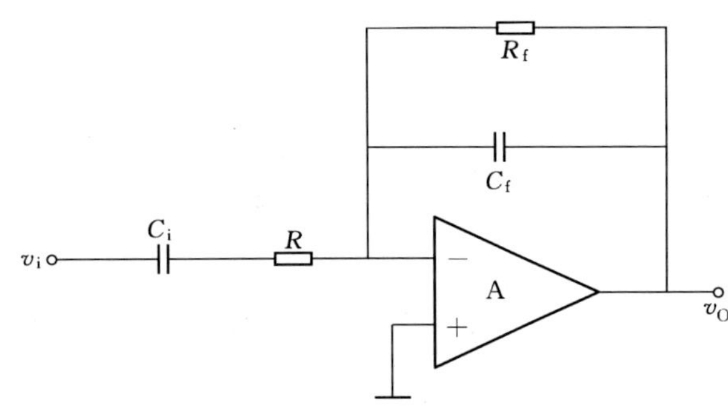

图 3.19　方波/三角波变换电路图

RC 乘积（即积分常数 τ）越大，变换精度越高，但三角波的输出幅值越小。

图 3.19 中的电阻 R_f 是为了提供直流负反馈而加上的。没有 R_f 会使电路的输出基线随着时间越来越偏离零点，但是 R_f 的取值应该尽量地大。同样，C_i 也是为了消除输入方波中的直流分量，避免电路的输出基线随着时间越来越偏离零点而加的。C_i 的取值也应该尽量地大，同时要选用漏电小的电容。

对于周期性的方波变换成正弦波，也可以像三角波/正弦波的变换一样，采用低通滤波器滤除方波中三次以上的高次谐波，就可获得正弦信号输出。但应注意的是，由于方波中的高次谐波的幅值比三角波中的要高不少，为了得到较好的变换效果，应该采用更高阶数的低通滤波器。对有较大直流分量的方波，甚至是单向的方波，也要采用隔直电路（高通滤波）以避免输出基线偏离零点。

3.2　输　出　通　道

在各种机电设备控制、调速传动、电力拖动等系统中，常常需要对电动机、加热制冷器、功率电源输出等实现不间断和连续的自动控制，如直流电动机的无极调速，交流电动机变频调速及启动/制动特性调节，功率电源输出电压/输出电流的连续自动调节等，这些控制都是应用微机的输出通道来实现的。

3.2.1　脉宽调制控制电路

上述这些控制，通常是将交流信号连续变换成直流信号，或者将直流信号连续逆换成交流信号来达到控制目的，因而称这种控制的电路为连续信号控制电路。在实际应用中，连续信号控制电路主要是指直流电动机调速、交流电动机调速和功率电源输出控制中的脉宽调制控制电路、导电角控制电路、变频控制电路和功率电源输出调控电路等。由于交直流电动机调速和功率电源输出调控电路是电气传动自动控制技术中的重要部分，应用广泛，所以了解和掌握这些电路的原理、设计技术与应用方法，对于机械系统的控制来说尤为重要。本节重点介绍脉宽调制（PWM）控制的原理电路、典型电路及其功率转换电路。

脉宽调制（Pulse Width Modulation，PWM）控制电路，通常称为PWM控制电路，是利用半导体功率晶体管或晶闸管等开关器件的导通和关断，把直流电压变成一系列幅值相等的脉冲电压，通过改变脉冲电压的宽度或周期以达到变压目的，或者改变脉冲电压宽度和脉冲列的周期以达到变压变频目的的一种变换电路。采用脉宽调制实现功率输出连续调节的好处是电源的能量能得到充分利用，电路的效率高。譬如：当输出为50%的方波时，脉宽调制电路消耗的电源能量也为50%，也就是说几乎所有的能量都转换为负载功率输出。而采用常见的电阻降压调速时，要使负载获得电源最大输出功率50%的功率，电源必须提供71%以上的输出功率，这多出的21%的功率消耗在了电阻的压降及热耗上。因此，脉宽调制控制电路在直流电动机调速、交流电动机变频调速、开关稳压电源、不间断电源（UPS）以及功率控制及变换等控制电路中有着广泛的应用。

1. 脉宽调制控制电路的工作原理

基本的脉宽调制控制电路包括电压-脉宽变换器和开关式功率放大器两部分，如图3.20所示。运算放大器N工作在开环状态，可将连续电压信号变成脉冲电压信号。二极管VD在V关断时为感性负载R_L提供释放电感储能形成续流回路。N的反相端输入3个信号：①锯齿波或三角波调制信号u_p，其频率是主电路所需的开关调制频率，一般为1～4kHz；②控制电压u_c，其极性与大小随时可变；③负偏置电压u_0，其作用是在$u_c=0$时通过R_P的调节使比较器的输出电压u_b为宽度相等的正负方波，如图3.21（a）所示。当控制电压$u_c>0$时，锯齿波过零的时间提前，结果在输出端得到正半波比负半波窄的调制方波［图3.21（b）］。当$u_c<0$时，锯齿波过零的时间后移，结果在输出端得到正半波比负半波宽的调制方波［图3.21（c）］。若锯齿波的线性良好，则输出正向脉冲的占空比为

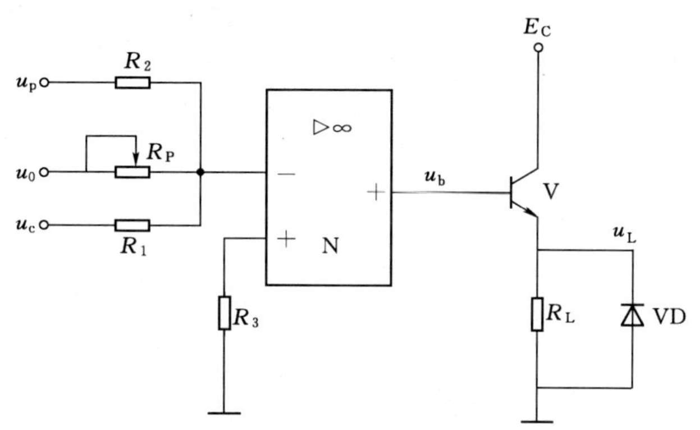

图3.20 PWM控制电路原理

$$\frac{\tau}{T}=\frac{1}{2}\left(1-\frac{u_c}{u_{cm}}\right) \tag{3.19}$$

式中：u_{cm}为控制信号u_c的最大值。

PWM信号加到主控电路的开关管V的基极时，负载R_L两端电压u_L的波形如图3.22所示。显然，通过PWM控制改变开关管在一个开关周期T内的导通时间τ的长短，就可实现对R_L两端平均电压U_L大小的控制。

2. 典型脉宽调制电路

脉宽（脉冲宽度）调制器是一个自动的电压-脉宽变换器（亦称V/W电路）。对它的基本要求是死区要小，调宽脉冲的前后沿的斜率大，也就是比较器的灵敏度要足够高。在

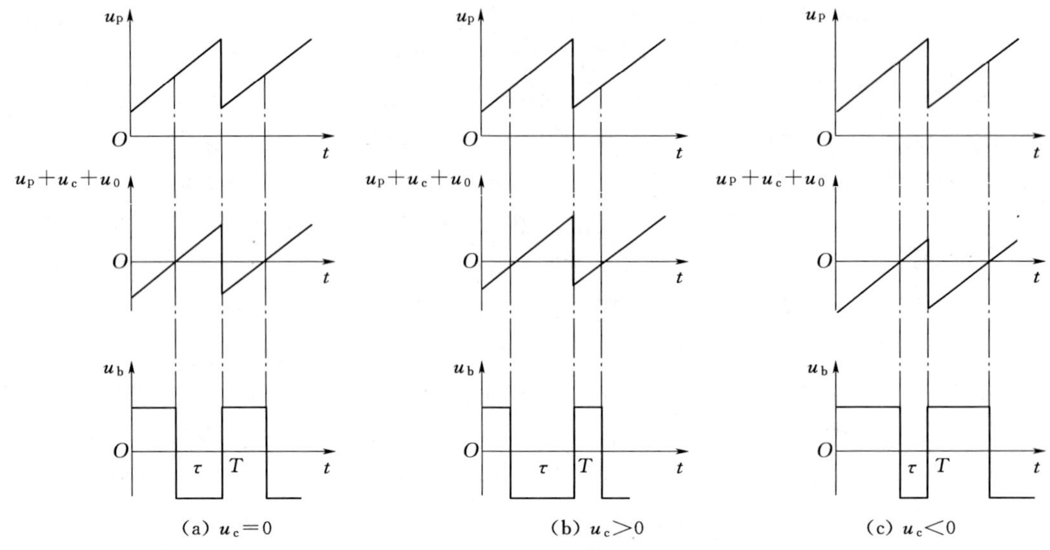

图 3.21　锯齿波脉宽调制波形图

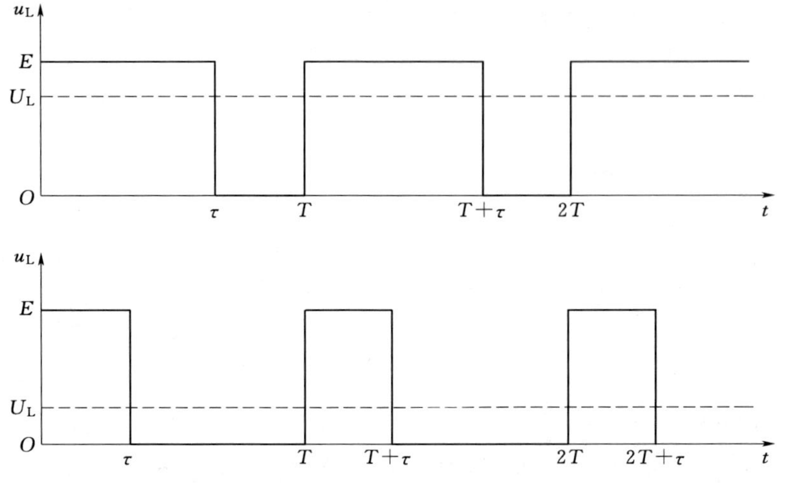

图 3.22　PWM 控制负载的波形图

设计脉宽调制器的实际电路时，应使其简单、可靠，且不受外界干扰。比较器的灵敏度与系统的控制模式、实际控制系统的具体要求等有关，应综合考虑，否则在整个系统的电路处理上会带来一定困难。同时还需考虑与功率转换电路的耦合问题。下面介绍几种典型电路。

（1）锯齿波脉宽调制器。如图 3.23 所示的锯齿波脉冲宽度调制器由锯齿波发生器和电压比较器组成。锯齿波发生器采用 NE555 集成电路接成无稳态多谐振荡器。电源电压 $+E_c$。通过电阻R_1、R_2和R_3对电容器C_2进行充电，当C_2的端电压达到一定值时，NE555 内部的晶体管导通，C_2上的电压经R_3迅速放电，因而在 NE555 的引脚 7 输出锯齿波。为提高锯齿波的线性度和电路的温度稳定性，让 NE555 的引脚 7 经过电阻R_4接射极输出器 V，并通过C_3正反馈到R_2的上端，让C_2在充电期间，R_2上的压降接近为常数，使输出近

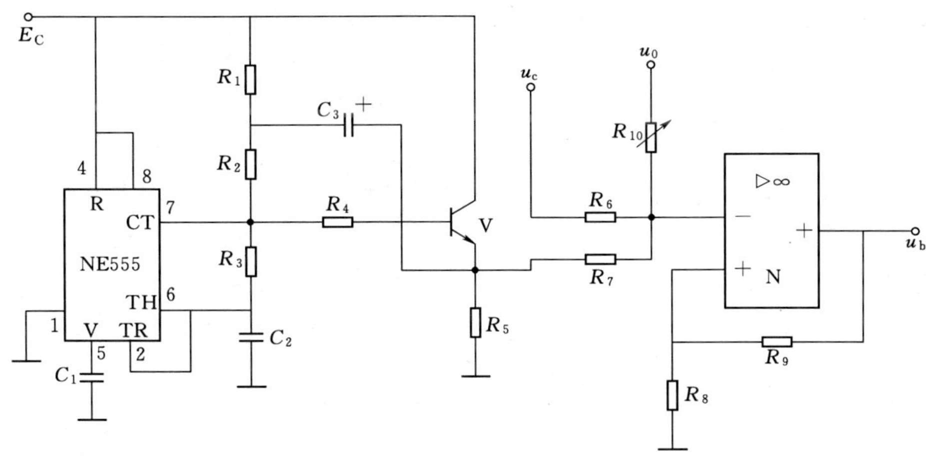

图 3.23 锯齿波脉冲宽度调制器

似为线性斜波。电压比较器由正反馈运算放大器 N 构成，之所以采用正反馈是为了提高输出脉冲前后沿的陡度。该电路的脉冲频率由R_1、R_2、R_3和C_2的大小决定，一般R_3取值 200Ω 左右。

(2) 三角波脉宽调制器。脉宽调制器也常用三角波发生器代替锯齿波脉冲源，如图 3.24 所示。运算放大器N_1组成滞回比较器，N_2组成反相积分器，它们共同组成正反馈回路，形成自激振荡，由N_1输出方波，N_2输出三角波。滞回比较器N_1具有上行滞回特性，它的基准电压为 0V，高、低输出电位由稳压管VS_1、VS_2的稳定电压决定。当VS_1、VS_2的稳定电压值相等时，滞回比较器对应的输入和输出参数都是大小相等、方向相反的。N_1输出的方波经电位器 R_P 分压后加到积分器N_2的输入端，经过积分输出形成对称的三角波。

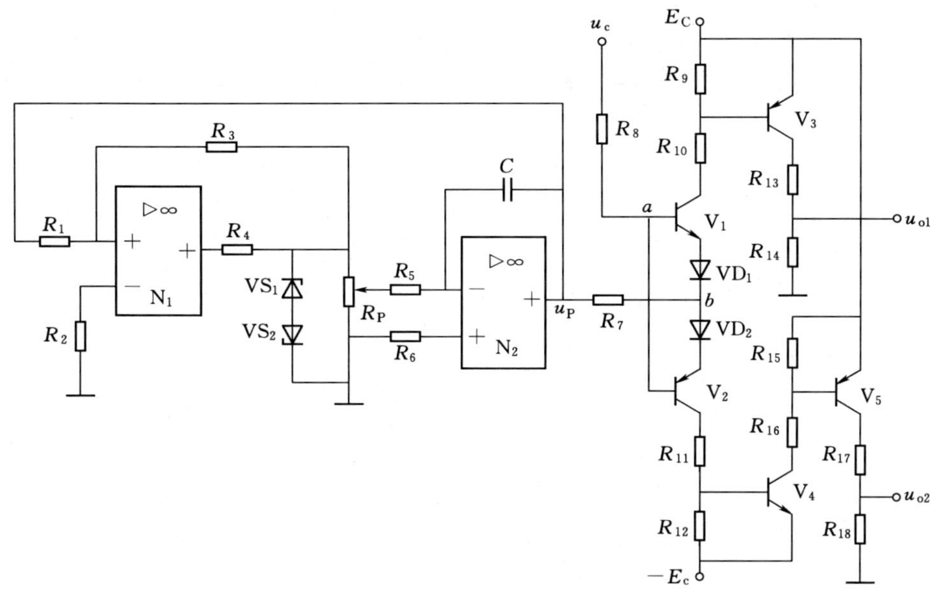

图 3.24 三角波脉宽调制器电路

三角波电压u_P与控制信号u_c加到单极性脉冲宽度比较电路的输入端。从图 3.25 中可以看出，V_1、V_2的发射结和VD_3、VD_2形成一个死区，只有当$u_c - u_P$超过两个结压降U_{ab}（1.2～1.4V）时，比较器才有输出，其输出波形如图 3.25 所示。当$u_c=0$，且三角波的幅值$U_m<U_{ab}$时，$u_{o1}=u_{o2}=0$，如图 3.25（a）所示；当$u_c>0$时，V_1、V_3工作，u_{o1}、u_{o2}输出波形如图 3.25（b）所示；当$u_c<0$时，V_2、V_4工作，u_{o1}、u_{o2}输出波形如图 3.25（c）所示。该电路输出的脉冲信号是单极性的，因此用于单极（输出一种极性脉冲电压）模式 PWM 功率转换电路控制。

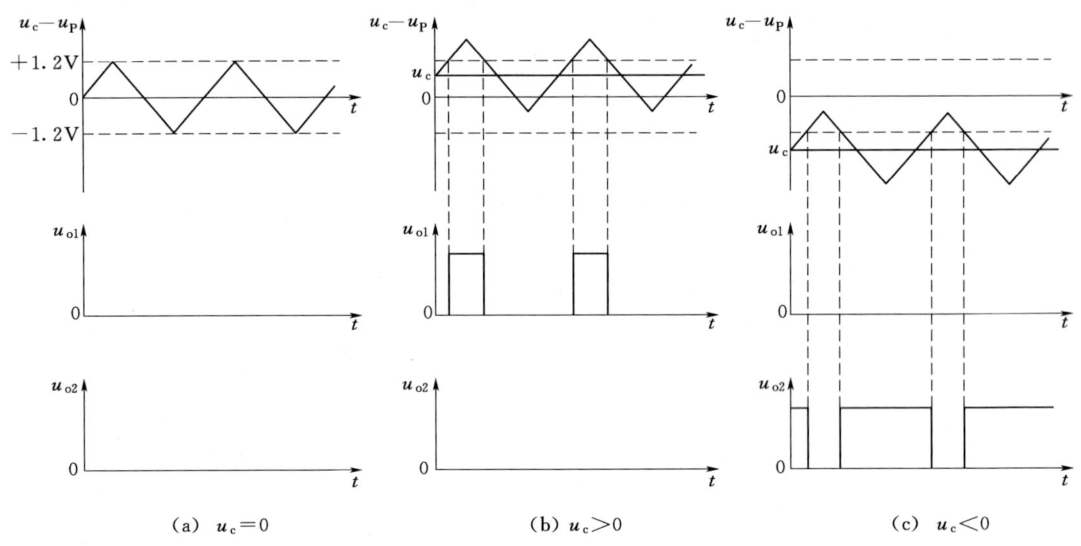

（a）$u_c=0$　（b）$u_c>0$　（c）$u_c<0$

图 3.25　单极性脉宽调制器输出波形

如图 3.26 所示为三角波脉宽调制器的一个应用电路。N_1、N_2、N_3采用单片集成运放 LM324N 中的 3 个运放进行连接，正电源脚接+12V，负电源脚接地，由VS_1提供+6V的参考电压，使N_1和N_2构成的振荡电路在单电源情况下能正常工作，提供振荡频率约为

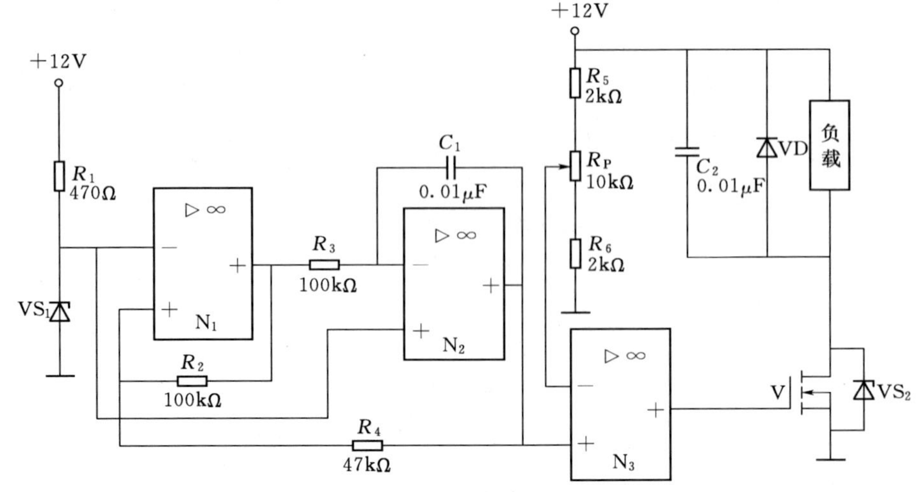

图 3.26　三角波脉宽调制器的一个应用电路

400Hz的方波/三角波信号。N_3接成比较器，将三角波信号与R_5、R_P和R_6分压调节产生的脉宽控制电压进行比较，实现脉宽调制。V为N沟道场效应晶体管，做功率放大器用，应根据负载功耗情况选择，如IRFD121R（最大工作电流1.3A）、IRF513R（3.5A）、IRF521R（8A）等。

该电路可对直流电动机进行调速，这时VD是用来防止电动机反电动势损坏V，C_2的作用是改善电路输出波形和减轻电路的射频干扰。电路也可用于对12V供电的光源进行调光、电加热器调温等控制。

（3）数字式脉宽调制器。数字式脉宽调制器可随控制信号的变化而改变脉冲序列的占空比τ/T。在数字式脉宽调制器中，控制信号是数字，其数值确定脉冲的宽度。当维持调制脉冲序列的周期不变时，通过改变脉冲的宽度，就可以达到改变占空比τ/T的目的。

用微处理器来实现数字脉宽调制十分容易，通常的方法有两种：

一种是用软件方式来产生PWM信号，即通过执行软件延时循环程序交替改变端口某个二进制位的输出逻辑状态来产生脉宽调制信号，只要设置不同的延时时间就可得到不同的占空比。这种方法的优点是简单、灵活、省硬件，缺点是需要占用CPU许多处理时间，对微处理器的工作速度要求较高，不适合在实时控制系统和多任务处理系统中应用。

另一种是用硬件电路自动产生PWM信号，不占用CPU处理的时间，在实时控制系统中得到普遍应用。

如图3.27所示为利用微处理器接口控制实现脉宽调制的PWM电路。它由8位二进制计数器CD4520、8位数值比较器2×CD4585和并行接口芯片8255A构成。在时钟脉冲

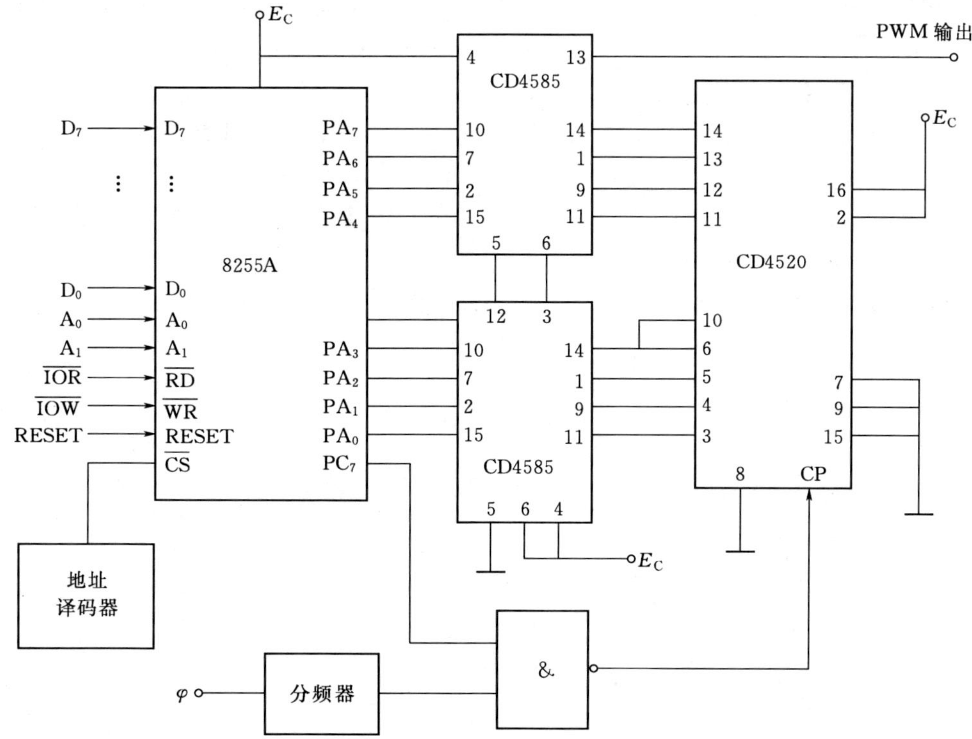

图3.27 利用微处理器接口控制实现脉宽调制的PWM电路

CP 作用下，计数器的 8 位输出（引脚 3～6、11～14）从“0”开始逐次加“1”，当 8 位输出全为“1”（对应于十进制 255）时，再来 CP 脉冲又将从“0”开始逐次加“1”。显然，计数器输出数字斜波信号，其周期为 CP 脉冲周期的 256 倍，这种周期性数字斜波信号所起的作用与模拟 PWM 方式中的锯齿波作用相同。计数器输出的周期性数字斜波信号称为 B 组数字量。

8 位二进制数值比较器由两片 4 位数值比较器 CD4585 构成。数值比较器 A 组数据来自 8255A 端口 A（PA_0～PA_7），故 A 组数据是微处理器输出的数字控制信号，它相当于模拟 PWM 方式的控制电压。只要计数器的输出值小于 8255A 端口 A 输出的数值，则第二级 CD4585（图 3.27 中上片）的“A>B”输出端保持高电平。当比较器的两个输入值相等时，“A>B”端变为零，并且直到计数器溢出之前保持为低电平。计数器溢出后，“A>B”端恢复为高电平，并重复执行该过程。

输出波形的周期 $T=256\ T_C$，而脉冲的宽度 $\tau=DT_C$。其中 D 为控制的数值，T_C为时钟周期。如果要求 PWM 频率为 1kHz，则 CP 频率应为 256kHz。图中 8255A 的PC_7位用于控制计数器的工作；D_0～D_7为 8 位数据输入端，全部为双向三态；$\overline{CS}$为片选端，低电平有效；A_0、A_1为通道 0、1 选择信号端；$\overline{RD}$为读信号端，输入端低电平有效；$\overline{WR}$为写信号端，输入端低电平有效；RESET 为复位信号端输入端高电平有效。

图 3.28 示出了计数比较式 PWM 电路在一个温控系统中连接的控制对象。输入的 PWM 脉冲信号经非 G 控制 VLC 中的发光二极管，实现弱电对强电功率输出的隔离控制。VLC 采用固态继电器，其输入控制电流小，电路中选用过零型交流 SSR。加热器是一种感性元件，为了增加电路的可靠性和保护双向晶闸管 V 以及 SSR，用R_4、C 和R_5构成感性负载过电压吸收网络，其中 C 选用 0.01μF、耐压 400V 以上的电容器，R_4选用 100Ω，耗散功率大于 1W 的金属膜电阻，R_5选用压敏电阻。该电路实际应用时需要设计检测被加热体或加热环境温度的测量电路，当检测到的温度高于预设定的值时，加热器停止加热，即 PWM 输出为零。检测到的温度小于预定值时，开始加热，而且预设值与测量值差距越大，PWM 输出脉冲的占空比就越大。为此，PWM 控制值可取预设值与测量值之差作为送到比较器的 A 组数字控制字，用来控制脉宽宽度。

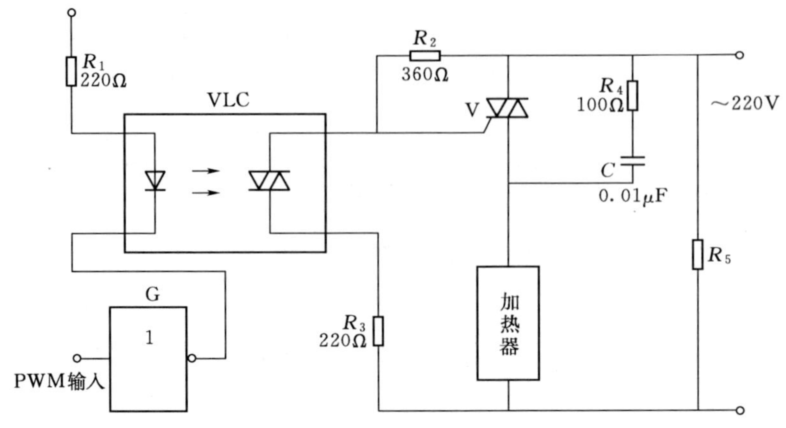

图 3.28　PWM 温控应用电路

采用可编程定时计数器件，如单片机的内部定时器/计数器及 Intel 系列的 8253、8254 等芯片，也可构成集成度较高并且编程也极为方便的 PWM 电路，这里不再介绍。

3.2.2　逻辑与数字控制电路

逻辑控制电路，主要实现逻辑状态的控制。这些逻辑状态可综合表达为“真”与“非”两种基本逻辑状态，这两种基本状态通过空间和时间上的并联与串联构成不同的复合逻辑组态，在应用中形成了各种用途的逻辑控制电路。

通常灯光的“亮”与“暗”、电动机的“转”与“停”、阀门的“开”与“关”等情况，可直接由“真”与“非”两种基本逻辑状态控制。而一般系统的逻辑运行过程、多种逻辑状态信号输入与多种逻辑状态信号输出间的变换等，则属于复合逻辑组态控制。逻辑控制电路中较简单的是二值可控元件驱动电路，也就是“真”与“非”两种基本逻辑状态的控制电路。

1. 功率开关驱动电路

按照电路中采用的功率器件类型分类，常见的有晶体管驱动电路、场效应晶体管驱动电路和晶闸管驱动电路等类型。

按照电路所驱动的负载类型，常见的有电阻性负载驱动电路和电感性负载驱动电路等类型。

按照电路所控制的负载电源类型分类，常见的有直流电源负载驱动电路和交流电源负载驱动电路等类型。

(1) 晶体管直流负载功率驱动电路。如果负载所需的电流不太大，可采用如图 3.29 所示的晶体管直流负载功率驱动电路。这里负载用 Z_L 而不用 R_L 表示，是强调该负载可以是电阻性负载，也可以是电感或电容性负载。当控制信号 u_i 为低电平时，I_b 较小导致 V 截止，负载 Z_L 中电流 I_L 为 0；当控制信号 u_i 为高电平时，I_b 较大 V 导通（工作于饱和区），负载 Z_L 中电流 $I_L=(E_C-U_{CC})/Z_L$，U_{CC} 为 V 集电极与发射极间的饱和电压降。图 3.29 中 VD 是续流二极管，对晶体管 V 起保护作用。当驱动感性负载时，在晶体管关断瞬间，感性负载所存储的能量可通过 VD 的续流作用而泄放，从而避免 V 被反向击穿。

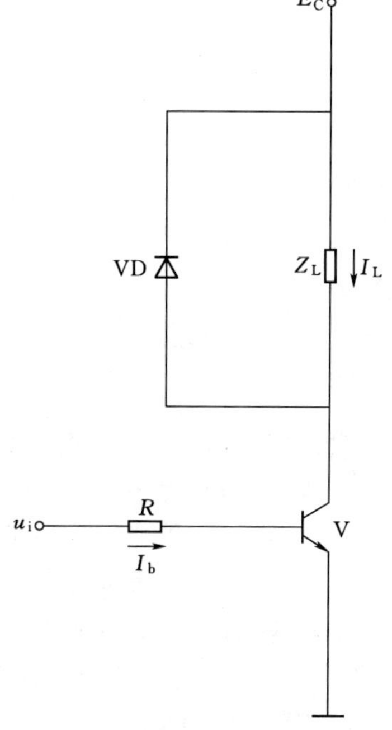

图 3.29　晶体管功率驱动电路

这种电路的设计要点是合理确定 u_i、R 与 V 的电流放大系数 β 值之间的数值关系，充分满足 $I_b>I_L/\beta$，可确保 V 导通时工作于饱和区，以降低 V 的导通电阻及减小功耗。这种由一只晶体管组成的功率驱动电路，可满足负载电流 $I_L<500$mA 电器的需要。通常情况下可采用 3DG102 或 T8050 等晶体管组成这种电路。

当所需的负载电流 I_L 较大时，由于单个晶体管 β 值有限，输入控制信号电流 I_b 必须很大，以确保 V 导通时工作于饱和区。为减小对控制信号电流强度的要求，可采用达林顿器件（通常也称复合晶体管）构成功率驱动电路。

采用达林顿器件可实施对 0.5～15A 负载电流的功率驱动。常用的器件有 2S6039、BD651、SI5001 等。

（2）场效应晶体管直流负载功率驱动电路。通常所称的晶体管，其全称应为双极型晶体管。场效应管的全称为场效应晶体管，用于功率驱动电路的场效应晶体管称为功率场效应晶体管。功率场效应晶体管是电压控制器件，具有很高的输入阻抗，所需的驱动功率很小，对驱动电路要求较低。另外，功率场效应晶体管具有较高的开启阈值电压，有较高的噪声容限和抗干扰能力。

场效应晶体管大多数为绝缘栅型场效应晶体管，亦称 MOS 场效应晶体管。功率场效应晶体管在制造中多采用 V 沟槽工艺，简称为 VMOS 场效应晶体管。其改进型则称为 TMOS 场效应晶体管。

图 3.30（a）是 VMOS 场效应晶体管引出电极的内部关系简图，点画线框表示其封装范围。其中二极管 VD_S是在制造过程中形成的。与普通场效应晶体管不同，如果在使用中将漏极 D 与源极 S 接反，会导致性能丧失或损坏。

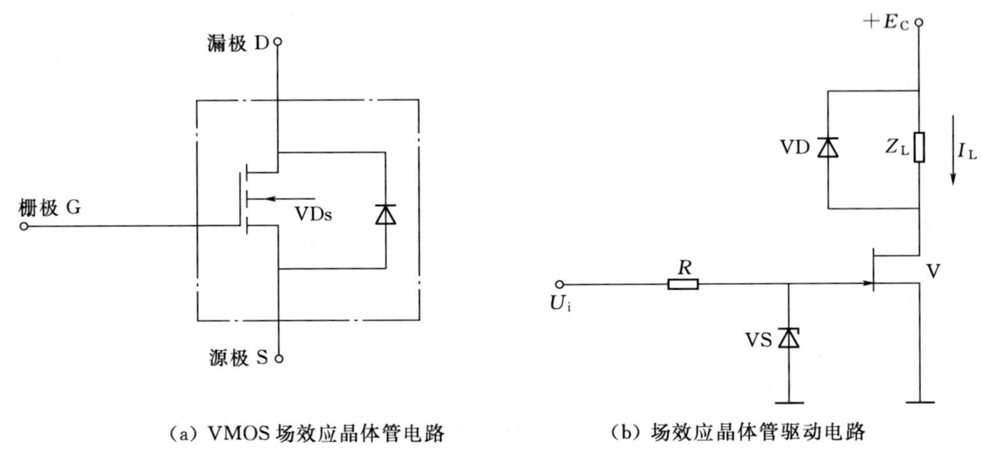

(a) VMOS 场效应晶体管电路　　(b) 场效应晶体管驱动电路

图 3.30　场效应晶体管驱动电路

图 3.30（b）为典型的功率场效应晶体管直流负载功率驱动电路。当控制信号 U_i小于开启电压 U_{GS}时，V 截止，直流负载 Z_L中电流 I_L为 0；当控制信号 U_i大于开启电压 U_{GS}时，V 导通，直流负载 R_L中电流 $I_L=E_C/(Z_L+R_{DS})$。式中 R_{DS}为 V 漏极 D 与源极 S 间的导通电阻。电路中稳压二极管 VS 用来对输入控制电压钳位，对功率场效应晶体管实施保护。常用的功率场效应晶体管有 IRF250、IRF350、IRF640 等。

（3）晶闸管交流负载功率驱动电路。交流负载的功率驱动电路，通常采用晶闸管来构成。晶闸管有单向晶闸管和双向晶闸管两种类型。单向晶闸管亦称单向可控硅（SCR）。如图 3.31（a）所示为其图形符号，其中阳极 A 与阴极 K 是主电极，门极 G 是控制电极。单向晶闸管的工作状况可用两个条件予以说明：①导通条件；②关断条件。

晶闸管的导通条件是：在阳极 A 与阴极 K 之间加正向电压，同时在门极 G 和阴极 K

之间加正向触发电压，这样阳极 A 与阴极 K 之间即进入导通状态。晶闸管一旦导通，只要阳极 A 与阴极 K 之间的电流不小于其维持电流 I_R，门极 G 与阴极 K 之间是否还存在正向电压，对已经导通的晶闸管完全没有影响。

晶闸管的关断条件是：主电极阳极 A 与阴极 K 之间的电流小于其维持电流 I_R，且门极 G 与阴极 K 之间的电压已小于触发电压，晶闸管即进入关断状态。

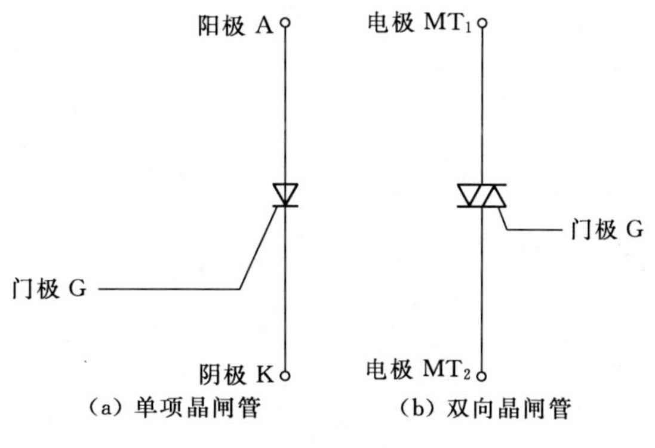

图 3.31 晶闸管图形符号

双向晶闸管亦称双向半导体开关元件（TRIAC）。如图 3.31（b）所示为其图形符号，电极 MT_1 与电极 MT_2 是主电极，门极 G 是控制电极，触发电压应施加在门极 G 与电极 MT_1 之间，与单向晶闸管相比较，双向晶闸管的主要区别是：在触发之后是双向导通的；触发电压不分极性，只要绝对值达到触发门限值即可使双向晶闸管导通。双向晶闸管的关断条件与单向晶闸管类似，即主电极 MT_1 与电极 MT_2 之间的电流小于其维持电流 I_R，且门极 G 与主电极 MT_1 之间的电压已小于触发电压，晶闸管即进入关断状态。

如图 3.32 所示为交流半波导通功率驱动电路。其中 V_2 是单结晶体管，负载 Z_L 与晶闸管 VT 串联后接于交流电源 u 上。当控制信号 U_i 为高电平时，晶闸管 VT 导通，负载 Z_L 中有半波交流电流 I_L 通过。当控制信号 U_i 为低电平时，晶闸管 VT 截止，负载 Z_L 中电流 I_L 为 0。当控制信号 U_i 为高电平，光耦合器 VLC 中二极管无电流而不发光，使得光敏晶体管 V_1 截止，在 u 的正半周，P_1 与 P_2 间的电压使电容 C 上的电位逐渐增加到足够高，导致单结晶体管 V_2 的射极 e 与第一基极 b_1 间突然导通。e 与 b_1 的导通一方面提供正向触发脉冲使晶闸管 VT 导通；另一方面使电容 C 上的电位迅速降低为 0。此后晶闸管 VT 的导通状态一直延续到 u 的正半周基本结束。这时因 u 接近 0 而使晶闸管 VT 中的电流

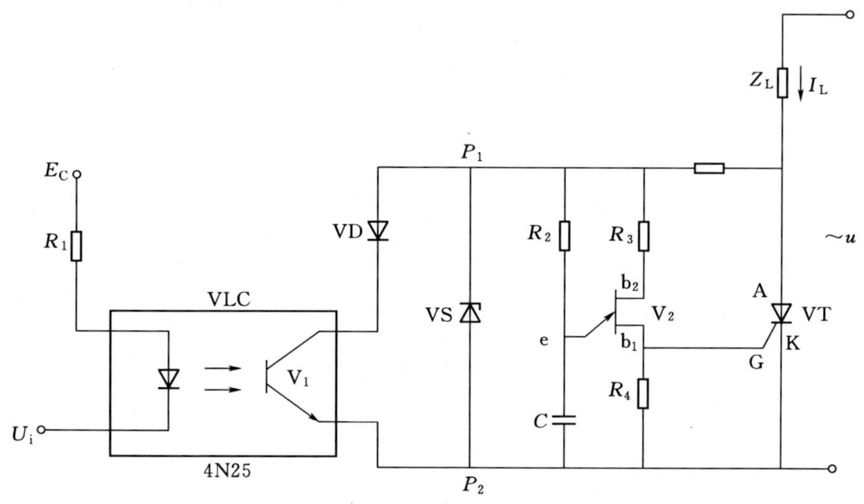

图 3.32 交流半波导通功率驱动电路

$I_L < I_H$，晶闸管 VT 进入截止状态。在 u 的负半周，因晶闸管 A、K 电极间为反向电压，不满足导通条件，晶闸管 VT 仍处于截止状态。直至 u 的下一个正半周，晶闸管 VT 再触发导通。

如果控制信号 U_i 为低电平，光耦合器 VLC 中发光二极管导通发光，使得光敏晶体管 V_1 导通，P_1 与 P_2 间电位差显著降低，单结晶体管 V_2 无法建立使晶闸管 VT 导通的触发电平，因而负载 Z_L 中的电流 I_L 始终为 0。

调整 C 与 R_2 的数值，可改变晶闸管 VT 在 u 正半周的导通角，从而达到改变负载 Z_L 中平均电流 I_L 大小的目的。

交流全波导通负载驱动电路，可采用双向晶闸管（TRIAC）构成。如图 3.33 所示为交流全波导通功率驱动电路。其中 V_2 是普通晶体管，VT_1 是单向晶体管。$VD_1 \sim VD_4$ 既构成全桥整流器，又是双向晶闸管 VT_2 触发电流通路的一部分。负载 Z_L 与双向晶闸管 VT_2 串联后接于交流电源 u 上。

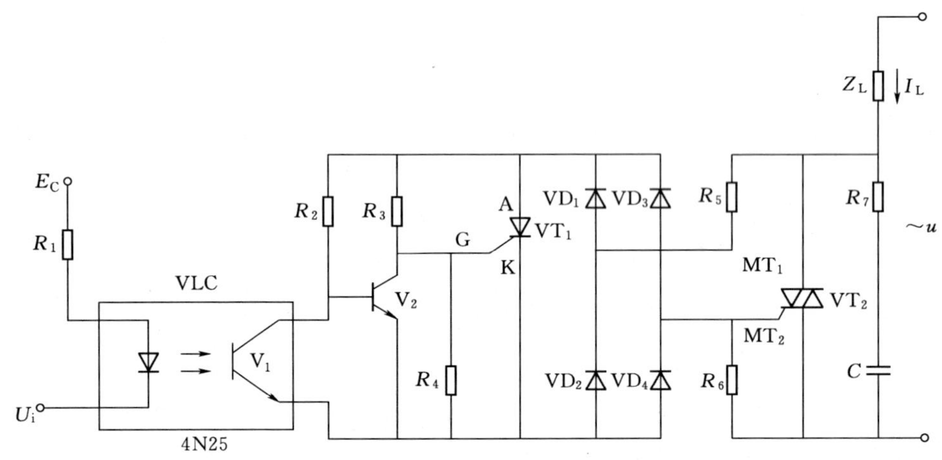

图 3.33　交流全波导通功率驱动电路

当控制信号 U_i 为高电平，光耦合器 VLC 中二极管无电流而不发光，使得光敏晶体管 V_1 截止，晶体管 V_2 导通，单向晶闸管 VT_1 因其门极 G 与阴极 K 间电压不足于触发导通而处于截止状态。因此，导致双向晶闸管 VT_2 的门极 G 与主电极 MT_1 之间电压也不足于触发，双向晶闸管 VT_2 处于关断状态。

当控制信号 U_i 为低电平，光耦合器 VLC 中发光二极管导通发光，使得光敏晶体管 V_1 导通，晶体管 V_2 截止，单向晶闸管 VT_1 因其门极 G 与阴极 K 间电压升高而触发导通。由此，为双向晶闸管 VT_2 的门极 G 与主电极 MT_1 之间电压升高提供通路，使双向晶闸管 VT_2 触发而处于导通状态。负载 Z_L 中有全波交流电流 I_L 通过。

与如图 3.32 所示的交流半波导通功率驱动电路不同，由于 V_2 不是具有负阻特性的单结晶体管，因此 VT_1 门极 G 与阴极 K 间的触发电压不是持续时间远小于工频交流电半周期的短脉冲，故只能使晶闸管 VT_1 在正半周中持续导通，无法改变控制电路的导通角，亦即不能连续调整负载 Z_L 中平均电流 I_L 的大小。

常用的单向晶闸管有 3CT1、3CT5 和 3CT20 等，双向晶闸管有 BTA06、BTA08 和

BTA12 等。实用中应注意，如果驱动的是感性负载，必须设置如图 3.33 中所示由R_7与 C 组成的关断泄流回路，一方面可保护开关器件，另外也可起到消除对外电磁干扰的作用。

2. 继电器与电磁阀驱动电路

继电器与电磁阀均为电感性负载，其动作或工作状态只有两个，是典型的二值可控元件。常用的二值驱动电路均可用来对继电器与电磁阀进行驱动，只不过电路中的负载限定为电感性负载而已。继电器广泛用于生产控制和电力系统中，由于具有接触电阻小、流通电流大和耐压高等优点，至今仍无法完全用无触点器件取代。

对继电器或接触器的驱动，实际上是对其励磁线圈电流通断的控制。继电器励磁线圈所需的励磁电源有直流与交流两种。直流继电器所需的电源有 6V、12V、24V 等，交流的有 220V、380V 等。对需用直流电源励磁的继电器，可以用前述的直流负载驱动电路。此时继电器的励磁线圈即是电路中的负载Z_L，要注意励磁线圈是感性负载，泄流二极管是必不可少的。同样，对需用交流电源励磁的继电器，可以用前述的交流负载驱动电路。交流负载驱动电路比直流负载驱动电路复杂。在没有特殊要求时，为了便利和简化电路，可通过直流继电器来间接控制交流继电器。

如图 3.34 所示为用直流继电器间接控制交流继电器的情况。通常状态下，控制信号U_i为低电平，晶体管 V 截止，直流继电器KD_1的励磁线圈无电流，其活动触点KD_{1-1}在常闭端。此时交流继电器KA_1的励磁线圈亦无电流，其活动触点KA_{1-1}在常闭端，A_2、B_2、C_2处无电压输出。当控制信号U_i为高电平时，V 导通，直流继电器KD_1的励磁线圈上电，接通交流继电器KA_1，励磁线圈的电源，A_1、B_1、C_1处的 380V 三相交流电经A_2、B_2、C_2端子输出供给用电设备。

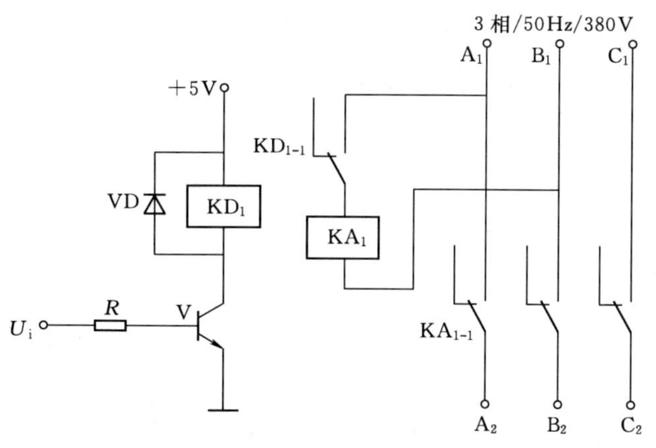

图 3.34 用直流继电器间接控制交流继电器的情况

电磁阀的动作驱动与继电器完全相同，都是感性负载，也有直流和交流两种电源类型。用前述的类似方法，可实施对电磁阀的动作驱动。

3. 异步与步进电动机驱动电路

电动机按照其功率驱动电路运行的特点，大致可分为布尔逻辑驱动和伺服驱动两类。第一类的典型代表为直接驱动异步电动机与步进电动机。第二类的典型代表为变频驱动异步电动机与伺服电动机。这里主要介绍第一类电动机的驱动电路。

(1) 异步电动机的二值控制电路。异步电动机用作简单运行动力提供部件时，对其只需做开关二值控制。对此可在如图 3.34 所示为电路的基础上，附加其他必要的功能电路构成典型异步电动机控制电路，如图 3.35 所示。

三相交流电源L_1、L_2、L_3经隔离开关 QS、熔断器FU_1引入。图中转换开关 SW 在手动位置，当按下按钮SB_1时，继电器KM_1吸合，其主触点KM_{1-1}闭合，三相交流电动机上电运行；由于KM_{1-2}辅助触点同时吸合，故当松开按钮SB_1时，KM_1线圈仍不失电从而保持电动机继续运行，实现自锁。当按下按钮SB_2时，KM_1线圈失电使KM_{1-1}、KM_{1-2}触点脱开，电动机 M 停止运行。

注意在主控继电器KM_1与电动机之间接有热继电器FR_1，当电动机过载超过设定时间时，FR_1线圈发热使其与SB_2串联的触点FR_{1-1}脱开，电动机停止运行。当转换开关 SW 扳向下方时为计算机自动控制，此时由触点KA_{1-3}使主控继电器KM_1动作控制电动机的运行。触点KA_{1-3}的控制如图 3.35 所示。

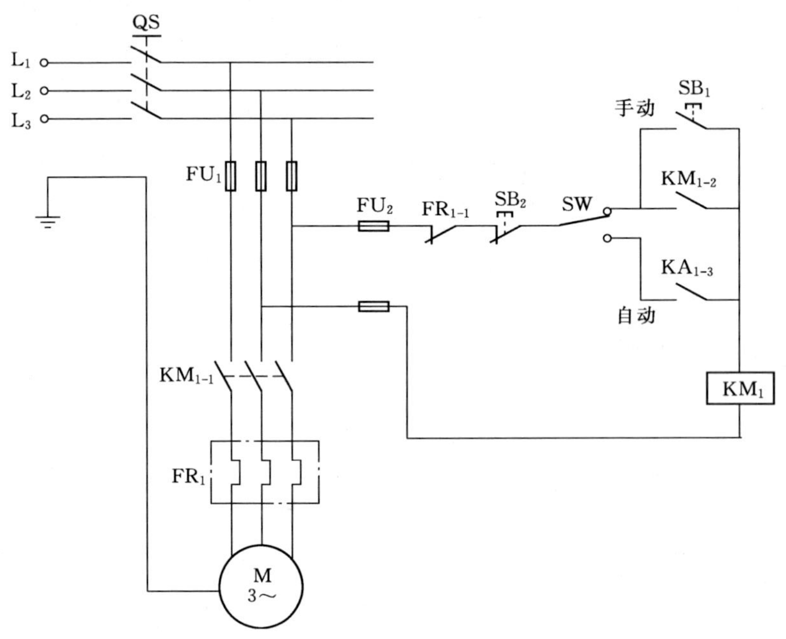

图 3 - 35　典型数控机床异步电动机控制电路

（2）步进电动机驱动电路。步进电动机可在开环条件下十分方便地将数字系统的脉冲数转变成与其相对应的角位移或线位移，因而是开环控制系统中常用的自动化执行元件。

步进电动机控制电路的系统框图如图 3.36 所示。其中脉冲分配电路亦称环行分配器，用来对输入的步进脉冲进行逻辑变换，产生给定工作方式所需的各相脉冲序列信号。功率放大电路对脉冲分配电路输出的信号进行放大，产生使电动机旋转所需的励磁电流。步进

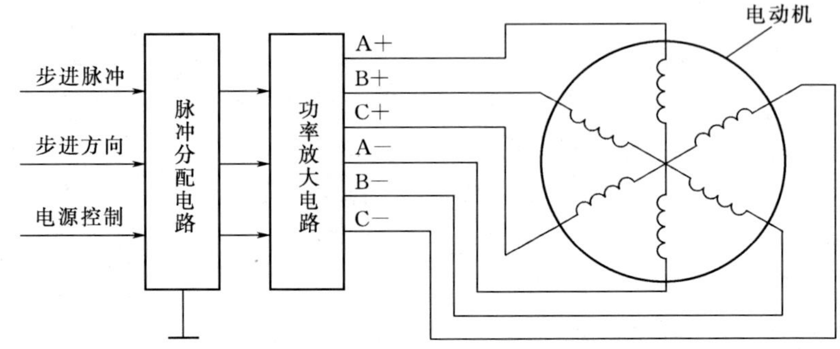

图 3.36　步进电动机的控制电路的系统框图

方向信号指定各相导通的先后次序，用以改变步进电动机旋转方向。电源控制信号用来在必要时使各相电流为零，以达到降低功耗等目的。脉冲分配电路可用数字电路组合、软件序列分配、专门单片集成元件、GAL 器件等构成。

功率放大电路的特性对步进电动机的性能有极其明显的影响。功率放大电路有单电压、双电压、斩波稳流、步距细分等类型。

1）单电压功率放大电路。步进电机每相绕组的供电都是由功率开关电路来执行的，三相步进电动机应有 3 个功率放大电路单元。如图 3.37 所示为一个单元的单电压功率放大电路原理图。这里以功率场效应晶体管放大电路为例。其中 L 为步进电动机单相绕组的电感，R_L和R_C分别为绕组本身的和外接的电阻，VD 为续流二极管。这种电路构成简单、调试方便，可在对电动机转速要求不高时采用。

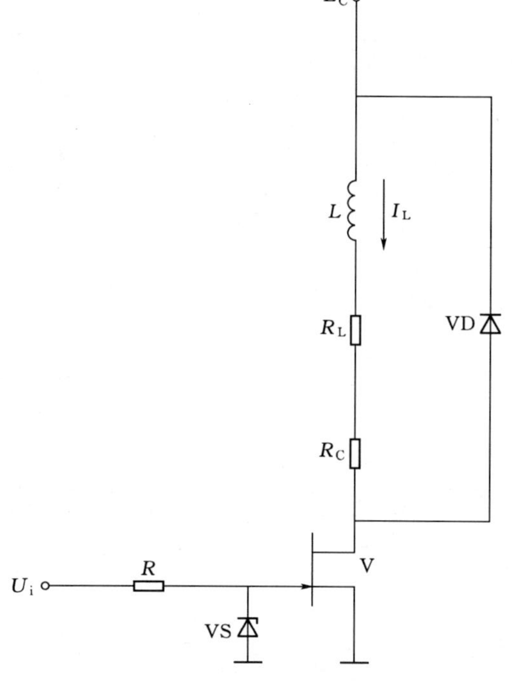

图 3.37 单电压功率放大电路原理图

当对电动机转速要求较高时，这种电路的不足就很明显了。注意图 3.37 中，当 V 从截止变为导通的瞬间，若忽略 V 导通时的自身电阻 R_V，根据基尔霍夫电压定律有

$$L\frac{dI_L}{dt}+(R_L+R_C)I_L-E_C=0 \tag{3.20}$$

解此方程可得I_L的波形如图 3.38（a）所示，其中虚线为理想的I_L波形。实际的I_L波形如实线所示，从零开始上升有一个过渡过程。上升的速度取决于时间常数$\tau_1=L/(R_L+R_C)$和电源电压E_C。τ_1越小、E_C越大，I_L上升的速度越快，过渡过程的时间越短。同理，当 V 从导通变为截止的瞬间，I_L在下降中也有一个过渡过程。

当步进脉冲U_i频率增加后，实际的I_L波形如图 3.38（b）中实线所示，其中虚线为理想的I_L波形。与图 3.38（a）的情况比较，显然U_i频率高时比U_i频率低时I_L的平均幅度明显降低。绕组中电流I_L降低，致使电动机磁极间的电磁作用力减小，这意味着步进电动机转速高时其输出转矩将下降，甚至停转。

为保持步进电机转速高时仍有一定的输出转矩，可减小τ_1，由于电动机绕组的电感 L 与其内电阻R_L是固定的，故只有增大外接电阻R_C。仅增加R_C将使I_L的稳态值下降，电动机转速低时的输出转矩也无法保证，因而必须同时增加E_C。

同时增大外接电阻R_C和电源电压E_C，可使步进电动机转速高时的输出转矩显著提高，但同时使功耗急剧增大。在同样保证$I_L=6$A 的前提下，若$E_C=6$V、$R_C=1\Omega$，R_C上的平均功耗为 $P=0.5E_C^2/R_C=18$W；若 $E_C=60$V、$R_C=10\Omega$，则R_C上的平均功耗为 $P=0.5E_C^2/R_C=180$W。功耗的增加一方面降低了效率，使电源体积庞大；另一方面引起电气

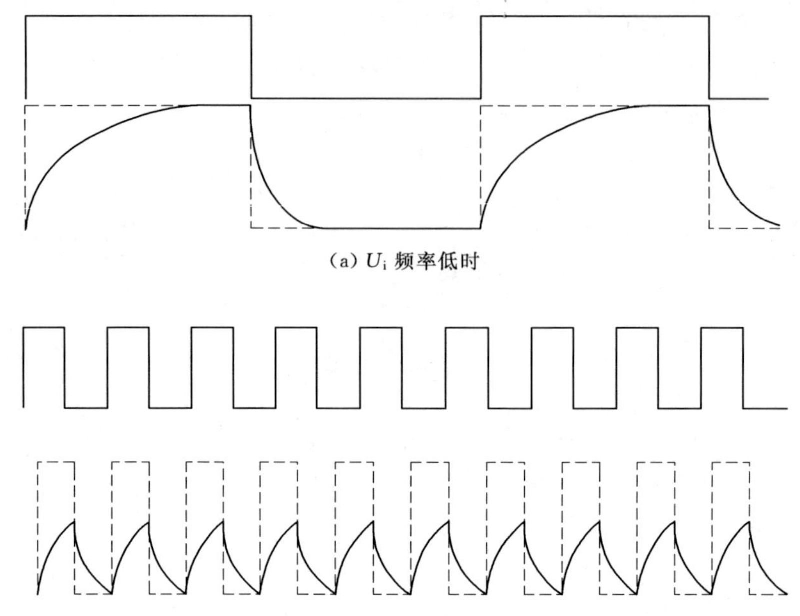

(a) U_i 频率低时

(b) U_i 频率高时

图 3.38　单电压功率放大电路原理图

部件发热，增大系统故障的发生率。为此，发展了双电压、斩波稳流等驱动电路。

2）斩波稳流式电路。斩波稳流式功率放大电路如图 3.39 所示，其中V_1、V_2为功率场效应晶体管，L 为步进电动机单相绕组的电感，R_L为绕组本身的电阻，VS_1、VS_2为钳

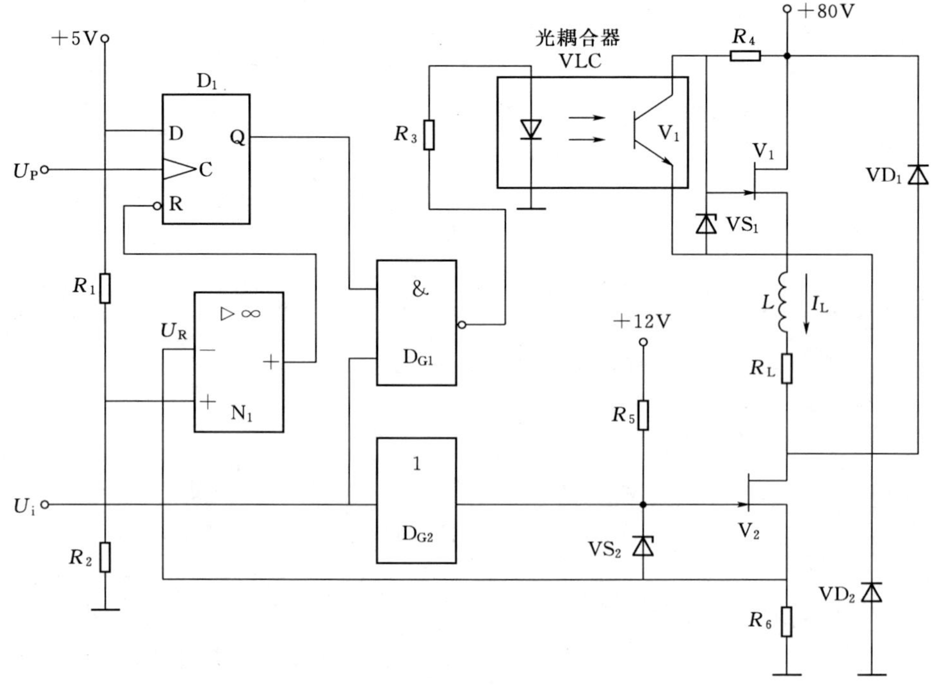

图 3.39　斩波稳流式功率放大电路

位稳压二极管，VD_1、VD_2为续流二极管。U_i为步进脉冲，U_P为斩波脉冲。U_P的频率应是U_i最高频率的 5～10 倍，一般设置在 20kHz 以上的超声段，以避免斩波过程产生令人厌倦的噪声。

当U_i为高电平时，若 L 中无电流I_L，这时R_6上的电压低于R_2上的电压，运放 N 输出高电平至 D 触发器D_1的清零端 R，D 触发器在U_P正脉冲的作用下其 Q 端始终输出高电平。此时与非门D_{G1}二端输入均为高电平，故输出低电平使光耦合器 VLC 的晶体管截止，功率场效应晶体管V_1导通，在＋80V 电源的作用下，I_L得以迅速增大。

当I_L增大至额定值时，R_6上的电压高于R_2上的电压，运放 N 输出低电平至 D 触发器D_1的清零端 R，D 触发器 Q 端输出低电平，与非门D_{G1}输出高电平，光耦合器 VLC 的晶体管导通，使功率场效应晶体管V_1截止。此时I_L通过R_L、V_2、R_6、VD_2构成回路并缓慢减小。当I_L回降到低于额定值时，R_6上的电压低于R_2上的电压，运放 N 输出高电平解除对 D 触发器的清零作用，D 触发器在U_P正脉冲的作用下由 Q 端输出高电平，功率场效应晶体管V_1重新导通，使I_L迅速回升。如此反复，在整个U_i为高电平期间，保持 L 中的电流I_L为额定数值。

U_i为低电平时，D_{G2}输出低电平使功率场效应晶体管V_2截止，D_{G1}输出高电平使功率场效应晶体管V_1也截止。此时I_L只能沿R_L、VD_1、＋80V 电源、VD_2、L 回路使能量释放，并迅速减小为 0。

经 D 触发器引入U_P信号的主要目的是给定超声斩波频率，以避免单纯由R_6上的电压波动来控制V_1通断引入的不规则噪声。

上述电路，均采用功率场效应晶体管，实用中也可采用双极型功率晶体管。采用晶闸管构成的步进电动机驱动电路，在电路形式上略有区别。

习　题

3.1　传感器有什么作用？传感器由哪几个部分组成？

3.2　为什么需要设计传感器调理电路？其电路由哪几部分组成？

3.3　放大电路的原理是什么？

3.4　如何计算差分放大电路的放大倍数？

3.5　脉冲调制控制电路的工作原理是什么？

3.6　如何驱动步进电机，编写利用单片机进行步进电机调速的程序？

第4章 STM32 的程序设计

4.1 开关量的输入输出

4.1.1 STM32 的 IO 端口

开关量的输入输出在微机控制系统中占有相当大的比例。键盘、限位开关等信号的输入，显示灯、继电器、门电路开关信号等都是开关量。在 STM32 的应用系统中，开关量的输入输出相对来讲比较简单，就是直接采用 STM32 的 IO 口进行输入与输出。

STM32 的 IO 口可以由软件配置成如下 8 种模式：

(1) 输入浮空。

(2) 输入上拉。

(3) 输入下拉。

(4) 模拟输入。

(5) 开漏输出。

(6) 推挽输出。

(7) 推挽式复用功能。

(8) 开漏复用功能。

每个 IO 口可以自由编程，但 IO 口寄存器必须要按 32 位字访问。STM32 的很多 IO 口都是 5V 兼容的。这些 IO 口在与 5V 电平的外设连接的时候很有优势，具体哪些 IO 口是 5V 兼容的，可以从该芯片的数据手册管脚描述章节查到（I/O Level 标 FT 的就是 5V 电平兼容的）。STM32 的每个 IO 端口都有 7 个寄存器来控制。它们分别是：配置模式的 2 个 32 位的端口配置寄存器 CRL 和 CRH；2 个 32 位的数据寄存器 IDR 和 ODR；1 个 32 位的置位/复位寄存器 BSRR；1 个 16 位的复位寄存器 BRR；1 个 32 位的锁存寄存器 LCKR。这里仅介绍常用的 4 个寄存器：CRL、CRH、IDR、ODR。CRL 和 CRH 控制着每个 IO 口的模式及输出速率。

表 4.1 为端口低配置寄存器 CRL 各位描述。

STM32 的 IO 口位配置见表 4.2。

STM32 输出模式配置见表 4.3。

该寄存器的复位值为 0X4444 4444。从表 4.1 中可以看到，复位值其实就是配置端口为浮空输入模式。STM32 的 CRL 控制着每组 IO 端口（A～G）的低 8 位的模式。每个 IO 端口的位占用 CRL 的 4 个位，高两位为 CNF，低两位为 MODE。这里我们可以记住几个常用的配置，比如 0X0 表示模拟输入模式（ADC 用）、0X3 表示推挽输出模式（做输出口用，50M 速率）、0X8 表示上/下拉输入模式（做输入口用）、0XB 表示复用输出（使

表 4.1　　端口低配置寄存器 CRL 各位描述

31	30	29	28	27	26	25	24	23	22	21	20	19	18	17	16
CNF7[1:0]		MODE7[1:0]		CNF6[1:0]		MODE6[1:0]		CNF5[1:0]		MODE5[1:0]		CNF4[1:0]		MODE4[1:0]	
rw	rw	rw	rw	rw	rw	rw	rw	rw	rw	rw	rw	rw	rw	rw	rw
15	14	13	12	11	10	9	8	7	6	5	4	3	2	1	0
CNF3[1:0]		MODE3[1:0]		CNF2[1:0]		MODE2[1:0]		CNF1[1:0]		MODE1[1:0]		CNF0[1:0]		MODE0[1:0]	
rw	rw	rw	rw	rw	rw	rw	rw	rw	rw	rw	rw	rw	rw	rw	rw

位	描述
位31:30 27:26 23:22 19:18 15:14 11:10 7:6 3:2	**CNFy [1: 0]**：端口 x 配置位（$y=0$，…，7） 软件通过这些位配置相应的 I/O 端口 在输入模式（MODE[1:0]=00）： 00：模拟输入模式 01：浮空输入模式 10：上拉/下拉输入模式 11：保留 在输出模式（MODE [1: 0] >00）： 00：通用推挽输出模式 01：通用开漏输出模式 10：复用功能推挽输出模式 11：复用功能开漏输出模式
位29：28 25：24 21：20 17：16 13：12 9：8 5：4 1：0	**MODEy [1: 0]**：端口 x 配置位（$y=0$，…，7） 软件通过这些位配置相应的 I/O 端口 00：输入模式 01：输出模式，最大速度 10MHz 10：输出模式，最大速度 2MHz 11：输出模式，最大速度 50MHz

表 4.2　　STM32 的 IO 口位配置表

配置模式		CNF1	CNF0	MODE1	MODE2	PxODR 寄存器
通用输出	推挽式（Push－Pull）	0	0	01 10 11		0 或 1
	开漏（Open－Drain）		1			0 或 1
复用功能输出	推挽式（Push－Pull）	1	0			不使用
	开漏（Open－Drain）		1			不使用
输入	模拟输入	0	0	00		不使用
	浮空输入		1			不使用
	下拉输入	1	0			0
	上拉输入					1

表 4.3　　STM32 输出模式配置表

MODE [1: 0]	意 义	MODE [1: 0]	意 义
00	保留	10	最大输出速度为 2MHz
01	最大输出速度为 10MHz	11	最大输出速度为 50MHz

用 IO 口的第二功能，50M 速率）。CRH 的作用和 CRL 完全一样，只是 CRL 控制的是低 8 位输出口，而 CRH 控制的是高 8 位输出口，这里不再对 CRH 作详细介绍。例如，我们要设置 PORTC 的 11 位为上拉输入，12 位为推挽输出。代码如下：

```
GPIOC->CRH&=0XFFF00FFF;  //清掉这 2 个位原来的设置,同时也不影响其他位的设置
GPIOC->CRH|=0X00038000;  //PC11 输入,PC12 输出
GPIOC->ODR=1<<11;  //PC11 上拉
```

通过这 3 句话的配置，我们就设置了 PC11 为上拉输入，PC12 为推挽输出。IDR 是一个端口输入数据寄存器，只用了低 16 位。该寄存器为只读寄存器，并且只能以 16 位的形式读出。该寄存器各位的描述见表 4.4。

表 4.4　端口输入数据寄存器 IDR 各位描述

31	30	29	28	27	26	25	24	23	22	21	20	19	18	17	16
保留															
15	14	13	12	11	10	9	8	7	6	5	4	3	2	1	0
IDR15	IDR14	IDR13	IDR12	IDR11	IDR10	IDR9	IDR8	IDR7	IDR6	IDR5	IDR4	IDR3	IDR2	IDR1	IDR0
r	r	r	r	r	r	r	r	r	r	r	r	r	r	r	r

位	描述
位 31：16	保留，始终读为 0
位 15：0	**IDRy [15：0]**：端口输入数据（y=0，…，15） 这些位为只读并只能以字（16 位）的形读出。读出的值为对应 I/O 口的状态

要想知道某个 IO 口的状态，你只要读这个寄存器，再看某个位的状态就可以了。使用起来是比较简单的。ODR 是一个端口输出数据寄存器，也只用了低 16 位。该寄存器为可读写，从该寄存器读出来的数据可以用于判断当前 IO 口的输出状态。而向该寄存器写数据，则可以控制某个 IO 口的输出电平。该寄存器的各位描述见表 4.5。

表 4.5　端口输出数据寄存器 ODR 各位描述

31	30	29	28	27	26	25	24	23	22	21	20	19	18	17	16
保留															
15	14	13	12	11	10	9	8	7	6	5	4	3	2	1	0
ODR15	ODR14	ODR13	ODR12	IDR11	ODR10	ODR9	ODR8	ODR7	ODR6	ODR5	ODR4	ODR3	ODR2	ODR1	ODR0
rw	rw	rw	rw	rw	rw	rw	rw	rw	rw	rw	rw	rw	rw	rw	rw

位	描述
位 31：16	保留，始终读为 0

下面代码给出了一个函数 void LED _ Init（void），该函数的功能就是用来实现配置 PA8 和 PD2 为推挽输出。

```
void LED_Init(void)
{
    RCC->APB2ENR|=1<<2;  //使能 PORTA 时钟
    RCC->APB2ENR|=1<<5;  //使能 PORTD 时钟
    GPIOA->CRH&=0XFFFFFFF0;
```

```
    GPIOA->CRH|=0X00000003;  //PA8 推挽输出
    GPIOA->ODR|=1<<8;  //PA8 输出高
    GPIOD->CRL&=0XFFFFF0FF;
    GPIOD->CRL|=0X00000300;  //PD.2 推挽输出
    GPIOD->ODR|=1<<2;  //PD.2 输出高
}
```

需要注意的是，在配置 STM32 外设的时候，任何时候都要先使能该外设的时钟，APB2ENR 是 APB2 总线上的外设时钟使能寄存器，其各位的描述见表 4.6。

表 4.6　　寄存器 APB2ENR 各位描述

31	30	29	28	27	26	25	24	23	22	21	20	19	18	17	16
保留															
15	14	13	12	11	10	9	8	7	6	5	4	3	2	1	0
ADC3 EN	USART1 EN	TIM8 EN	SPI1 EN	TIM1 EN	ADC2 EN	ADC1 EN	IOPG RN	TOPF EN	IOPE EN	IOPD EN	IOPC EN	IOPB EN	IOPA EN	保留	AFIO EN
rw	rw	rw	rw	rw	rw	rw	rw	rw	rw	rw	rw	rw	rw		rw

要使能的 PORTA 和 PORTD 的时钟使能位，分别在 bit2 和 bit5，只要将这两位置 1 就可以使能 PORTA 和 PORTD 的时钟了。该寄存器还包括了很多其他外设的时钟使能。关于这个寄存器的详细说明在《STM32 参考手册》的第 70 页。在设置完时钟之后就是配置 IO 口，LED _ Init 配置了 PA8 和 PD2 的模式为推挽输出，并且默认输出 1。这样就完成了对这两个 IO 口的初始化。

4.1.2　开关量的输出

下面程序实现的是控制 ALIENTEK MiniSTM32 开发板上的两个 LED 实现一个类似跑马灯的效果，采用的是 PA8 和 PD2 两位 IO 口。

```
int main(void)
{
    Stm32_Clock_Init(9);  //系统时钟设置
    delay_init(72);  //延时初始化
    LED_Init();  //初始化与 LED 连接的硬件接口
    while(1)
    {
        LED0=0; LED1=1;
        delay_ms(300);
        LED0=1;
        LED1=0;
        delay_ms(300);
    }
}
```

代码包含了＃include "led. h"这句，使得 LED0、LED1、LED _ Init 等能在 main 函数里被调用。

在学习初期或不具备硬件的条件下，可以先对上述程序进行仿真，以检查程序对不对。根据软件仿真的结果，然后再下载到 ALIENTEK MiniSTM32 板子上面看运行是否正确。

首先，我们进行软件仿真（请先确保 Options for Target→Debug 选项卡里面已经设置为 Use Simulator）。先按开始仿真，接着按，显示逻辑分析窗口，点击 Setup，新建两个信号 PORTA. 8 和 PORTD. 2，如图 4. 1 所示。

图 4. 1　逻辑分析设置

Display Type 选择 bit，然后单击 Close 关闭该对话框，可以看到逻辑分析窗口出来了两个信号，如图 4. 2 所示。

接着，点击，开始运行。运行一段时间之后，按按钮，暂停仿真回到逻辑分析窗口，可以看到如图 4. 3 所示的波形。

这里注意 Gird 调节到 0. 5s 左右比较合适。可以通过 Zoom 里面的 In 按钮来放大波形，通过 Out 按钮来缩小波形，或者按 All 显示全部波形。从图 4. 3 中可以看到 PORTA. 8 和 PORTD. 2 交替输出，周期可以通过中间那根红线来测量。至此，我们的软件仿真已经顺利通过。

4. 1. 3　开关量的输入

STM32 的 IO 口做输入使用的时候，是通过读取 IDR 的内容来读取 IO 口的状态的。下面的例子将通过 MiniSTM32 开发板上载有的 3 个按钮（KEY0/KEY1/WK _ UP）来控制板上的 2 个 LED，其中 KEY0 控制 DS0，按一次亮，再按一次就灭。KEY1 控制 DS1，效果同 KEY0。WK _ UP 按键则同时控制 DS0 和 DS1，按一次，它们的状态就翻转一次。

本实验用到的硬件资源如下：

(1) 指示灯 DS0、DS1。

(2) 3 个按键：KEY0、KEY1 和 KEY _ UP。

在 MiniSTM32 开发板上的按键 KEY0 连接在 PC5 上、KEY1 连接在 PA15 上、WK _ UP 连接在 PA0 上，如图 4. 4 所示。

需要注意的是：KEY0 和 KEY1 是低电平有效的，而 WK _ UP 是高电平有效的，除了 KEY1 有上拉电阻（与 JTDI 共用），其他两个都没有上下拉电阻。所以，需要在 STM32 内部设置上下拉。

键盘初始化与键盘扫描程序如下：

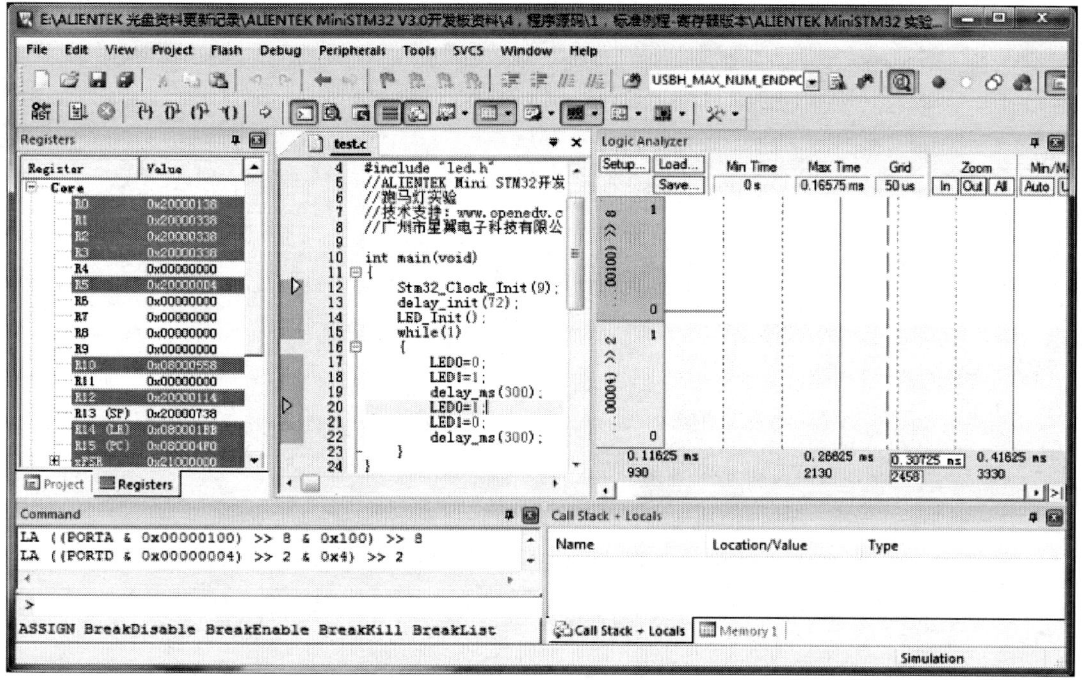

图 4.2 设置后的逻辑分析窗口

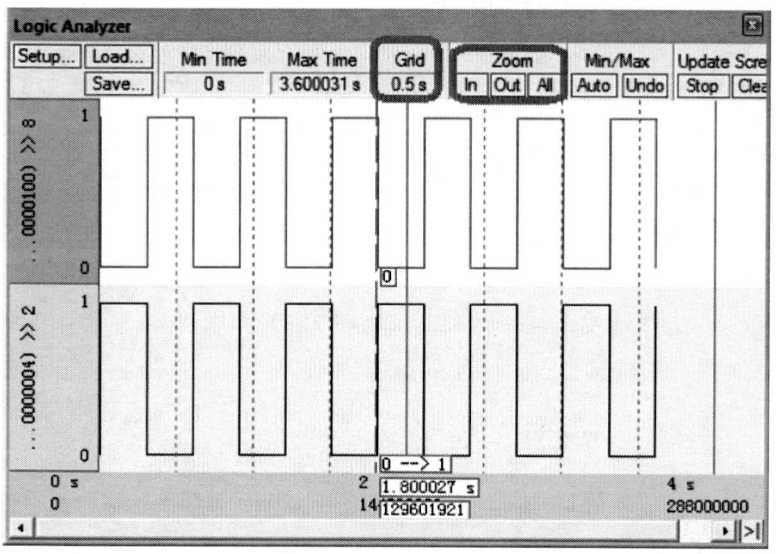

图 4.3 仿真波形

```
void KEY_Init(void)
{
    RCC->APB2ENR|=1<<2;   //使能 PORTA 时钟
    RCC->APB2ENR|=1<<4;   //使能 PORTC 时钟
```

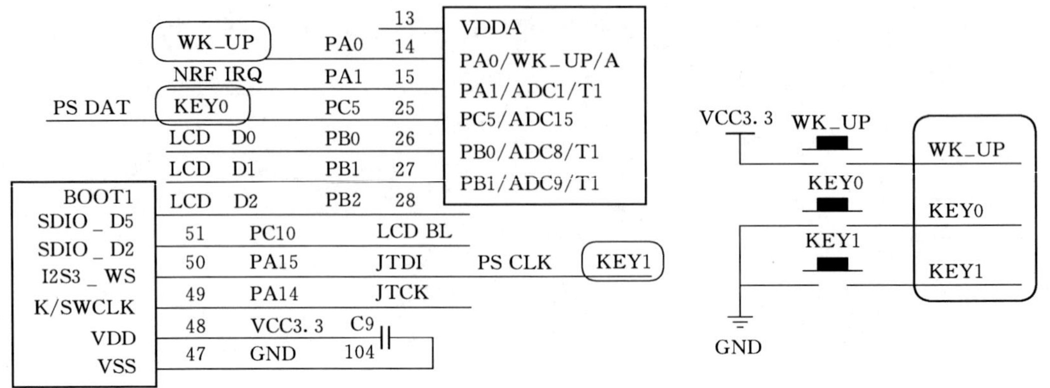

图 4.4　按键与 STM32 连接原理图

```
    JTAG_Set(SWD_ENABLE);  //关闭 JTAG,开启 SWD
    GPIOA->CRL&=0XFFFFFFF0;  //PA0 设置成输入
    GPIOA->CRL|=0X00000008;
    GPIOA->CRH&=0X0FFFFFFF;  //PA15 设置成输入
    GPIOA->CRH|=0X80000000;
    GPIOA->ODR|=1<<15;  //PA15 上拉,PA0 默认下拉
    GPIOC->CRL&=0XFF0FFFFF;  //PC5 设置成输入
    GPIOC->CRL|=0X00800000;
    GPIOC->ODR|=1<<5;  //PC5 上拉
}
u8 KEY_Scan(u8 mode)
{
    static u8 key_up=1;  //按键按松开标志
    if(mode)key_up=1;  //支持连按
    if(key_up&&(KEY0==0||KEY1==0||WK_UP==1))
    {
        delay_ms(10);  //去抖动
        key_up=0;
        if(KEY0==0)return KEY0_PRES;
        else if(KEY1==0)return KEY1_PRES;
        else if(WK_UP==1)return WKUP_PRES;
    }
        else if(KEY0==1&&KEY1==1&&WK_UP==0)key_up=1;
        return 0;  //无按键按下
}
```

这段代码包含 2 个函数，void KEY _ Init（void）和 u8 KEY _ Scan（u8 mode）。KEY _ Init 是用来初始化按键输入的 IO 口的。实现 PA0、PA15 和 PC5 的输入设置，这里调用了 JTAG _ Set（）这个函数，用于禁止 JTAG，开启 SWD。因为 PA15 占用了 JTAG

的一个 IO 口，所以要禁止 JTAG，从而让 PA15 用作普通 IO 口输入。KEY _ Scan 函数，则是用来扫描这 3 个 IO 口是否有按键按下。KEY _ Scan 函数，支持两种扫描方式，通过 mode 参数来设置。当 mode 为 0 的时候，KEY _ Scan 函数将不支持连续按键；扫描某个按键，该按键按下之后必须要松开，才能第二次触发，否则不会再响应这个按键，这样的好处就是可以防止按一次键多次触发，而坏处就是在需要长按的时候就不合适了。当 mode 为 1 的时候，KEY _ Scan 函数将支持连续按键；如果某个按键一直按下，则会一直返回这个按键的键值，这样可以方便地实现长按检测。有了 mode 这个参数，大家就可以根据自己的需要，选择不同的方式。这里要提醒大家，因为该函数里面有 static 变量，所以该函数不是一个可重入函数，在有 OS 的情况下，这个大家要注意。同时还有一点要注意的就是，该函数的按键扫描是有优先级的，最优先的是 KEY0，第二优先的是 KEY1，最后是 WK _ UP 按键。该函数有返回值，如果有按键按下，则返回非 0 值；如果没有或者按键不正确，则返回 0。

完整的程序代码如下：

```
#include "sys.h"
#include "usart.h"
#include "delay.h"
#include "led.h"
#include "key.h"
int main(void)
{
    u8 t;
    Stm32_Clock_Init(9);  //系统时钟设置
    delay_init(72);  //延时初始化
    LED_Init();  //初始化与 LED 连接的硬件接口
    KEY_Init();  //初始化与按键连接的硬件接口
    LED0=0;  //点亮 LED0
    while(1)
    {
        t=KEY_Scan(0);  //得到键值
        switch(t)
        {
        case KEY0_PRES:
            LED0=! LED0;
        Break;
    case KEY1_PRES:
        LED1=! LED1;
        Break;
    case WKUP_PRES:
        LED0=! LED0;
        LED1=! LED1;
        Break;
```

```
        default:
    delay_ms(10);
        }
    }
}
```

4.2 模拟量的输入输出

4.2.1 模拟量的输入

1. STM32 的 ADC 简介

STM32 拥有 1～3 个 ADC（STM32F101/102 系列只有 1 个 ADC）。这些 ADC 可以独立使用，也可以使用双重模式，提高采样率。STM32 的 ADC 是 12 位逐次逼近型的模拟数字转换器。它有 18 个通道，可测量 16 个外部和 2 个内部信号源。各通道的 A/D 转换可以单次、连续、扫描或间断模式执行。ADC 的结果可以左对齐或右对齐方式存储在 16 位数据寄存器中。模拟看门狗特性允许应用程序检测输入电压是否超出用户定义的高/低阈值。STM32F103 系列最少都拥有 2 个 ADC，开发板上选择的 STM32F103RCT 有 3 个 ADC。STM32 的 ADC 最大的转换速率为 1MHz，也就是转换周期为 1μs（在 ADCCLK＝14M，采样周期为 1.5 个 ADC 时钟下得到），不要让 ADC 的时钟超过 14M，否则将导致结果准确度下降。STM32 将 ADC 的转换分为 2 个通道组：规则通道组和注入通道组。规则通道相当于正常运行的程序，而注入通道相当于中断。在程序正常执行的时候，中断是可以打断其执行的。同这个类似，注入通道的转换可以打断规则通道的转换，在注入通道转换完成之后，规则通道才得以继续转换。

2. ADC 重要寄存器介绍

STM32 的 ADC 在单次转换模式下，只执行一次转换，该模式可以通过 ADC _ CR2 寄存器的 ADON 位（只适用于规则通道）启动，也可以通过外部触发启动（适用于规则通道和注入通道），这时 CONT 位为 0。以规则通道为例，一旦所选择的通道转换完成，转换结果将被存在 ADC _ DR 寄存器中，EOC（转换结束）标志将被置位，如果设置了 EOCIE，则会产生中断，然后 ADC 将停止，直到下次启动。

执行规则通道的单次转换需要用到的 ADC 寄存器，第一个要介绍的是 ADC 控制寄存器（ADC _ CR1 和 ADC _ CR2）。ADC _ CR1 的各位描述见表 4.7。

ADC _ CR1 的 SCAN 位，用于设置扫描模式，由软件设置和清除。如果设置为 1，则使用扫描模式；如果为 0，则关闭扫描模式。在扫描模式下，由 ADC _ SQRx 或 ADC _ JSQRx 寄存器选中的通道被转换。如果设置了 EOCIE 或 JEOCIE，只在最后一个通道转换完毕后才会产生 EOC 或 JEOC 中断。ADC _ CR1［19：16］用于设置 ADC 的操作模式，详细的对应关系见表 4.8。

表 4.7　　ADC _ CR1 寄存器各位描述

31	30	29	28	27	26	25	24	23	22	21	20	19	18	17	16
保留								AWDEN	AWD ENJ	保留		DUALMOD [3：0]			
								rw	rw			rw	rw	rw	rw
15	**14**	**13**	**12**	**11**	**10**	**9**	**8**	**7**	**6**	**5**	**4**	**3**	**2**	**1**	**0**
DISCNUM[2:0]			DISC ENJ	DISC EN	JAUTO	AWD SGL	SCAN	JEOC IE	AWDIE	EOCIE	AWDCH[4:0]				
rw	rw	rw	rw	rw	rw	rw	rw	rw	rw	rw	rw	rw	rw		rw

表 4.8　　ADC 操 作 模 式

位 19：16	**DUALMOD [3：0]**：双模式选择 软件使用这些位选择操作模式。 0000：独立模式 0001：混合的同步规则＋注入同步模式 0010：混合的同步规则＋交替触发模式 0011：混合同步注入＋快速交替模式 0100：混合同步注入＋慢速交替模式 0101：注入同步模式 0110：规则同步模式 0111：快速交替模式 1000：慢速交替模式 1001：交替触发模式 注：在 ADC2 和 ADC3 中这些位为保留位。 在双模式中，改变通道的配置会产生一个重新开始的条件，这将导致同步丢失。 建议在进行任何配置改变前关闭双模式

通常使用的是独立模式，所以设置这几位为 0 就可以了。ADC _ CR2 寄存器的各位描述见表 4.9。

表 4.9　　ADC _ CR2 寄存器操作模式

31	30	29	28	27	26	25	24	23	22	21	20	19	18	17	16
保留								TS VREFE	SW START	SW STARTJ	EXT TRIG	EXTSEL[2:0]			保留
								rw	rw	rw	rw	rw	rw	rw	rw
15	**14**	**13**	**12**	**11**	**10**	**9**	**8**	**7**	**6**	**5**	**4**	**3**	**2**	**1**	**0**
JEXT TRIG	JEXTSEL[2:0]			ALIGN	保留		DMA	保留				RST CAL	CAL	CONT	ADON
rw	rw	rw	rw	rw	rw	rw	rw					rw	rw	rw	rw

该寄存器的一些常用位：ADON 位用于开关 AD 转换器，而 CONT 位用于设置是否进行连续转换，如果使用单次转换，则 CONT 位设置为 0。CAL 和 RSTCAL 用于 AD 校准。ALIGN 用于设置数据对齐，如果使用右对齐，该位设置为 0。EXTSEL [2：0] 用于选择启动规则转换组转换的外部事件，详细的设置关系见表 4.10。

表 4.10　　ADC 选择启动规则转换事件设置

位 19：17	**EXTSEL[2:0]**：选择启动规则通道转换的外部事件 这些位选择用于启动规则通道组转换的外部事件。 ADC1 和 ADC2 的触发配置如下 000：定时器 1 的 CC1 事件　　100：定时器 3 的 TRGO 事件 001：定时器 1 的 CC2 事件　　101：定时器 4 的 CC4 事件 010：定时器 1 的 CC3 事件　　110：EXTI 线 11/TIM8 _ TRGO 仅大容量产品具有 TIM8 _ TRGO 功能 011：定时器 2 的 CC2 事件　　111：SWSTART ADC3 的触发配置如下 000：定时器 3 的 CC1 事件　　100：定时器 8 的 TRGO 事件 001：定时器 2 的 CC2 事件　　101：定时器 5 的 CC1 事件 010：定时器 1 的 CC3 事件　　110：定时器 5 的 CC3 事件 011：定时器 8 的 CC1 事件　　111：SWSTART

如果使用的是软件触发（SWSTART），设置这 3 位为 111。ADC _ CR2 的 SWSTART 位用于开始规则通道的转换，每次转换（单次转换模式下）都需要向该位写 1。AWDEN 为用于使能温度传感器和 Vrefint。

第二个要介绍的是 ADC 采样事件寄存器（ADC _ SMPR1 和 ADC _ SMPR2），这两个寄存器用于设置通道 0～17 的采样时间，每个通道占用 3 位。ADC _ SMPR1 的各位描述见表 4.11。

表 4.11　　ADC _ SMPR1 寄存器各位描述

31	30	29	28	27	26	25	24	23	22	21	20	19	18	17	16
保留								SMP17[2:0]			SMP16[2:0]			SMP15[2:1]	
								rw	rw	rw	rw	rw	rw	rw	rw
15	14	13	12	11	10	9	8	7	6	5	4	3	2	1	0
SMP 15_0	SMP14[2:0]			SMP13[2:0]			SMP12[2:0]			SMP11[2:0]			SMP10[2:0]		
rw	rw	rw	rw	rw	rw	rw	rw	rw	rw	rw	rw	rw	rw	rw	rw

位 31:24	保留。必须保持为 0
位 23:0	**SMPx[2:0]**：选择通道 x 的采样时间 这些位用于独立的选择每个通道的采样时间。在采样周期中通道选择位必须保持不变。 000：1.5 周期　　100：41.5 周期 001：7.5 周期　　101：55.5 周期 010：13.5 周期　　110：71.5 周期 011：28.5 周期　　111：239.5 周期 注： —ADC1 的模拟输入通道 16 和通道 17 在芯片内部分别连到了温度传感器和 VREFINT。 —ADC2 的模拟输入通道 16 和通道 17 在芯片内部连到了 VSS。 —ADC3 的模拟输入通道 14、15、16、17 与 VSS 相连

ADC _ SMPR2 的各位描述见表 4.12。

表 4.12　　**ADC _ SMPR2 寄存器各位描述**

31	30	29	28	27	26	25	24	23	22	21	20	19	18	17	16
保留		SMP9[2:0]			SMP8[2:0]			SMP7[2:0]			SMP6[2:0]			SMP5[2:1]	
		rw	rw	rw	rw	rw	rw	rw	rw	rw	rw	rw	rw	rw	rw
15	**14**	**13**	**12**	**11**	**10**	**9**	**8**	**7**	**6**	**5**	**4**	**3**	**2**	**1**	**0**
SMP5_0	SMP4[2:0]			SMP3[2:0]			SMP2[2:0]			SMP1[2:0]			SMP0[2:0]		
rw	rw	rw	rw	rw	rw	rw	rw	rw	rw	rw	rw	rw	rw	rw	rw

位	描述
位 31:30	保留。必须保持为 0
位 29:0	**SMPx[2:0]**：选择通道 x 的采样时间 这些位用于独立的选择每个通道的采样时间。在采样周期中通道选择位必须保持不变。 000：1.5 周期　　100：41.5 周期 001：7.5 周期　　101：55.5 周期 010：13.5 周期　　110：71.5 周期 011：28.5 周期　　111：239.5 周期 注： —ADC3 的模拟输入通道 9 与 VSS 相连

对于每个要转换的通道，采样时间建议长一点，以获得较高的准确度。ADC 的转换时间可以由以下公式计算：*T*covn＝采样时间＋12.5 个周期，其中：*T*covn 为总转换时间，采样时间是根据每个通道的 SMP 位的设置来决定的。例如，当 ADCCLK＝14MHz，并设置 1.5 个周期的采样时间的时候，则得到：*T*covn＝1.5＋12.5＝14 个周期＝1μs。

第三个要介绍的是 ADC 规则序列寄存器（ADC _ SQR1～3）。该寄存器总共有 3 个，这 3 个寄存器的功能都差不多。这里仅介绍一下 ADC _ SQR1，该寄存器的各位描述见表 4.13。

表 4.13　　**ADC _ SQR1 寄存器各位描述**

31	30	29	28	27	26	25	24	23	22	21	20	19	18	17	16
保留								L[3:0]				SQ16[4:1]			
								rw	rw	rw	rw	rw	rw	rw	rw
15	**14**	**13**	**12**	**11**	**10**	**9**	**8**	**7**	**6**	**5**	**4**	**3**	**2**	**1**	**0**
SQ16 5_0	SQ15[4:0]					SQ14[4:0]					SQ13[4:0]				
rw	rw	rw	rw	rw	rw	rw	rw	rw	rw	rw	rw	rw	rw	rw	rw

位	描述
位 31:24	保留。必须保持为 0
位 23:20	**L[3:0]**：规则通道序列长度 这些位定义了在规则通道转换序列中转换总数。 0000：1 个转换 0001：2 个转换 … 1111：16 个转换
位 19：15	**SQ16[4:0]**：规则序列中的第 16 个转换 这些位定义了转换序列中的第 16 个转换通道的编号（0～17）
位 14：10	**SQ15[4:0]**：规则序列中的第 15 个转换
位 9：5	**SQ14[4:0]**：规则序列中的第 14 个转换
位 4：0	**SQ13[4:0]**：规则序列中的第 13 个转换

L[3:0] 用于存储规则序列的长度。如果只用 1 个，设置这几个位的值为 0。其他的 SQ13～16 则存储了规则序列中第 13～16 通道的编号（编号范围：0～17）。另外两个规则序列寄存器同 ADC _ SQR1 大同小异，我们就不再介绍了。要说明一点的是：这里选择的是单次转换，所以只有一个通道在规则序列里面，这个序列就是 SQ1，通过 ADC _ SQR3 的最低 5 位（也就是 SQ1）设置。

第四个要介绍的是 ADC 规则数据寄存器（ADC _ DR）。规则序列中的 AD 转换结果都将被存在这个寄存器里面，而注入通道的转换结果被保存在 ADC _ JDRx 里。ADC _ DR 的各位描述见表 4.14。

表 4.14　　ADC _ JDRx 寄存器各位描述

31	30	29	28	27	26	25	24	23	22	21	20	19	18	17	16
ADC2DATA[15:0]															
r	r	r	r	r	r	r	r	r	r	r	r	r	r	r	r
15	14	13	12	11	10	9	8	7	6	5	4	3	2	1	0
DATA[15:0]															
r	r	r	r	r	r	r	r	r	r	r	r	r	r	r	r

位	描述
位 31：24	保留。必须保持为 0
位 31：16	**ADC2DATA [15:0]**：ADC2 转换的数据 在－ADC1 中：双模式下，这些位包含了 ADC2 转换的规则通道数据。 在－ADC2 中：不用这些位
位 15：0	**DATA[15:0]**：规则转换的数据 这些位为只读，包含了规则通道的转换结果。数据是左或右对齐

该寄存器的数据可以通过 ADC _ CR2 的 ALIGN 位设置左对齐还是右对齐，在读取数据的时候要注意。最后一个要介绍的 ADC 寄存器为 ADC 状态寄存器（ADC _ SR），该寄存器保存了 ADC 转换时的各种状态。该寄存器的各位描述见表 4.15。

这里常用到的是 EOC 位，通过判断该位来决定是否此次规则通道的 AD 转换已经完成。如果完成，就可以从 ADC _ DR 中读取转换结果，否则等待转换完成。

3. ADC 数据采集流程

通过以上介绍，了解了 STM32 的单次转换模式下的相关设置。本节将使用 ADC1 的通道 1 来进行 AD 转换，其详细设置步骤如下：

（1）开启 PA 口时钟，设置 PA1 为模拟输入。STM32F103RCT6 的 ADC 通道 1 在 PA1 上，所以，要先使能 PORTA 的时钟，然后设置 PA1 为模拟输入。

（2）使能 ADC1 时钟，并设置分频因子。要使用 ADC1，第一步就是要使能 ADC1 的时钟，在使能完时钟之后，进行一次 ADC1 的复位。接着就可以通过 RCC _ CFGR 设置 ADC1 的分频因子，分频因子要确保 ADC1 的时钟（ADCCLK）不要超过 14MHz。

表 4.15　　ADC _ SR 寄存器各位描述

31	30	29	28	27	26	25	24	23	22	21	20	19	18	17	16
保留															
15	14	13	12	11	10	9	8	7	6	5	4	3	2	1	0
保留											STRT	JSTRT	JEOC	EOC	AWD
											rw	rw	rw	rw	rw

位	描述
位 31：15	保留。必须保持为 0
位 4	**STRT**：规则通道开始位 该位由硬件在规则通道转换开始时设置，由软件清除。 0：注入通道转换未开始； 1：注入通道转换已开始
位 2	**JEOC**：注入通道转换结束位 该位由硬件在注入通道转换结束时设置，由软件清除。 0：转换未完成； 1：转换完成
位 1	**EOC**：转换结束位 该位由硬件在（规则或注入）通道转换结束时设置，由软件清除或由读取 ADC _ DR 时清除。 0：转换未完成； 1：转换完成
位 0	**AWD**：模拟看门狗标志位 该位由硬件在转换电压值超出 ADC _ LTR 和 ADC _ HTR 寄存器定义的范围时设置，由软件清除。 0：没有发生模拟看门狗事件； 1：发生模拟看门狗事件

（3）设置 ADC1 的工作模式。在设置完分频因子之后，就可以开始 ADC1 的模式配置了，设置单次转换模式、触发方式选择、数据对齐方式等都在这一步实现。

（4）设置 ADC1 规则序列的相关信息。对于只有一个通道，单次转换的，设置规则序列中通道数为 1（ADC _ SQR1［23：20］＝0000），然后设置通道 1 的采样周期（通过 ADC _ SMPR2［5：3］设置）。

（5）开启 AD 转换器，并校准。在设置完了以上信息后，开启 AD 转换器，执行复位校准和 AD 校准。这两步是必需的，不校准将导致结果很不准确。

（6）读取 ADC 值。校准完成之后，ADC 就准备好了，接下来就是设置规则序列 1 里面的通道（通过 ADC _ SQR3［4：0］设置），然后启动 ADC 转换。在转换结束后，读取 ADC1 _ DR 的值。

需要说明一下 ADC 的参考电压。MiniSTM32 开发板使用的是 STM32F103RCT6，该芯片没有外部参考电压引脚，ADC 的参考电压直接取自 VDDA，也就是 3.3V。通过以上几个步骤的设置，就能正常的使用 STM32 的 ADC1 来执行 AD 转换操作。

4．ADC 程序设计

```
void Adc_Init(void)
{
    RCC->APB2ENR|=1<<2; //使能 PORTA 口时钟
    GPIOA->CRL&=0XFFFFFF0F; //PA1 anolog 输入
    RCC->APB2ENR|=1<<9; //ADC1 时钟使能
    RCC->APB2RSTR|=1<<9; //ADC1 复位
    RCC->APB2RSTR&=~(1<<9); //复位结束
    RCC->CFGR&=~(3<<14); //分频因子清零
    //SYSCLK/DIV2=12M ADC 时钟设置为 12M,ADC 最大时钟不能超过 14M!
    //否则将导致 ADC 准确度下降!
    RCC->CFGR|=2<<14;
    ADC1->CR1&=0XF0FFFF; //工作模式清零
    ADC1->CR1|=0<<16; //独立工作模式
    ADC1->CR1&=~(1<<8); //非扫描模式
    ADC1->CR2&=~(1<<1); //单次转换模式
    ADC1->CR2&=~(7<<17);
    ADC1->CR2|=7<<17; //软件控制转换
    ADC1->CR2|=1<<20; //使用用外部触发(SWSTART)! 必须使用一个事件来触发
    ADC1->CR2&=~(1<<11); //右对齐
    ADC1->SQR1&=~(0XF<<20);
    ADC1->SQR1|=0<<20; //1 个转换在规则序列中,也就是只转换规则序列 1
    //设置通道 1 的采样时间
    ADC1->SMPR2&=~(7<<3); //通道 1 采样时间清空
    ADC1->SMPR2|=7<<3; //采样通道 1,采样时间为 239.5 周期,提高采样时间,可以提高精确度
    ADC1->CR2|=1<<0; //开启 AD 转换器
    ADC1->CR2|=1<<3; //使能复位校准
    while(ADC1->CR2&1<<3); //等待校准结束
    //该位由软件设置并由硬件清除。在校准寄存器被初始化后该位将被清除
    ADC1->CR2|=1<<2; //开启 AD 校准
    while(ADC1->CR2&1<<2); //等待校准结束
}
//获得 ADC 值
//ch:通道值 0~16
//返回值:转换结果
u16 Get_Adc(u8 ch)
{
    //设置转换序列
    ADC1->SQR3&=0XFFFFFFE0; //规则序列 1 通道 ch
    ADC1->SQR3|=ch;
    ADC1->CR2|=1<<22; //启动规则转换通道
```

```
    while(! (ADC1->SR&1<<1));  //等待转换结束
    return ADC1->DR;  //返回 adc 值
}
//获取通道 ch 的转换值,取 times 次,然后平均
//ch:通道编号
//times:获取次数
//返回值:通道 ch 的 times 次转换结果平均值
u16 Get_Adc_Average(u8 ch,u8 times)
{
    u32 temp_val=0; u8 t;
    for(t=0;t<times;t++){ temp_val+=Get_Adc(ch); delay_ms(5);
    eturn temp_val/times;
}
```

4.2.2 模拟量的输出

1. DAC 简介

大容量的 STM32F103 具有内部 DAC。MiniSTM32 选择的是 STM32F103RCT6，属于大容量产品，所以是带有 DAC 模块的。STM32 的 DAC 模块（数字/模拟转换模块）是 12 位数字输入，电压输出型的 DAC。DAC 可以配置为 8 位或 12 位模式，也可以与 DMA 控制器配合使用。DAC 工作在 12 位模式时，数据可以设置成左对齐或右对齐。DAC 模块有 2 个输出通道，每个通道都有单独的转换器。在双 DAC 模式下，2 个通道可以独立地进行转换，也可以同时进行转换并同步地更新 2 个通道的输出。

STM32 的 DAC 模块主要特点如下：

（1）2 个 DAC 转换器：每个转换器对应 1 个输出通道。

（2）8 位或者 12 位单调输出。

（3）12 位模式下，数据左对齐或者右对齐。

（4）同步更新功能。

（5）噪声波形生成。

（6）三角波形生成。

（7）双 DAC 通道同时或者分别转换。

（8）每个通道都有 DMA 功能。

单个 DAC 通道的框图如图 4.5 所示。

图 4.5 中 V_{DDA} 和 V_{SSA} 为 DAC 模块模拟部分的供电，V_{REF+} 是参考电压输入引脚，STM32F103RCT6 只有 64 引脚，没有 V_{REF+} 引脚，参考电压直接来自 VDDA，也就是固定为 3.3V。DAC _ OUTx 就是 DAC 的输出通道（对应 PA4 或者 PA5 引脚）。从图 4.5 可以看出，DAC 输出是受 DORx 寄存器直接控制的，但是不能直接往 DORx 寄存器写入数据，而是通过 DHRx 间接地传给 DORx 寄存器，实现对 DAC 输出的控制。STM32 的 DAC 支持 8/12 位模式，8 位模式的时候是固定的右对齐的，而 12 位模式又可以设置左对齐/右对齐。单 DAC 通道 x，总共有 3 种情况：

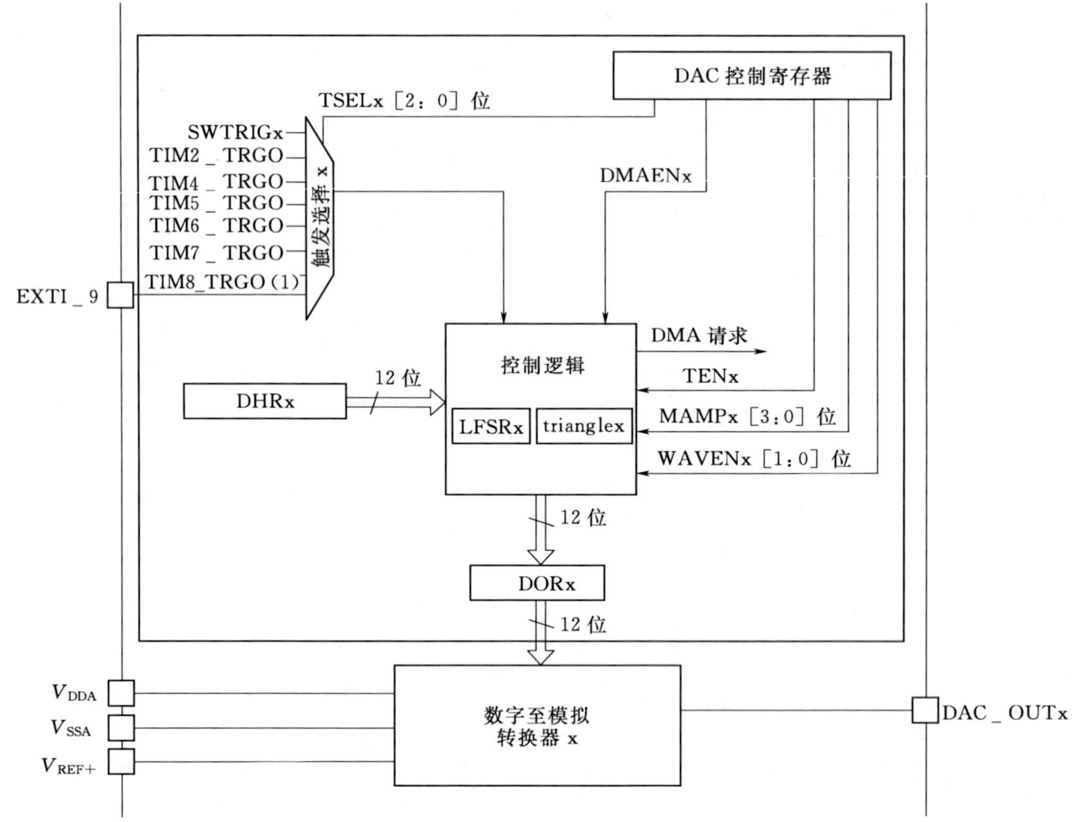

图 4.5　DAC 通道模块框图

(1) 8 位数据右对齐：用户将数据写入 DAC _ DHR8Rx [7：0] 位（实际是存入 DHRx [11：4] 位）。

(2) 12 位数据左对齐：用户将数据写入 DAC _ DHR12Lx [15：4] 位（实际是存入 DHRx [11：0] 位）。

(3) 12 位数据右对齐：用户将数据写入 DAC _ DHR12Rx [11：0] 位（实际是存入 DHRx [11：0] 位）。

当 DAC 的参考电压为 V_{REF+} 的时候（对 STM32F103RC 来说就是 3.3V），DAC 的输出电压是线性的从 0～V_{REF+}，12 位模式下 DAC 输出电压与 V_{REF+} 以及 DORx 的计算公式如下：

$$\text{DACx 输出电压} = V_{REF+}\frac{\text{DORx}}{4095}$$

2. DAC 重要寄存器介绍

首先是 DAC 控制寄存器 DAC _ CR，该寄存器的各位描述见表 4.16。

DAC _ CR 的低 16 位用于控制通道 1，而高 16 位用于控制通道 2，这里仅列出比较重要的最低 8 位的详细描述，见表 4.17。

首先，来看 DAC 通道 1 使能位（EN1）。该位用来控制 DAC 通道 1 使能。如果使用

表 4.16　　　　寄存器 DAC _ CR 各位描述

31	30	29	28	27	26	25	24	23	22	21	20	19	18	17	16
保留			DMAEN2	MAMP2[3:0]				WAVE2[2:0]		TSEL2[2:0]			TEN2	BOFF2	EN2
rw	rw	rw	rw	rw	rw	rw	rw	rw	rw	rw	rw	rw	rw	rw	rw
15	14	13	12	11	10	9	8	7	6	5	4	3	2	1	0
保留			DMAEN1	MAMP1[3:0]				WAVE2[2:0]		TSEL1[2:0]			TEN1	BOFF1	EN1
rw	rw	rw	rw	rw	rw	rw	rw	rw	rw	rw	rw	rw	rw	rw	rw

表 4.17　　　　寄存器 DAC _ CR 低 8 位详细描述

<table>
<tr><td>位 7：6</td><td>WAVE1[2:0]：DAC 通道 1 噪声/三角波生成使能（DAC channel1noise/triangle wave generation enable）。
该 2 位由软件设置和清除。
00：关闭波形发生器；
10：使能噪声波形发生器；
1x：使能三角波发生器</td></tr>
<tr><td>位 5：3</td><td>TSEL1[2:0]：DAC 通道 1 触发选择（DAC channel1trigger selection）。
该位用于选择 DAC 通道的外部触发事件。
000：TIM6 TRGO 事件；
001：对于互联性产品是 TIM3 TRGO 事件，对于大容量产品是 TIM8 TRGO 事件；
010：TIM7 TRGO 事件；
011：TIM5 TRGO 事件；
100：TIM2 TRGO 事件；
101：TIM4 TRGO 事件；
110：外部中断线 9；
111：软件触发；
注意：该位只能在 TEN1=1 时设置</td></tr>
<tr><td>位 2</td><td>TEN1：DAC 通道 1 触发使能（DAC channel1trigger enable）。
该位由软件设置和清除，用来使能/关闭 DAC 通道 1 的触发。
0：关闭 DAC 通道 1 触发，写入寄存器 DAC _ DHRx 的数据在 1 个 APB1 时钟周期后传入寄存器 DAC _ DOR1；
1：使能 DAC 通道 1 触发，写入寄存器 DAC _ DHRx 的数据在 3 个 APB1 时钟周期后传入寄存器 DAC _ DOR1；
注意：如果选择软件触发，写入寄存器 DAC _ DHRx 的数据只需要 1 个 APB1 时钟周期后就可以传入寄存器 DAC _ DOR1</td></tr>
<tr><td>位 1</td><td>BOFF1：关闭 DAC 通道 1 输出缓存（DAC channel1output buffer disable）。
该位由软件设置和清除，用来使能/关闭 DAC 通道 1 的输出缓存。
0：使能 DAC 通道 1 输出缓存；
1：关闭 DAC 通道 1 输出缓存</td></tr>
<tr><td>位 0</td><td>EN1：DAC 通道使能（DAC channel1 enable）。
该位由软件设置和清除，用来使能/失能 DAC 通道 1。
0：关闭 DAC 通道 1；
1：使能 DAC 通道 1</td></tr>
</table>

的 DAC 通道 1，该位设置为 1。再看关闭 DAC 通道 1 输出缓存控制位（BOFF1），这里 STM32 的 DAC 输出缓存做得有些不好，如果使能的话，虽然输出能力强一点，但是输出没法到 0，这是个很严重的问题。如果不使用输出缓存，即设置该位为 1。DAC 通道 1 触发使能位（TEN1），该位用来控制是否使用触发，如果不使用触发，设置该位为 0。DAC 通道 1 触发选择位（TSEL1 [2：0]），没用到外部触发，设置这几个位为 0 就行了。DAC 通道 1 噪声/三角波生成使能位（WAVE1 [1：0]），如果没用到波形发生器，也设置为 0 即可。

DAC 通道 1 屏蔽/复制选择器（MAMP [3：0]），这些位仅在使用了波形发生器的时候有用。最后是 DAC 通道 1 DMA 使能位（DMAEN1），没有用到 DMA 功能时，还是设置为 0。通道 2 的情况和通道 1 相同，不再赘述。在 DAC _ CR 设置好之后，DAC 就可以正常工作了。再设置 DAC 的数据保持寄存器的值，就可以在 DAC 输出通道得到你想要的电压了。

利用 DAC 通道 1 的 12 位右对齐数据保持寄存器 DAC _ DHR12R1，该寄存器各位描述见表 4.18。

表 4.18　　寄存器 DAC _ DHR12R1 各位描述

31	30	29	28	27	26	25	24	23	22	21	20	19	18	17	16
保留															
15	14	13	12	11	10	9	8	7	6	5	4	3	2	1	0
保留				DACC1DHR[11:0]											
				rw	rw	rw	rw	rw	rw	rw	rw	rw	rw	rw	rw

位	描述
位 31：12	保留
位 11：0	**DACC1DGR [11：0]**：DAC 通道 1 的 12 位右对齐数据（DAC channel1 12 - bit right - aligned data）。该位由软件写入，表示 DAC 通道 1 的 12 位数据

该寄存器用来设置 DAC 输出，通过写入 12 位数据到该寄存器，就可以在 DAC 输出通道 1（PA4）得到我们所要的结果。

3. DAC 数据输出设置步骤

通过以上介绍，我们了解了 STM32 实现 DAC 输出的相关设置，下面将使用 DAC 模块的通道 1 来输出模拟电压，其详细设置步骤如下：

（1）开启 PA 口时钟，设置 PA4 引脚为模拟输入。STM32F103RCT6 的 DAC 通道 1 是接在 PA4 上的，所以，我们先要使能 PORTA 的时钟，然后设置 PA4 为模拟输入（虽然是输入，但是 STM32 内部会连接在 DAC 模拟输出上）。

（2）使能 DAC1 时钟。同其他外设一样，要想使用，必须先开启相应的时钟。STM32 的 DAC 模块时是由 APB1 提供的，所以我们先要在 APB1ENR 寄存器里面设置 DAC 模块的时钟使能。

（3）设置 DAC 的工作模式。该部分设置全部通过 DAC _ CR 设置实现，包括：DAC 通道 1 使能、DAC 通道 1 输出缓存关闭、不使用触发、不使用波形发生器等设置。

（4）设置 DAC 的输出值。通过前面 3 个步骤的设置，DAC 就可以开始工作了，我们使用 12 位右对齐数据格式，所以设置完 DHR12R1，就可以在 DAC 输出引脚（PA4）得到不同的电压值了。

4. DAC 数据输出程序

DAC 初始化及模拟量输出程序如下：

```
void Dac1_Init(void)
{
    RCC->APB2ENR|=1<<2;  //使能 PORTA 时钟
    RCC->APB1ENR|=1<<29;  //使能 DAC 时钟
    GPIOA->CRL&=0XFFF0FFFF;
    GPIOA->CRL|=0X00000000;  //PA4 模拟输入
    DAC->CR|=1<<0;  //使能 DAC1
    DAC->CR|=1<<1;  //DAC1 输出缓存不使能 BOFF1=1
    DAC->CR|=0<<2;  //不使用触发功能 TEN1=0
    DAC->CR|=0<<3;  //DAC TIM6 TRGO,不过要 TEN1=1 才行
    DAC->CR|=0<<6;  //不使用波形发生
    DAC->CR|=0<<8;  //屏蔽、幅值设置
    DAC->CR|=0<<12;  //DAC1 DMA 不使能
    DAC->DHR12R1=0;
}
//设置通道 1 输出电压
//vol:0~3300,代表 0~3.3V
void Dac1_Set_Vol(u16 vol)
{
    float temp=vol; temp/=1000;
    temp=temp*4096/3.3;
    DAC->DHR12R1=temp;
}
```

4.3 PWM 波输出与脉宽信号输入捕获

4.3.1 PWM 波输出

1. PWM 简介

脉冲宽度调制（Pulse Width Modulation，PWM），简称脉宽调制，是利用微处理器的数字输出来对模拟电路进行控制的一种非常有效的技术。简单一点，就是对脉冲宽度的控制。

STM32 的定时器除了 TIM6 和 TIM7。其他的定时器都可以用来产生 PWM 输出。其中高级定时器 TIM1 和 TIM8 可以同时产生多达 7 路的 PWM 输出。而通用定时器也能同时产生多达 4 路的 PWM 输出，这样，STM32 最多可以同时产生 30 路 PWM 输出。这

里仅使用 TIM1 的 CH1 产生一路 PWM 输出。如果要产生多路输出，根据我们的代码稍作修改即可。

2. PWM 重要寄存器介绍

要使 STM32 的高级定时器 TIM1 产生 PWM 输出，除了寄存器（ARR、PSC、CR1 等）外，还会用到 4 个寄存器（通用定时器则只需要 3 个）来控制 PWM 的输出。这 4 个寄存器分别是：捕获/比较模式寄存器（TIMx _ CCMR1/2)、捕获/比较使能寄存器(TIMx _ CCER)、捕获/比较寄存器（TIMx _ CCR1～4)，以及刹车和死区寄存器(TIMx _ BDTR)。

首先是捕获/比较模式寄存器（TIMx _ CCMR1/2)，该寄存器总共有 2 个，TIMx _ CCMR1 和 TIMx _ CCMR2。TIMx _ CCMR1 控制 CH1 和 CH2，而 TIMx _ CCMR2 控制 CH3 和 CH4。该寄存器的各位描述见表 4.19。

表 4.19　TIMx _ CCMR1 寄存器各位描述

<table>
<tr><td>15</td><td>14</td><td>13</td><td>12</td><td>11</td><td>10</td><td>9</td><td>8</td><td>7</td><td>6</td><td>5</td><td>4</td><td>3</td><td>2</td><td>1</td><td>0</td></tr>
<tr><td>OC2EC</td><td colspan="3">OC2M[2:0]</td><td>OC2PE</td><td>OC2FE</td><td colspan="2" rowspan="2">CC2S[1:0]</td><td>OC1CE</td><td colspan="3">OC1M[2:0]</td><td>OC1PE</td><td>OC1FE</td><td colspan="2" rowspan="2">CC1S[1:0]</td></tr>
<tr><td colspan="4">IC2F[3:0]</td><td colspan="2">IC2PSC[1:0]</td><td colspan="4">IC1F[3:0]</td><td colspan="2">IC1PSC[1:0]</td></tr>
<tr><td>rw</td><td>rw</td><td>rw</td><td>rw</td><td>rw</td><td>rw</td><td>rw</td><td>rw</td><td>rw</td><td>rw</td><td>rw</td><td>rw</td><td>rw</td><td>rw</td><td>rw</td><td>rw</td></tr>
</table>

该寄存器的有些位在不同模式下，功能不一样，所以我们把寄存器分了 2 层，上面一层对应输出时的设置而下面的则对应输入时的设置。需要说明的是模式设置位 OCxM，此部分由 3 位组成。总共可以配置成 7 种模式，使用 PWM 模式，这 3 位必须设置为 110/111。这两种 PWM 模式的区别就是输出电平的极性相反。另外 CCxS 用于设置通道的方向（输入/输出）默认设置为 0，就是设置通道作为输出使用。

捕获/比较使能寄存器（TIMx _ CCER)，该寄存器控制着各个输入输出通道的开关。该寄存器的各位描述见表 4.20。

表 4.20　TIMx _ CCER 寄存器各位描述

<table>
<tr><td>15</td><td>14</td><td>13</td><td>12</td><td>11</td><td>10</td><td>9</td><td>8</td><td>7</td><td>6</td><td>5</td><td>4</td><td>3</td><td>2</td><td>1</td><td>0</td></tr>
<tr><td colspan="2">保留</td><td>CC4P</td><td>CC4E</td><td colspan="2">保留</td><td>CC3P</td><td>CC3E</td><td colspan="2">保留</td><td>CC2P</td><td>CC2E</td><td colspan="2">保留</td><td>CC1P</td><td>CC1E</td></tr>
<tr><td></td><td></td><td>rw</td><td>rw</td><td></td><td></td><td>rw</td><td>rw</td><td></td><td></td><td>rw</td><td>rw</td><td></td><td></td><td>rw</td><td>rw</td></tr>
</table>

该寄存器比较简单，这里只用到了 CC1E 位，该位是输入/捕获 1 输出使能位，要想 PWM 从 IO 口输出，这个位必须设置为 1。该寄存器更详细的介绍，请参考《STM32 参考手册》。

最后，我们介绍一下捕获/比较寄存器（TIMx _ CCR1～4)。该寄存器总共有 4 个，对应 4 个输通道 CH1～4。因为这 4 个寄存器都差不多，仅以 TIMx _ CCR1 为例，该寄存器的各位描述见表 4.21。

在输出模式下，该寄存器的值与 CNT 的值比较，根据比较结果产生相应动作。利用这点，通过修改这个寄存器的值，就可以控制 PWM 的输出脉宽了。本节使用的是 TIM1 的通道 1，所以需要修改 TIM1 _ CCR1 以实现脉宽控制 DSO 的亮度。如果是通用定时器，

表 4.21　　　　寄存器 TIMx _ CCR1 各位描述

15	14	13	12	11	10	9	8	7	6	5	4	3	2	1	0
OC2EC	OC2M[2:0]			OC2PE	OC2FE	CC2S[1:0]		OC1CE	OC1M[2:0]			OC1PE	OC1FE	CC1S[1:0]	
IC2F[3:0]				IC2PSC[1:0]				IC1F[3:0]				IC1PSC[1:0]			
rw	rw	rw	rw	rw	rw	rw	rw	rw	rw	rw	rw	rw	rw	rw	rw

位	描述
位 15:0	**CCR1[15:0]**:捕获/比较 1 的值。 若 CC1 通道配置为输出: CCR1 包含了装入当前捕获/比较 1 寄存器的值(预装载值)。 如果在 TIMx_CCMR1 寄存器(OC1PC 位)中未选择预装载特性,写入的数值会立即传输至当前寄存器中。 否则只有当更新事件发生时,此预装载值才会传输至当前输入/八角寄存器中。 当前捕获/比较寄存器参与同计数器 TIMx_CNT 的比较,并在 OC1 端口上产生输出信号。 若 CC1 通道配置为输入: CCR1 包含了由上一次输入捕获事件(IC1)传输的计数器值

则配置以上 3 个寄存器就够了，但是如果是高级定时器，则还需要配置：刹车和死区寄存器（TIMx _ BDTR)，该寄存器各位描述见表 4.22。

表 4.22　　　　寄存器 TIMx _ BDTR 各位描述

15	14	13	12	11	10	9	8	7	6	5	4	3	2	1	0
MOE	AOE	BKP	BKE	OSSR	OSSI	LOCK[1:0]		DTG[7:0]							
rw	rw	rw	rw	rw	rw	rw	rw	rw	rw	rw	rw	rw	rw	rw	rw

位	描述
位 15	**MOE**：主输出使能（Main output enable)。 一旦刹车输入有效，该位被硬件异步清 0。根据 AOE 位的设置值，该位可以由软件清 0 或被自动置 1。 它仅对配置为输出的通道有效。 0：禁止 OC 和 OCN 输出或强制为空闲状态： 1：如果设置了相应地使能位（TIMx _ CCER 寄存器的 CCxE、CCxNE 位)，则开启 OC 和 OCN 输出

该寄存器，我们只需要关注最高位。MOE 位。要想高级定时器的 PWM 正常输出，则必须设置 MOE 位为 1，否则不会有输出。

3. PWM 的数据输出流程

(1) 开启 TIM1 时钟，配置 PA8 为复用输出。要使用 TIM1，必须先开启 TIM1 的时钟（通过 APB2ENR 设置)，还要配置 PA8 为复用输出（当然还要时能 PORTA 的时钟)，这是因为 TIM1 _ CH1 通道将使用 PA8 的复用功能作为输出。

(2) 设置 TIM3 的 ARR 和 PSC。在开启了 TIM1 的时钟之后，要设置 ARR 和 PSC 两个寄存器的值来控制输出 PWM 的周期。当 PWM 周期太大（频率低于 50Hz) 的时候，我们就会明显感觉到灯的闪烁了。因此，PWM 周期在这里不宜设置的太大。

(3) 设置 TIM1 _ CH1 的 PWM 模式及通道方向。设置 TIM1 _ CH1 为 PWM 模式(默认是冻结的)，因为我们的 DSO 是低电平亮，而我们希望当 CCR1 的值小的时候，DSO 就暗；CCR1 值大的时候，DSO 就亮，所以要通过配置 TIM1 _ CCMR1 的相关位，来控制 TIM1 _ CH1 的模式。另外，我们要配置 CH1 为输出，所以要设置 CC1S [1：0] 为 00（寄存器默认就是 0，所以这里可以省略）。

（4）使能 TIM1 的 CH1 输出，使能 TIM1。接下来，需要开启 TIM1 的通道 1 的输出以及 TIM1 的时钟。前者通过 TIM1 _ CCER 来设置，是单个通道的开关，而后者则通过 TIM1 _ CR1 来设置，是整个 TIM1 的总开关。只有设置了这两个寄存器，才可以在 TIM1 的通道 1 上看到 PWM 波输出。

（5）设置 MOE 输出，使能 PWM 输出。普通定时器在完成以上设置之后，就可以输出 PWM 了，但是高级定时器，还需要使能刹车和死区寄存器（TIM1 _ BDTR）的 MOE 位，以使能整个 OCx（即 PWM）输出。

（6）修改 TIM1 _ CCR1 来控制占空比。最后，在经过以上设置之后，PWM 其实已经开始输出了，只是其占空比和频率都是固定的，而我们通过修改 TIM1 _ CCR1 则可以控制 CH1 的输出占空比，继而控制 DSO 的亮度。

通过以上 6 个步骤，我们就可以控制 TIM1 的 CH1 输出 PWM 波了。

4. PWM 程序设计

```
void TIM1_PWM_Init(u16 arr,u16 psc)
{
    RCC->APB2ENR|=1<<11; //TIM1 时钟使能
    GPIOA->CRH&=0XFFFFFFF0; //PA8 清除之前的设置
    GPIOA->CRH|=0X0000000B; //复用功能输出
    TIM1->ARR=arr; //设定计数器自动重装值
    TIM1->PSC=psc; //预分频器设置
    TIM1->CCMR1|=7<<4; //CH1 PWM2 模式
    TIM1->CCMR1|=1<<3; //CH1 预装载使能
    TIM1->CCER|=1<<0; //OC1 输出使能
    TIM1->BDTR|=1<<15; //MOE 主输出使能
    TIM1->CR1=0x0080; //ARPE 使能
    TIM1->CR1|=0x01; //使能定时器 1
}
#ifndef __TIMER_H
#define __TIMER_H
#include "sys.h"
//通过改变 TIM1->CCR1 的值来改变占空比,从而控制 LED0 的亮度
#define LED0_PWM_VAL TIM1->CCR1
void TIM3_Int_Init(u16 arr,u16 psc);
void TIM1_PWM_Init(u16 arr,u16 psc);
#endif
```

这里头文件加入了 TIM1 _ PWM _ Init 的声明以及宏定义了 TIM1 通道 1 的输入/捕获寄存器。通过这个宏定义，可以在其他文件里面修改 LED0 _ PWM _ VAL 的值，就可以达到控制 LED0 的亮度的目的了。

```
int main(void)
{
    u16 led0pwmval=0;
    u8 dir=1;
    Stm32_Clock_Init(9);  //系统时钟设置
    delay_init(72);  //延时初始化
    uart_init(72,9600);  //串口初始化
    LED_Init();  //初始化与 LED 连接的硬件接口
    TIM1_PWM_Init(899,0);  //不分频。PWM 频率=72000/(899+1)=80kHz
    while(1)
    {
        delay_ms(10);
        if(dir)led0pwmval++;
        else led0pwmval--;
        if(led0pwmval>300)dir=0;
        if(led0pwmval==0)dir=1;
        LED0_PWM_VAL=led0pwmval;
    }
}
```

从死循环函数可以看出，我们控制 LEDO _ PWM _ VAL 的值从 0 变到 300，然后又从 300 变到 0，如此循环，因此 DSO 的亮度也会跟着从暗变到亮，然后又从亮变到暗。这里的值为什么取 300，是因为 PWM 的输出占空比达到这个值的时候，我们的 LED 亮度变化就不大了（虽然最大值可以设置到 899），因此设计过大的值在这里是没必要的。

4.3.2 脉宽信号输入捕获

1. 输入捕获简介

输入捕获模式可以用来测量脉冲周期或者测量频率。STM32 的定时器中，除了 TIM6 和 TIM7，其他定时器都有输入捕获功能。STM32 的输入捕获，简单地说就是通过检测 TIMx _ CHx 上的边沿信号。在边沿信号发生跳变（上升沿/下降沿）的时候，将当前定时器的值（TIMx _ CNT）存放到对应的通道的捕获/比较寄存器（TIMx _ CCRx）里面，完成一次捕获。同时还可以配置捕获时是否触发中断/DMA 等。

本节介绍利用 TIM2 _ CH1 来捕获高电平脉宽，也就是要先设置输入捕获为上升沿检测，记录发生上升沿的时候 TIM2 _ CNT 的值，然后配置捕获信号为下降沿捕获。当下降沿到来时，发生捕获，并记录此时的 TIM2 _ CNT 值。前后两次 TIM2 _ CNT 之差，就是高电平的脉宽。同时，TIM2 的计数频率是已知的，从而可以计算出高电平脉宽的准确时间。

接下来，介绍需要用到的一些寄存器配置。需要用到的寄存器有 TIMx _ ARR、TIMx _ PSC、TIMx _ CCMR1、TIMx _ CCER、TIMx _ DIER、TIMx _ CR1、TIMx _ CCR1。下面针对性地介绍这几个寄存器的配置。

2. 输入捕获重要寄存器介绍

首先 TIMx _ ARR 和 TIMx _ PSC，这两个寄存器用来设置自动重装载值和 TIMx 的时钟分频。捕获/比较模式寄存器 1：TIMx _ CCMR1，该寄存器的各位描述见表 4.23。

表 4.23　　TIMx _ CCMR1 寄存器各位描述

<table>
<tr><td>15</td><td>14</td><td>13</td><td>12</td><td>11</td><td>10</td><td>9</td><td>8</td><td>7</td><td>6</td><td>5</td><td>4</td><td>3</td><td>2</td><td>1</td><td>0</td></tr>
<tr><td>OC2EC</td><td colspan="3">OC2M[2:0]</td><td>OC2PE</td><td>OC2FE</td><td colspan="2" rowspan="2">CC2S[1:0]</td><td>OC1CE</td><td colspan="3">OC1M[2:0]</td><td>OC1PE</td><td>OC1FE</td><td colspan="2" rowspan="2">CC1S[1:0]</td></tr>
<tr><td colspan="4">IC2F[3:0]</td><td colspan="2">IC2PSC[1:0]</td><td colspan="4">IC1F[3:0]</td><td colspan="2">IC1PSC[1:0]</td></tr>
<tr><td>rw</td><td>rw</td><td>rw</td><td>rw</td><td>rw</td><td>rw</td><td>rw</td><td>rw</td><td>rw</td><td>rw</td><td>rw</td><td>rw</td><td>rw</td><td>rw</td><td>rw</td><td>rw</td></tr>
</table>

当在输入捕获模式下使用的时候，对应表 4.23 的第二行描述。TIMx _ CCMR1 明显是针对 2 个通道的配置，低 8 位［7：0］用于捕获/比较通道 1 的控制，而高 8 位［15：8］则用于捕获/比较通道 2 的控制，因为 TIMx 还有 CCMR2 这个寄存器，所以可以知道 CCMR2 是用来控制通道 3 和通道 4。这里应用 TIM2 的捕获/比较通道 1，所以重点介绍 TIMx _ CMMR1 的［7：0］位（其实高 8 位配置类似），TIMx _ CMMR1 的［7：0］位详细描述见表 4.24。

表 4.24　　TIMx _ CMMR1［7：0］位详细描述

位	描述
位 7：4	**IC1F[3:0]**：输入/捕获 1 滤波器（Input capture 1 filter）。 这几位定义了 TI1 输入的采样频率及数字滤波器长度。数字滤波器由一个事件计数器组成，它记录到 N 个事件后会产生一个输出的跳变： 0000：无滤波器，以 F_{DTS} 采样　　1000：采样频率 $F_{SAMPLING}=F_{DTS}/8$，$N=6$ 0001：采样频率 $F_{SAMPLING}=F_{CLK\_INT}$，$N=2$　　1001：采样频率 $F_{SAMPLING}=F_{DTS}/8$，$N=8$ 0010：采样频率 $F_{SAMPLING}=F_{CLK\_INT}$，$N=4$　　1010：采样频率 $F_{SAMPLING}=F_{DTS}/16$，$N=5$ 0011：采样频率 $F_{SAMPLING}=F_{CLK\_INT}$，$N=8$　　1011：采样频率 $F_{SAMPLING}=F_{DTS}/16$，$N=6$ 0100：采样频率 $F_{SAMPLING}=F_{DTS}/2$，$N=6$　　1100：采样频率 $F_{SAMPLING}=F_{DTS}/16$，$N=8$ 0101：采样频率 $F_{SAMPLING}=F_{DTS}/2$，$N=8$　　1101：采样频率 $F_{SAMPLING}=F_{DTS}/32$，$N=5$ 0110：采样频率 $F_{SAMPLING}=F_{DTS}/4$，$N=6$　　1110：采样频率 $F_{SAMPLING}=F_{DTS}/32$，$N=6$ 0111：采样频率 $F_{SAMPLING}=F_{DTS}/4$，$N=8$　　1111：采样频率 $F_{SAMPLING}=F_{DTS}/32$，$N=8$ 注：在现在的芯片版本中，当 IC1F[3:0]=1、2 或 3 时，公式中的 F_{DTS} 由 CK _ INT 代替
位 3：2	**IC1PSC[1:0]**：输入/捕获 1 预分频器（Input capture 1 prescaler）。 这 2 位定义了 CC1 输入（IC1）的预分频系数。 一旦 CC1E=0，则预分频器复位。 00：无预分频器，捕获输入口上检测到的每一个边沿都触发一次捕获； 01：每 2 个事件触发一次捕获； 10：每 4 个事件触发一次捕获； 11：每 8 个事件触发一次捕获
位 1：0	**CC1S[1:0]**：捕获/比较 1 选择（Capture/Compare 1 selection）。 这 2 位定义通道的方向（输入/输出），及输入引脚的选择。 00：CC1 通道被配置为输出； 01：CC1 通道被配置为输入，IC1 映射在 TI1 上； 10：CC1 通道被配置为输入，IC1 映射在 TI1 上； 11：CC1 通道被配置为输入，IC1 映射在 TRC 上。此类模式仅工作在内部触发器输入被选中时。 注：CC1S 仅在通道关闭时才是可写的

其中CC1S[1：0]，这两个位用于CCR1的通道方向配置，这里设置IC1S[1：0]=01，也就是配置为输入，且IC1映射在TI1上，CC1即对应TIMx_CH1。输入捕获1预分频器IC1PSC[1：0]，这个比较好理解，对于1次边沿触发1次捕获，所以选择00。

输入捕获1滤波器IC1F[3：0]，这个用来设置输入采样频率和数字滤波器长度。其中，F_{CK_INT}是定时器的输入频率（TIMxCLK），一般为72MHz，而F_{DTS}则是根据TIMx_CR1的CKD[1：0]的设置来确定的，如果CKD[1：0]设置为00，那么$F_{DTS}=F_{CK_INT}$。N值就是滤波长度，举个简单的例子：假设IC1F[3：0]=0011，并设置IC1映射到通道1上，且为上升沿触发，那么在捕获到上升沿的时候，再以F_{CK_INT}的频率，连续采样到8次通道1的电平，如果都是高电平，则说明确实是一个有效的触发，就会触发输入捕获中断（如果开启了的话）。这样可以滤除那些高电平脉宽低于8个采样周期的脉冲信号，从而达到滤波的效果。如果不做滤波处理，可以设置IC1F[3：0]=0000，只要采集到上升沿，就触发捕获。

再来看看捕获/比较使能寄存器：本章要用到这个寄存器的最低2位，CC1E和CC1P位。这两个位的描述见表4.25。

表4.25　TIMx_CCER最低2位描述

位1	**CC1P**：捕获/捕获1输出极性（Capture/Compare 1 output polarity）。 CC1通道配置为输出： 00：CC1高电平有效； 01：CC1低电平有效； CC1通道配置为输入： 该位选择是IC1还是IC1的反向信号作为触发或捕获信号。 0：不反相：捕获发生在IC1的上升沿：当用作外部触发器时，IC1不反相； 1：反相：捕获发生在IC1的下降沿：当用作外部触发器时，IC1反相
位0	**CC1E**：捕获/捕获1输出使能（Capture/Compare 1 output enable）。 CC1通道配置为输出： 0：关闭—OC1禁止输出； 1：开启—OC1信号输出到对应的输出引脚； CC1通道配置为输入： 该位决定计数器的值是否能捕获入TIMx_CCR1寄存器。 0：捕获禁止； 1：捕获使能

要使能输入捕获，必须设置CC1E=1，而CC1P则根据自己的需要来配置。

DMA/中断使能寄存器：TIMx_DIER，如果需要用到中断来处理捕获数据，必须开启通道1的捕获比较中断，即CC1IE设置为1。

控制寄存器：TIMx_CR1，这里只用到了它的最低位，也就是用来使能定时器的。

捕获/比较寄存器1：TIMx_CCR1，该寄存器用来存储捕获发生时，TIMx_CNT的值，从TIMx_CCR1就可以读出通道1捕获发生时刻的TIMx_CNT值，通过2次捕获（1次上升沿捕获，1次下降沿捕获）的差值，就可以计算出高电平脉冲的宽度。

3. 输入捕获的捕获流程

（1）开启TIM2时钟，配置PA0为下拉输入。要使用TIM2，我们必须先开启

TIM2 的时钟（通过 APB1ENR 设置）。这里我们还要配置 PA0 为下拉输入，因为我们要捕获 TIM2 _ CH1 上面的高电平脉宽，而 TIM2 _ CH1 是连接在 PA0 上面的。

（2）设置 TIM2 的 ARR 和 PSC。在开启了 TIM2 的时钟之后，我们要设置 ARR 和 PSC 两个寄存器的值来设置输入捕获的自动重装载值和计数频率。

（3）设置 TIM2 的 CCMR1。TIM2 _ CCMR1 寄存器控制着输入捕获 1 和 2 的模式，包括映射关系、滤波和分频等。需要设置通道 1 为输入模式，且 IC1 映射到 TI1（通道 1）上面，并且不使用滤波器（提高响应速度）。

（4）设置 TIM2 的 CCER，开启输入捕获，并设置为上升沿捕获。TIM2 _ CCER 寄存器是定时器的开关，并且可以设置输入捕获的边沿。只有 TIM2 _ CCER 寄存器使能了输入捕获，外部信号才能被 TIM2 捕获到，同时要设置好捕获边沿，才能得到正确的结果。

（5）设置 TIM2 的 DIER，使能捕获和更新中断，并编写中断服务函数。因为我们要捕获的是高电平信号的脉宽，所以，第一次捕获是上升沿，第二次捕获是下降沿，必须在捕获上升沿之后，设置捕获边沿为下降沿，同时，如果脉宽比较长，那么定时器就会溢出，对溢出必须做处理，否则结果就不准了。这两件事，我们都在中断里面做，所以必须开启捕获中断和更新中断。

设置了中断必须编写中断函数，否则可能导致死机，在中断函数里面完成数据处理和捕获设置等关键操作，从而实现高电平脉宽统计。

（6）设置 TIM2 的 CR1，使能定时器。最后，必须打开定时器的计数器开关，通过设置 TIM2 _ CR1 的最低位为 1，启动 TIM2 的计数器，开始输入捕获。

通过以上 6 步设置，定时器 2 的通道 1 就可以开始输入捕获了。

4. 输入捕获程序设计

捕获 TIM2 _ CH1（PA0）上的高电平脉宽，通过 WK _ UP 按键输入高电平，并从串口输出高电平脉宽。同时保留上节的 PWM 输出，可以通过用杜邦线连接 PA8 和 PA0，来测量 PWM 输出的高电平脉宽。

```
//定时器 2 通道 1 输入捕获配置
//arr:自动重装值
//psc:时钟预分频数
void TIM2_Cap_Init(u16 arr,u16 psc)
{
    RCC->APB1ENR|=1<<0;  //TIM2 时钟使能
    RCC->APB2ENR|=1<<2;  //使能 PORTA 时钟
    GPIOA->CRL&=0XFFFFFFF0;  //PA0 清除之前设置
    GPIOA->CRL|=0X00000008;  //PA0 输入
    GPIOA->ODR|=0<<0;  //PA0 下拉
    TIM2->ARR=arr;  //设定计数器自动重装值
    TIM2->PSC=psc;  //预分频器
    TIM2->CCMR1|=1<<0;  //CC1S=01 选择输入端 IC1 映射到 TI1 上
    TIM2->CCMR1|=1<<4;  //IC1F=0001 配置滤波器以 Fck_int 采样,2 个事件后有效
```

```
    TIM2->CCMR1|=0<<10;  //IC2PS=00 配置输入分频,不分频
    TIM2->CCER|=0<<1;  //CC1P=0 上升沿捕获
    TIM2->CCER|=1<<0;  //CC1E=1 允许捕获计数器的值到捕获寄存器中
    TIM2->DIER|=1<<1;  //允许捕获中断
    TIM2->DIER|=1<<0;  //允许更新中断
    TIM2->CR1|=0x01;  //使能定时器 2
    MY_NVIC_Init(2,0,TIM2_IRQn,2);  //抢占 2,子优先级 0,组 2
}
//捕获状态
//[7]:0,没有成功的捕获;1,成功捕获到一次
//[6]:0,还没捕获到高电平;1,已经捕获到高电平了
//[5:0]:捕获高电平后溢出的次数
u8 TIM2CH1_CAPTURE_STA=0;  //输入捕获状态
u16 TIM2CH1_CAPTURE_VAL;  //输入捕获值
//定时器 2 中断服务程序
void TIM2_IRQHandler(void)
{
    u16 tsr;
    tsr=TIM2->SR;
    if((TIM2CH1_CAPTURE_STA&0X80)==0)//还未成功捕获
    {
    if(tsr&0X01)//溢出
{
    if(TIM2CH1_CAPTURE_STA&0X40)//已经捕获到高电平了
    {
    if((TIM2CH1_CAPTURE_STA&0X3F)==0X3F)//高电平太长了
            {
                TIM2CH1_CAPTURE_STA|=0X80;  //标记成功捕获了一次
                TIM2CH1_CAPTURE_VAL=0XFFFF;
            }
            else TIM2CH1_CAPTURE_STA++;
        }
      }
      if(tsr&0x02)//捕获 1 发生捕获事件
      {
        if(TIM2CH1_CAPTURE_STA&0X40) //捕获到一个下降沿
        {
          TIM2CH1_CAPTURE_STA|=0X80;  //标记成功捕获到一次高电平脉宽
          TIM2CH1_CAPTURE_VAL=TIM2->CCR1;  //获取当前的捕获值
          TIM2->CCER&=~(1<<1);  //CC1P=0 设置为上升沿捕获
        }
        else //还未开始,第一次捕获上升沿
```

```
        {
            TIM2CH1_CAPTURE_VAL=0;
            TIM2CH1_CAPTURE_STA=0X40;  //标记捕获到了上升沿
            TIM2->CNT=0;  //计数器清空
            TIM2->CCER|=1<<1;  //CC1P=1 设置为下降沿捕获
        }
      }
    }
    TIM2->SR=0;  //清除中断标志位
}
```

此部分代码包含 2 个函数，其中 TIM2 _ Cap _ Init 函数用于 TIM2 通道 1 的输入捕获设置。

TIM2 _ IRQHandler 是 TIM2 的中断服务函数。该函数用到了两个全局变量，用于辅助实现高电平捕获。其中，TIM2CH1 _ CAPTURE _ STA，用来记录捕获状态。该变量类似在 usart. c 里面自行定义的 USART _ RX _ STA 寄存器（其实就是个变量，只是我们把它当成一个寄存器那样来使用）。TIM2CH1 _ CAPTURE _ STA 各位描述见表 4. 26。

表 4. 26　　TIM2CH1 _ CAPTURE _ STA 各位描述

TIM2CH1 _ CAPTURE _ STA		
bit7	bit6	bit5～0
捕获完成标志	捕获到高电平标志	捕获高电平后定时器溢出的次数

另外一个变量 TIM2CH1 _ CAPTURE _ VAL，则用来记录捕获到下降沿的时候，TIM2 _ CNT 的值。

现在我们来介绍一下，捕获高电平脉宽的思路：首先，设置 TIM2 _ CH1 捕获上升沿，这在 TIM2 _ Cap _ Init 函数执行的时候就设置好了，然后等待上升沿中捕获断的到来，当捕获到上升沿中断，此时如果 TIM2CH1 _ CAPTURE _ STA 的第 6 位为 0，则表示还没有捕获到新的上升沿，就先把 TIM2CH1 _ CAPTURE _ STA、TIM2CH1 _ CAPTURE _ VAL 和 TIM2－＞CNT 等清零，然后再设置 TIM2CH1 _ CAPTURE _ STA 的第 6 位为 1，标记捕获到高电平，最后设置为下降沿捕获，等待下降沿到来。如果等待下降沿到来期间，定时器发生了溢出，就在 TIM2CH1 _ CAPTURE _ STA 里面对溢出次数进行计数，当最大溢出次数来到的时候，就强制标记捕获完成（虽然此时还没有捕获到下降沿）。当下降沿到来的时候，先设置 TIM2CH1 _ CAPTURE _ STA 的第 7 位为 1，标记成功捕获一次高电平，然后读取此时的定时器捕获值到 TIM2CH1 _ CAPTURE _ VAL 里面，最后设置为上升沿捕获，回到初始状态。这样，就完成一次高电平捕获了，只要 TIM2CH1 _ CAPTURE _ STA 的第 7 位一直为 1，就不会进行第二次捕获。在 main 函数处理完捕获数据后，将 TIM2CH1 _ CAPTURE _ STA 置零，就可以开启第二次捕获。

```
#ifndef __TIMER_H
#define __TIMER_H
#include "sys.h"
//通过改变 TIM1->CCR1 的值来改变占空比,从而控制 LED0 的亮度
#define LED0_PWM_VAL TIM1->CCR1
void TIM3_Int_Init(u16 arr,u16 psc);
void TIM1_PWM_Init(u16 arr,u16 psc);
void TIM2_Cap_Init(u16 arr,u16 psc);
#endif
extern u8 TIM2CH1_CAPTURE_STA;  //输入捕获状态
extern u16 TIM2CH1_CAPTURE_VAL;  //输入捕获值
int main(void)
{
    u32 temp=0;
    Stm32_Clock_Init(9);  //系统时钟设置
    uart_init(72,9600);  //串口初始化为 9600
    delay_init(72);  //延时初始化
    LED_Init();  //初始化与 LED 连接的硬件接口
    TIM1_PWM_Init(899,0);  //不分频。PWM 频率=72000/(899+1)=80kHz
    TIM2_Cap_Init(0XFFFF,72-1);  //以 1MHz 的频率计数
    while(1)
    {
    delay_ms(10);
    LED0_PWM_VAL++;
    if(LED0_PWM_VAL==300)LED0_PWM_VAL=0;
    if(TIM2CH1_CAPTURE_STA&0X80)//成功捕获到了一次高电平
        {
            temp=TIM2CH1_CAPTURE_STA&0X3F;
            temp *=65536;  //溢出时间总和
            temp+=TIM2CH1_CAPTURE_VAL;  //得到总的高电平时间
            printf("HIGH:%d us\r\n",temp);  //打印总的高点平时间
            TIM2CH1_CAPTURE_STA=0;  //开启下一次捕获
      }
    }
    }
```

main 函数是在 PWM 实验的基础上修改来的，保留了 PWM 输出，同时通过设置 TIM2_Cap_Init（0XFFFF，72－1），将 TIM2_CH1 的捕获计数器设计为 1μs 计数一次，并设置重装载值为最大，所以捕获时间精度为 1μs。

主函数通过 TIM2CH1_CAPTURE_STA 的第 7 位来判断有没有成功捕获到一次高电平，如果成功捕获，则将高电平时间通过串口输出到电脑。

4.4　STM32 的总线

4.4.1　串口总线

1. 串口设置及其寄存器

usart 文件夹内包含了 usart. c 和 usart. h 两个文件。这两个文件用于串口的初始化和中断接收。这里只是针对串口 1。要用串口 2 或者其他的串口，只要对代码稍作修改就可以了。usart. c 里面包含了 2 个函数：①void USART1 _ IRQHandler（void）；②void uart _ init（u32 pclk2，u32 bound）。里面还有一段对串口 printf 的支持代码，如果去掉，则会导致 printf 无法使用。虽然软件编译不会报错，但是硬件上 STM32 是无法启动的，这段代码不要去修改。

void uart _ init（u32 pclk2，u32 bound）函数是串口 1 初始化函数。该函数有 2 个参数，第一个为 pclk2，是系统的时钟频率。第二个参数为需要设置的波特率，例如 9600、115200 等。而这个函数的重点就是在波特率的设置，由于 STM32 采用了分数波特率，所以 STM32 的串口波特率设置范围很宽，而且误差很小。

STM32 的每个串口都有一个自己独立的波特率寄存器 USART _ BRR，通过设置该寄存器就可以达到配置不同波特率的目的。其各位描述见表 4.27。

表 4.27　　寄存器 USART _ BRR 各位描述

31	30	29	28	27	26	25	24	23	22	21	20	19	18	17	16
保留															
15	14	13	12	11	10	9	8	7	6	5	4	3	2	1	0
DIV_Mantissa[11:0]												DIV_Fraction[3:0]			
				rw	rw	rw	rw	rw	rw	rw	rw	rw	rw	rw	rw

位	描述
位 31:16	保留。硬件强制为 0
位 15:4	**DIV_Mantissa[11:0]**：USARTDIV 的整数部分 这 12 位定义了 USART 分频器除法因子（USARTDIV）的整数部分
位 3：0	**DIV _ Fraction［3：0］**：USARTDIV 的小数部分 这 4 位定义了 USART 分频器除法因子（USARTDIV）的小数部分

前面提到 STM32 的分数波特率概念，其实就是在这个寄存器（USART _ BRR）里面体现的。USART _ BRR 的最低 4 位（位［3：0］）用来存放小数部分 DIV _ Fraction，紧接着的 12 位（位［15：4］）用来存放整数部分 DIV _ Mantissa，最高 16 位未使用。

STM32 的串口波特率计算公式如下：

$$\frac{T_X}{R_X}\times 波特率=\frac{f_{PCLKX}}{16\times USARTDIV} \tag{4.1}$$

式中：f_{PCLKX}为给串口的时钟（PCLK1 用于 USART2、3、4、5，PCLK2 用于 USART1）；$USARTDIV$ 为一个无符号定点数。

我们只要得到 *USARTDIV* 的值，就可以得到串口波特率寄存器 USART1－＞BRR 的值；反过来，我们得到 USART1－＞BRR 的值，也可以推导出 *USARTDIV* 的值。我们更关心的是如何从 *USARTDIV* 的值得到 USART _ BRR 的值，因为一般我们知道的是波特率和 PCLKx 的时钟，要求的就是 USART _ BRR 的值。

下面介绍如何通过 *USARTDIV* 得到串口 USART _ BRR 寄存器的值。假设串口 1 要设置为 115200 的波特率，而 PCLK2 的时钟为 72M。这样，我们根据上面的公式有：

$$USARTDIV=\frac{72000000}{115200\times 16}=39.0625 \tag{4.2}$$

那么得到：

$$\mathrm{DIV\_Fraction}=16\times 0.0625=1=0X01 \tag{4.3}$$

$$\mathrm{DIV\_Mantissa}=39=0X27 \tag{4.4}$$

这样，我们就得到了 USART1－＞BRR 的值为 0X0271。只要设置串口 1 的 BRR 寄存器值为 0X0271 就可以得到 115200 的波特率。

接下来，就可以初始化串口了，需要注意的是这里初始化串口是按 8 位数据格式，1 位停止位，无奇偶校验位的。具体代码如下：

```
//初始化 IO 串口 1
//pclk2:PCLK2 时钟频率(MHz)
//bound:波特率
void uart_init(u32 pclk2,u32 bound)
{
    float temp;
    u16 mantissa;
    u16 fraction;
    temp=(float)(pclk2 * 1000000)/(bound * 16);  //得到 USARTDIV
    mantissa=temp;  //得到整数部分
    fraction=(temp-mantissa) * 16;  //得到小数部分
    mantissa<<=4;
    mantissa+=fraction;
    RCC->APB2ENR|=1<<2;  //使能 PORTA 口时钟
    RCC->APB2ENR|=1<<14;  //使能串口时钟
    GPIOA->CRH&=0XFFFFF00F;  //IO 状态设置
    GPIOA->CRH|=0X000008B0;  //IO 状态设置
    RCC->APB2RSTR|=1<<14;  //复位串口 1
    RCC->APB2RSTR&=~(1<<14);  //停止复位
    //波特率设置
    USART1->BRR=mantissa;  //波特率设置
    USART1->CR1|=0X200C;  //1 位停止,无校验位
    #if EN_USART1_RX //如果使能了接收
    //使能接收中断
    USART1->CR1|=1<<5;  //接收缓冲区非空中断使能
```

```
    MY_NVIC_Init(3,3,USART1_IRQn,2);  //组 2,最低优先级
    #endif
}
```

完成上面的代码，就实现了对串口 1 波特率的设置。通过该函数的初始化，我们就可以得到在当前频率（pclk2）下自己想要的波特率。

串口作为 MCU 的重要外部接口，同时也是软件开发重要的调试手段，其重要性不言而喻。现在基本上所有的 MCU 都会带有串口，STM32 自然也不例外。STM32 的串口资源相当丰富，功能也相当强劲。ALIENTEK MiniSTM32 开发板所使用的 STM32F103RCT6 最多可提供 5 路串口，有分数波特率发生器、支持同步单线通信和半双工单线通信、支持 LIN、支持调制解调器操作、智能卡协议和 IrDA SIR ENDEC 规范、具有 DMA 等。

串口最基本的设置，就是波特率的设置。STM32 的串口使用起来很简单，只要你开启了串口时钟，并设置相应 IO 口的模式，然后配置一下波特率、数据位长度、奇偶校验位等信息，就可以使用了。

下面，简单介绍一下与串口基本配置直接相关的寄存器。

串口时钟使能寄存器。串口作为 STM32 的一个外设，其时钟由外设时钟使能寄存器控制，这里使用的串口 1 是在 APB2ENR 寄存器的第 14 位。只是说明一点，就是除了串口 1 的时钟使能在 APB2ENR 寄存器，其他串口的时钟使能位都在 APB1ENR 寄存器，而 APB2（72M）的频率一般是 APB1（36M）的两倍。

串口复位寄存器。当外设出现异常的时候可以通过复位寄存器里面的对应位设置，实现该外设的复位，然后重新配置这个外设达到让其重新工作的目的。一般在系统刚开始配置外设的时候，都会先执行复位该外设的操作。串口 1 的复位是通过配置 APB2RSTR 寄存器的第 14 位来实现的。APB2RSTR 寄存器的各位描述见表 4.28。

表 4.28　APB2RSTR 寄存器各位描述

31	30	29	28	27	26	25	24	23	22	21	20	19	18	17	16
保留															
15	**14**	**13**	**12**	**11**	**10**	**9**	**8**	**7**	**6**	**5**	**4**	**3**	**2**	**1**	**0**
ADC3 RST	USART1 RST	TIM8 RST	SPI1 RST	TIM1 RST	ADC2 RST	ADC1 RST	IOPG RST	IOPF RST	IOPE RST	IOPD RST	IOPC RST	IOPB RST	IOPA RST	保留	AFIO RST
rw	rw	rw	rw	rw	rw	rw	rw	rw	rw	rw	rw	rw	rw		rw

从表 4.28 可知，串口 1 的复位设置在 APB2RSTR 的第 14 位。通过向该位写 1 复位串口 1，写 0 结束复位。其他串口的复位在 APB1RSTR 里面。

串口波特率设置寄存器。每个串口都有一个自己独立的波特率寄存器 USART_BRR，通过设置该寄存器就可以达到配置不同波特率的目的。

串口控制寄存器。STM32 的每个串口都有 3 个控制寄存器 USART_CR1～3，串口的很多配置都是通过这 3 个寄存器来设置的。我们只用到 USART_CR1 就可以实现我们的功能了，该寄存器的各位描述见表 4.29。

表 4.29　USART _ CR 寄存器各位描述

31	30	29	28	27	26	25	24	23	22	21	20	19	18	17	16
保留															
15	14	13	12	11	10	9	8	7	6	5	4	3	2	1	0
保留		UE	M	WAKE	PCE	PS	PEIE	TXEIE	TCIE	RXNE IE	IDLE IE	TE	RE	RWU	SBK
		rw	rw	rw	rw	rw	rw	rw	rw	rw	rw	rw	rw	rw	rw

该寄存器的高 18 位没有用到，低 14 位用于串口的功能设置。UE 为串口使能位，通过该位置 1，以使能串口。M 为字长选择位，当该位为 0 的时候设置串口为 8 个字长外加 *n* 个停止位，停止位的个数（*n*）是根据 USART _ CR2 的［13：12］位设置来决定的，默认为 0。PCE 为校验使能位，设置为 0，则禁止校验，否则使能校验。PS 为校验位选择，设置为 0 则为偶校验，否则为奇校验。TXIE 为发送缓冲区空中断使能位，设置该位为 1，当 USART _ SR 中的 TXE 位为 1 时，将产生串口中断。TCIE 为发送完成中断使能位，设置该位为 1，当 USART _ SR 中的 TC 位为 1 时，将产生串口中断。RXNEIE 为接收缓冲区非空中断使能，设置该位为 1，当 USART _ SR 中的 ORE 或者 RXNE 位为 1 时，将产生串口中断。TE 为发送使能位，设置为 1，将开启串口的发送功能。RE 为接收使能位，用法同 TE。

数据发送与接收寄存器。STM32 的发送与接收是通过数据寄存器 USART _ DR 来实现的，这是一个双寄存器，包含了 TDR 和 RDR。当向该寄存器写数据的时候，串口就会自动发送，当收到数据的时候，也是存在该寄存器内。该寄存器的各位描述见表 4.30。

表 4.30　USART _ DR 寄存器各位描述

31	30	29	28	27	26	25	24	23	22	21	20	19	18	17	16
保留															
15	14	13	12	11	10	9	8	7	6	5	4	3	2	1	0
保留							DR［8：0］								
							rw	rw	rw	rw	rw	rw	rw	rw	rw

可以看出，虽然是一个 32 位寄存器，但是只用了低 9 位（DR［8：0］），其他都是保留。

DR［8：0］为串口数据，包含了发送或接收的数据。由于它是由两个寄存器组成的，一个给发送用（TDR），一个给接收用（RDR），该寄存器兼具读和写的功能。TDR 寄存器提供了内部总线和输出移位寄存器之间的并行接口。RDR 寄存器提供了输入移位寄存器和内部总线之间的并行接口。

当使能校验位（USART _ CR1 中 PCE 位被置位）进行发送时，写到 MSB 的值（根据数据的长度不同，MSB 是第 7 位或者第 8 位）会被后来的校验位取代。

当使能校验位进行接收时，读到的 MSB 位是接收到的校验位。

串口状态寄存器。串口的状态可以通过状态寄存器 USART _ SR 读取。USART _

SR 的各位描述见表 4.31。

表 4.31　USART _ SR 寄存器各位描述

31	30	29	28	27	26	25	24	23	22	21	20	19	18	17	16
保留															
15	14	13	12	11	10	9	8	7	6	5	4	3	2	1	0
保留						CTS	LBD	TXE	TC	RXNE	IDLE	ORE	NE	FE	PE
						rw	rw	rw	rw	rw	rw	rw	rw	rw	rw

关注一下两个重要位，第 5、6 位 RXNE 和 TC。

RXNE（读数据寄存器非空），当该位被置 1 的时候，就是提示已经有数据被接收到了，并且可以读出来了。这时候我们要做的就是尽快去读取 USART _ DR，通过读 USART _ DR可以将该位清零，也可以向该位写 0，直接清除。

TC（发送完成），当该位被置位的时候，表示 USART _ DR 内的数据已经被发送完成了。如果设置了这个位的中断，则会产生中断。该位也有两种清零方式：①读 USART _ SR，写 USART _ DR；②直接向该位写 0。

2. uart _ init 函数程序设计

```
//初始化 IO 串口 1
//pclk2:PCLK2 时钟频率(MHz)
//bound:波特率
void uart_init(u32 pclk2,u32 bound)
{
    float temp;
    u16 mantissa;
    u16 fraction;
    temp=(float)(pclk2 * 1000000)/(bound * 16);  //得到 USARTDIV
    mantissa=temp;  //得到整数部分
    fraction=(temp-mantissa) * 16;  //得到小数部分
    mantissa<<=4;
    mantissa+=fraction;
    RCC->APB2ENR|=1<<2;  //使能 PORTA 口时钟
    RCC->APB2ENR|=1<<14;  //使能串口时钟
    GPIOA->CRH&=0XFFFFF00F;  //IO 状态设置
    GPIOA->CRH|=0X000008B0;  //IO 状态设置
    RCC->APB2RSTR|=1<<14;  //复位串口 1
    RCC->APB2RSTR&=~(1<<14);  //停止复位
    //波特率设置
    USART1->BRR=mantissa;  //波特率设置
    USART1->CR1|=0X200C;  //1 位停止,无校验位
    #if EN_USART1_RX //如果使能了接收
    //使能接收中断
```

```
    USART1->CR1|=1<<8;  //PE 中断使能
    USART1->CR1|=1<<5;  //接收缓冲区非空中断使能
    MY_NVIC_Init(3,3,USART1_IRQn,2);  //组 2,最低优先级
    #endif
}
```

在 test.c 里面编写如下代码：

```
#include "sys.h"
#include "usart.h"
#include "delay.h"
#include "led.h"
int main(void)
{
    u8 t; u8 len
    u16 times=0;
    Stm32_Clock_Init(9);  //系统时钟设置
    delay_init(72);  //延时初始化
    uart_init(72,9600);  //串口初始化为 960
    LED_Init();  //初始化与 LED 连接的硬件接口
    while(1)
    {
    if(USART_RX_STA&0x8000)
    {
    len=USART_RX_STA&0x3fff;  //得到此次接收到的数据长度
    printf("\r\n 您发送的消息为:\r\n");
    for(t=0;t<len;t++)
    {
    USART1->DR=USART_RX_BUF[t];
    while((USART1->SR&0X40)==0);  //等待发送结束
}
printf("\r\n\r\n");  //插入换行
USART_RX_STA=0;
    }
    else
    {
    times++;
        if(times%5000==0)
        {
            printf("\r\nALIENTEK MiniSTM32 开发板 串口实验\r\n");
            printf("天津工业大学@tjpu\r\n\r\n\r\n");
        }
        if(times%200==0)printf("请输入数据,以回车键结束\r\n");
```

```
        if(times%30==0)LED0=! LED0;  //闪烁 LED,提示系统正在运行
        delay_ms(10);
    }
  }
}
```

这段代码比较简单，重点看以下两句：

```
USART1->DR=USART_RX_BUF[t];
while((USART1->SR&0X40)==0);  //等待发送结束
```

第一句，其实就是发送一个字节到串口，通过直接操作寄存器来实现。第二句就是在写了一个字节到 USART1－＞DR 之后，要检测这个数据是否已经被发送完成了，通过检测 USART1－＞SR 的第 6 位，是否为 1 来决定是否可以开始第二个字节的发送。

4.4.2 SPI 总线设计

1．SPI 简介

SPI 是 Serial Peripheral interface 的缩写，顾名思义就是串行外围设备接口，是 Motorola 首先在其 MC68HCXX 系列处理器上定义的。SPI 接口主要应用在 EEPROM、FLASH、实时时钟、AD 转换器，还有数字信号处理器和数字信号解码器之间。SPI 是一种高速的、全双工、同步的通信总线，并且在芯片的管脚上只占用 4 根线，节约了芯片的管脚，同时为 PCB 的布局节省空间，提供方便，正是出于这种简单易用的特性，现在越来越多的芯片集成了这种通信协议，STM32 有 SPI 接口。

SPI 接口一般使用 4 条线通信：

（1）MISO 主设备数据输入，从设备数据输出。

（2）MOSI 主设备数据输出，从设备数据输入。

（3）SCLK 时钟信号，由主设备产生。

（4）CS 从设备片选信号，由主设备控制。

SPI 主要特点有：可以同时发出和接收串行数据；可以当作主机或从机工作；提供频率可编程时钟；发送结束中断标志；写冲突保护；总线竞争保护等。

SPI 总线 4 种工作方式 SPI 模块为了和外设进行数据交换，根据外设工作要求，其输出串行同步时钟极性和相位可以进行配置，时钟极性（CPOL）对传输协议没有重大的影响。如果 CPOL＝0，串行同步时钟的空闲状态为低电平；如果 CPOL＝1，串行同步时钟的空闲状态为高电平。时钟相位（CPHA）能够配置用于选择两种不同的传输协议之一进行数据传输。如果 CPHA＝0，在串行同步时钟的第一个跳变沿（上升或下降）数据被采样；如果 CPHA＝1，在串行同步时钟的第二个跳变沿（上升或下降）数据被采样。SPI 主模块和与之通信的外设备时钟相位和极性应该一致。不同时钟相位下的总线数据传输时序如图 4.6 所示：

STM32 的 SPI 功能很强大，SPI 时钟最多可以到 18MHz，支持 DMA，可以配置为 SPI 协议或者 I2S 协议（仅大容量型号支持）。

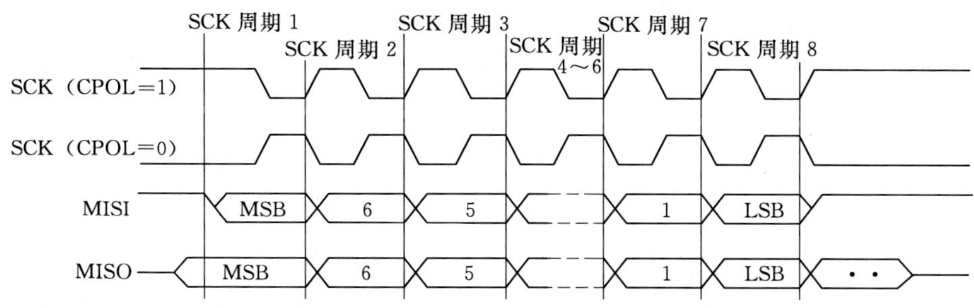

CPHA=0 时 SPI 总线数据传输时序

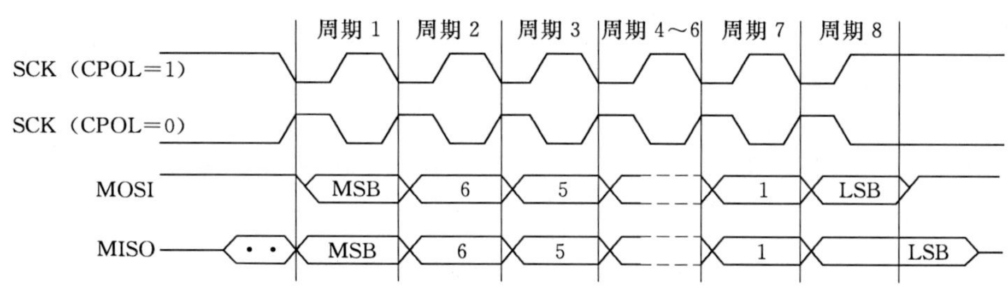

CPHA=1 时 SPI 总线数据传输时序

图 4.6 不同时钟相位下的总线数据传输时序（CPHA=0/1）

2. STM32 的主模式配置步骤

（1）配置相关引脚的复用功能，使能 SPI1 时钟。要用 SPI1，第一步就要使能 SPI1 的时钟，SPI1 的时钟通过 APB2ENR 的第 12 位来设置。其次要设置 SPI1 的相关引脚为复用输出，这样才会连接到 SPI1 上，否则这些 IO 口还是默认的状态，也就是标准输入输出口。比如使用 PA5、PA6、PA7 这 3 个 IO 口（SCK、MISO、MOSI，CS 使用软件管理方式），设置这 3 个 IO 口位为复用 IO 口。

（2）设置 SPI1 工作模式。通过 SPI1 _ CR1 来设置，设置 SPI1 为主机模式，设置数据格式为 8 位，然后通过 CPOL 和 CPHA 位来设置 SCK 时钟极性及采样方式，并设置 SPI1 的时钟频率（最大 18MHz），以及数据的格式（MSB 在前还是 LSB 在前）。

（3）使能 SPI1。通过 SPI1 _ CR1 的 bit6 来设置，以启动 SPI1，在启动之后，就可以开始 SPI 通信了。

3. SPI 通信实验

接下来介绍一下 W25Q64。W25Q64 是华邦公司推出的大容量 SPI FLASH 产品，容量为 64MB。该系列还有 W25Q80/16/32 等。MiniSTM32V3.0 开发板所选择的 W25Q64 容量为 64MB，也就是 8M 字节。

W25Q64 将 8M 的容量分为 128 个块（Block），每个块大小为 64K 字节，每个块又分为 16 个扇区（Sector），每个扇区 4K 个字节。W25Q64 的最少擦除单位为一个扇区，也就是每次必须擦除 4K 个字节。这样我们需要给 W25Q64 开辟一个至少 4K 的缓存区，这样对 SRAM 要求比较高，要求芯片必须有 4K 以上 SRAM 才能很好地操作。

W25Q64 的擦写周期多达 10 万次，具有 20 年的数据保存期限，支持电压为 2.7～

3.6V，W25Q64 支持标准的 SPI，还支持双输出/四输出的 SPI，最大 SPI 时钟可以到 80MHz（双输出时相当于 160MHz，四输出时相当于 320MHz），更多的 W25Q64 的介绍，请参考 W25Q64 的 DATASHEET。

下面通过实验，完成 STM32 与 W25Q64 的 SPI 通信。实验功能简介：开机的时候先检测 W25Q64 是否存在，然后在主循环里面检测两个按键，其中 1 个按键（WK _ UP）用来执行写入 W25Q64 的操作，另 1 个按键（KEY0）用来执行读出操作，在 TFTLCD 模块上显示相关信息。同时用 DS0 提示程序正在运行。所要用到的硬件资源如下：

（1）指示灯 DS0。

（2）WK _ UP 和 KEY0 按键。

（3）TFTLCD 模块。

（4）SPI。

（5）W25Q64。

这里只介绍 W25Q64 与 STM32 的连接。板上的 W25Q64 是直接连在 STM32 的 SPI1 上的，连接关系如图 4.7 所示。

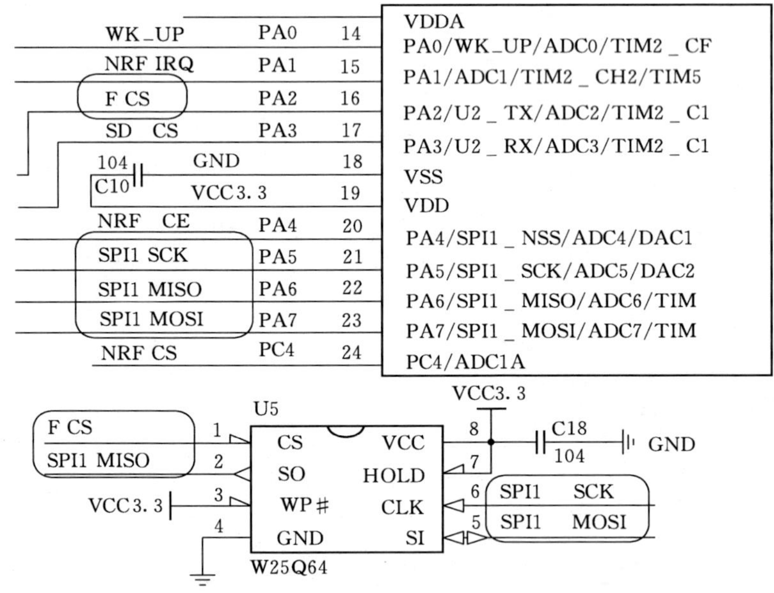

图 4.7　STM32 与 W25Q64 连接电路图

SPI 程序设计如下：

```
#include "spi.h"
//SPI 口初始化
//这里针是对 SPI1 的初始化
void SPI1_Init(void)
{
    RCC->APB2ENR|=1<<2;  //PORTA 时钟使能
    RCC->APB2ENR|=1<<12;  //SPI1 时钟使能
```

```
    //这里只针对 SPI 口初始化
    GPIOA->CRL&=0X000FFFFF;
    GPIOA->CRL|=0XBBB00000; //PA5.6.7 复用
    GPIOA->ODR|=0X7<<5; //PA5.6.7 上拉
    SPI1->CR1|=0<<10; //全双工模式
    SPI1->CR1|=1<<9; //软件 nss 管理
    SPI1->CR1|=1<<8;
    SPI1->CR1|=1<<2; //SPI 主机
    SPI1->CR1|=0<<11; //8bit 数据格式
    SPI1->CR1|=1<<1; //空闲模式下 SCK 为 1 CPOL=1
    SPI1->CR1|=1<<0; //数据采样从第二个时间边沿开始,CPHA=1
    SPI1->CR1|=7<<3; //Fsck=Fcpu/256
    SPI1->CR1|=0<<7; //MSBfirst
    SPI1->CR1|=1<<6; //SPI 设备使能
    SPI1_ReadWriteByte(0xff); //启动传输(主要作用:维持 MOSI 为高)
}
//SPI1 速度设置函数
//SpeedSet:0~7
//SPI 速度=fAPB2/2^(SpeedSet+1)
//APB2 时钟一般为 72MHz
void SPI1_SetSpeed(u8 SpeedSet)
{
    SpeedSet&=0X07; //限制范围
    SPI1->CR1&=0XFFC7;
    SPI1->CR1|=SpeedSet<<3; //设置 SPI1 速度
    SPI1->CR1|=1<<6; //SPI 设备使能
}
//SPI1 读写一个字节
//TxData:要写入的字节
//返回值:读取到的字节
u8 SPI1_ReadWriteByte(u8 TxData)
{
    u16 retry=0;
    while((SPI1->SR&1<<1)==0)//等待发送区空
    {
        retry++;
        if(retry>0XFFFE)return 0;
    }
    SPI1->DR=TxData; //发送一个 byte
    retry=0;
    while((SPI1->SR&1<<0)==0) //等待接收完一个 byte
    {
```

```
        retry++;
        if(retry>0XFFFE)return 0;
    }
    return SPI1->DR;  //返回收到的数据
}
```

此部分代码主要初始化 SPI，选择的是 SPI1。所以在 SPI1 _ Init 函数里面，其相关的操作都是针对 SPI1 的，其初始化步骤和前面介绍的一样。在初始化之后，就可以开始使用 SPI1 了。特别注意，SPI 初始化函数的最后有一个启动传输，这句话最大的作用就是维持 MOSI 为高电平，而且这句话不是必须的，可以去掉。

在 SPI1 _ Init 函数里面，把 SPI1 的频率设置成了最低（72MHz，256 分频）。在外部函数里面，通过 SPI1 _ SetSpeed 来设置 SPI1 的速度，而数据发送和接收则是通过 SPI1 _ ReadWriteByte 函数来实现的。

保存 spi. c，并把该文件加入 HARDWARE 组下面，然后打开 spi. h 在里面输入如下代码：

```
#ifndef __SPI_H
#define __SPI_H
#include "sys.h"
// SPI 总线速度设置
#define SPI_SPEED_2 0
#define SPI_SPEED_4 1
#define SPI_SPEED_8 2
#define SPI_SPEED_16 3
#define SPI_SPEED_32 4
#define SPI_SPEED_64 5
#define SPI_SPEED_128 6
#define SPI_SPEED_256 7
void SPI1_Init(void);  //初始化 SPI 口
void SPI1_SetSpeed(u8 SpeedSet);  //设置 SPI 速度
u8 SPI1_ReadWriteByte(u8 TxData);  //SPI 总线读写一个字节
#endif
```

此部分代码就不多介绍了，保存 spi. h，然后打开 flash. c，在里面编写与 W25Q64 操作相关的代码。由于篇幅所限，我们仅介绍几个重要的函数，首先是 SPI _ Flash _ Read 函数，该函数用于从 W25Q64 的指定地址读出指定长度的数据。其代码如下：

```
//读取 SPI FLASH
//在指定地址开始读取指定长度的数据
//pBuffer:数据存储区
//ReadAddr:开始读取的地址(24 bit)
//NumByteToRead:要读取的字节数(最大 65535)
void SPI_Flash_Read(u8 * pBuffer,u32 ReadAddr,u16 NumByteToRead)
```

```
{
    u16 i;
    SPI_FLASH_CS=0; //使能器件
    SPI1_ReadWriteByte(W25X_ReadData); //发送读取命令
    SPI1_ReadWriteByte((u8)((ReadAddr)>>16)); //发送 24bit 地址
    SPI1_ReadWriteByte((u8)((ReadAddr)>>8));
    SPI1_ReadWriteByte((u8)ReadAddr);
    for(i=0;i<NumByteToRead;i++) pBuffer[i]=SPI1_ReadWriteByte(0XFF); //循环读数
    SPI_FLASH_CS=1; //取消片选
}
```

由于 W25Q64 支持以任意地址（不超过 W25Q64 的地址范围）开始读取数据，所以，这个代码相对来说就比较简单了，在发送 24 位地址之后，程序就可以开始循环读数据了，其地址会自动增加的。要注意的是数据不能超过了 W25Q64 的地址范围。

下面介绍 SPI _ Flash _ Write 这个函数。该函数的作用与 SPI _ Flash _ Read 的作用类似，不过是用来写数据到 W25Q64 里面的，其代码如下：

```
//写 SPI FLASH
//在指定地址开始写入指定长度的数据
//该函数带擦除操作
//pBuffer:数据存储区
//WriteAddr:开始写入的地址(24bit)
//NumByteToWrite:要写入的字节数(最大 65535)
u8 SPI_FLASH_BUFFER[4096];
void SPI_Flash_Write(u8 * pBuffer,u32 WriteAddr,u16 NumByteToWrite)
{
    u32 secpos; u16 secoff;
    u16 secremain; u16 i;
    secpos=WriteAddr/4096; //扇区地址
    secoff=WriteAddr%4096; //在扇区内的偏移
    secremain=4096-secoff; //扇区剩余空间大小
    if(NumByteToWrite<=secremain)secremain=NumByteToWrite; //不大于 4096 个字节
    while(1)
{
    SPI_Flash_Read(SPI_FLASH_BUF,secpos*4096,4096); //读出整个扇区的内容
    for(i=0;i<secremain;i++)//校验数据
    {
        if(SPI_FLASH_BUF[secoff+i]! =0XFF)break; //需要擦除
    }
    if(i<secremain)//需要擦除
    {
    SPI_Flash_Erase_Sector(secpos); //擦除这个扇区
    or(i=0;i<secremain;i++) SPI_FLASH_BUF[i+secoff]=pBuffer[i]; //复制
```

```
    SPI_Flash_Write_NoCheck(SPI_FLASH_BUF,secpos * 4096,4096);  //写整个扇区
    }
    else SPI_Flash_Write_NoCheck(pBuffer,WriteAddr,secremain);  //写已经擦除了的
    if(NumByteToWrite==secremain)break;  //写入结束了
    else//写入未结束
    {
        secpos++;  //扇区地址增 1
        secoff=0;  //偏移位置为 0
        pBuffer+=secremain;  //指针偏移
        WriteAddr+=secremain;  //写地址偏移
        NumByteToWrite-=secremain;  //字节数递减
        if(NumByteToWrite>4096)secremain=4096;  //下一个扇区还是写不完
        else secremain=NumByteToWrite;  //下一个扇区可以写完了
    }
  }
}
```

该函数可以在 W25Q64 的任意地址开始写入任意长度不超过 W25Q64 的容量的数据。思路如下：先获得首地址（WriteAddr）所在的扇区，并计算在扇区内的偏移，然后判断要写入的数据长度是否超过本扇区所剩下的长度；如果不超过，再先看是否要擦除，如果不要，则直接写入数据即可；如果要，则读出整个扇区，在偏移处开始写入指定长度的数据，然后擦除这个扇区，再一次性写入。当所需要写入的数据长度超过一个扇区的长度的时候，我们先按照前面的步骤把扇区剩余部分写完，再在新扇区内执行同样的操作，如此循环，直到写入结束。

其他的代码就比较简单了，这里不介绍了。保存 falsh. c，然后加入到 HARDWARE 组下面，再打开 flahs. h，在该文件里面输入如下代码：

```
#ifndef __FLASH_H
#define __FLASH_H
#include "sys.h"
//W25X 系列/Q 系列芯片列表
#define W25Q80 0XEF13 //W25Q80 ID 0XEF13
#define W25Q16 0XEF14 //W25Q16 ID 0XEF14
#define W25Q32 0XEF15 //W25Q32 ID 0XEF15
#define W25Q64 0XEF16 //W25Q64 ID 0XEF16
extern u16 SPI_FLASH_TYPE;  //定义我们使用的 flash 芯片型号
#define SPI_FLASH_CS PAout(2) //选中 FLASH
//指令表
#define W25X_WriteEnable 0x06
……//省略部分指令
#define W25X_JedecDeviceID 0x9F
void SPI_Flash_Init(void);
```

```
u16 SPI_Flash_ReadID(void); //读取 FLASH ID
u8 SPI_Flash_ReadSR(void); //读取状态寄存器
void SPI_FLASH_Write_SR(u8 sr); //写状态寄存器
void SPI_FLASH_Write_Enable(void); //写使能
void SPI_FLASH_Write_Disable(void); //写保护
void SPI_Flash_Write_NoCheck(u8 * pBuffer,u32 WriteAddr,u16 NumByteToWrite);
void SPI_Flash_Read(u8 * pBuffer,u32 ReadAddr,u16 NumByteToRead); //读取 flash
void SPI_Flash_Write(u8 * pBuffer,u32 WriteAddr,u16 NumByteToWrite); //写入 flash
void SPI_Flash_Erase_Chip(void); //整片擦除
void SPI_Flash_Erase_Sector(u32 Dst_Addr); //扇区擦除
void SPI_Flash_Wait_Busy(void); //等待空闲
void SPI_Flash_PowerDown(void); //进入掉电模式
void SPI_Flash_WAKEUP(void); //唤醒#endif
```

这里面定义了一些与 W25Q64 操作相关的命令（部分省略了）。这些命令在 W25Q64 的数据手册上都有详细的介绍，感兴趣的读者可以参考该数据手册。

最后，我们在 test.c 里面，修改 main 函数如下：

```
//要写入到 W25Q64 的字符串数组
const u8 TEXT_Buffer[]={"WarShipSTM32 SPI TEST"};
#define SIZEsizeof(TEXT_Buffer)
int main(void)
{   u8 key; u16 i=0;
    u8 datatemp[SIZE];
    u32 FLASH_SIZE;
    Stm32_Clock_Init(9); //系统时钟设置
    uart_init(72,9600); //串口初始化为 9600
    delay_init(72); //延时初始化
    LED_Init(); //初始化与 LED 连接的硬件接口
    LCD_Init(); //初始化 LCD
    KEY_Init(); //按键初始化
    SPI_Flash_Init(); //SPI FLASH 初始化
    POINT_COLOR=RED; //设置字体为红色
    LCD_ShowString(60,50,200,16,16,"Mini STM32");
    LCD_ShowString(60,70,200,16,16,"SPI TEST");
    LCD_ShowString(60,90,200,16,16,"TJPU@TJPU.EDU.CN");
    LCD_ShowString(60,110,200,16,16,"2017/10/1");
    LCD_ShowString(60,130,200,16,16,"WK_UP:Write KEY0:Read"); //显示提示信息
    while(SPI_Flash_ReadID()! =W25Q64) //检测不到 W25Q64
    {
        LCD_ShowString(60,150,200,16,16,"25Q64 Check Failed!");
        delay_ms(500);
        LCD_ShowString(60,150,200,16,16,"Please Check! ");
```

```
        delay_ms(500);
        LED0=! LED0;  //DS0 闪烁
    }
    LCD_ShowString(60,150,200,16,16,"25Q64 Ready!");
    FLASH_SIZE=8*1024*1024;  //FLASH 大小为 8M 字节
    POINT_COLOR=BLUE;  //设置字体为蓝色
    while(1)
    {
        key=KEY_Scan(0);
        if(key==WKUP_PRES) //WK_UP 按下,写入 W25Q64
        {
        LCD_Fill(0,170,239,319,WHITE);  //清除半屏
        LCD_ShowString(60,170,200,16,16,"Start Write W25Q64....");
        SPI_Flash_Write((u8*)TEXT_Buffer,FLASH_SIZE-100,SIZE);
        LCD_ShowString(60,170,200,16,16,"W25Q64 Write Finished!");  //提示传送完成
        }
        if(key==KEY0_PRES) //KEY0 按下,读取字符串并显示
        {
        LCD_ShowString(60,170,200,16,16,"Start Read W25Q64....");
        SPI_Flash_Read(datatemp,FLASH_SIZE-100,SIZE);  //从指定地址读 SIZE 字节
        LCD_ShowString(60,170,200,16,16,"The Data Readed Is:");  //提示传送完成
        LCD_ShowString(60,190,200,16,16,datatemp);  //显示读到的字符串
        }
          i++;
          delay_ms(10);
        if(i==20) { LED0=! LED0; i=0; }//提示系统正在运行
      }
    }
```

习　　题

4.1　如何配置 STM32 的 IO 口的模式？什么情况下使用推挽输出模式？

4.2　怎样配置 STM32 的 ADC？如何开始进行 AD 转换？

4.3　STM32 的 ADC 采样频率如何计算？如何保证在信号周期内尽可能采集更多的数据？

4.4　STM32 的 DAC 进行 D/A 转换的原理是什么？

4.5　如何使用 STM32 的 PWM 模式设计驱动脉冲？

4.6　STM32 的 PWM 波周期、占空比如何确定？

4.7　在 STM32 进行输入捕获时，IO 口如何配置？配置成什么模式？

4.8　STM32 的串口波特率是什么含义？

4.9　STM32 的 SPI 传输原理是什么？

第5章　微机控制系统的控制算法

5.1　测量数据的预处理

机械工程领域的微机控制系统是机电一体化产品设计中最重要的组成部分，特别是随着数字信息处理技术和计算机技术的迅速发展，微型计算机在工业控制领域的应用越来越广泛。在微机化的控制系统中，由于模拟量输入通道输入的过程参数数值范围不相同，精度要求也不一样，所以各种数据的输入方法和表示方式也各不相同。有的只与单一的被测量有关，有的参数与几个被测量有关，或线性的，或非线性的，而且除了有用信号以外，还往往携带有现场和过程通道中的各种干扰。因此采样数据并不能直接用来进行有效控制，必须对其进行加工和处理。本节就其常用的方法进行介绍，包括数字滤波、线性化处理及标度转换。

5.1.1　数字滤波

在机电的微机控制系统中，由于被控对象所处的环境可能比较恶劣，常常存在各种干扰，大多数干扰可通过有源或无源滤波器滤除，但有些干扰却是硬件滤波无能为力的。因此在微机控制系统中，常采用数字滤波。数字滤波的实质是一种程序滤波，即通过一定的计算机程序，对采集来的信号进行平滑加工，提高有用信号在采样值中的比重，减少乃至消除干扰及噪声。与模拟滤波器相比，数字滤波具有以下优点：

(1) 采用程序滤波，无需增加硬件设备，可多通道共享一个滤波器，即多通道共同调用一个滤波子程序，从而降低了成本。

(2) 由于不用硬件设备，各回路间不存在阻抗匹配等问题，故可靠性高，稳定性好。

(3) 可以对频率很低的信号，如0.01Hz以下的信号进行滤波，这是模拟滤波器做不到的。

(4) 可根据需要选择不同的滤波方法或改变滤波器的参数，使用方便灵活。

数字滤波的方法主要有两类：①基于程序逻辑判断的方法；②将模拟滤波器的设计思想数字化。前者以简单的逻辑判断为基础，常有的算法有：算术平均值法、中值法、比较法、抑制脉冲算术平均值法和递推平均滤波法。后者以模拟滤波器的传递函数为基础，采用离散化方式再转换为Z传递函数，然后通过程序来实现。

5.1.1.1　基于程序逻辑判断的方法

1. 平均法

平均法的基本原理是，通过对某点数据连续采样多次，取其算术平均值作为该点采样结果。这种方法可以减少周期性干扰对采集结果的影响，主要有如下几种具体方法：

(1) 算术平均值滤波。寻找一个$Y(k)$，使该值与各采样值间误差的平方和为最

小，即

$$S=\min\left[\sum_{i=1}^{N}e^{2}(i)\right]=\min\left\{\sum_{i=1}^{N}\left[Y(k)-X(i)\right]^{2}\right\} \tag{5.1}$$

由一元函数求极值原理，得

$$\overline{Y}(k)=\frac{1}{N}\sum_{i=1}^{N}X(i) \tag{5.2}$$

式中：$\overline{Y}(k)$ 为第 k 次 N 个采样的算术平均值；$X(i)$ 为第 i 次采样值；N 为采样次数。

该式即为算术平均值法的滤波公式。可见这种滤波方法的实质是把 N 个采样周期的值相加，求其平均值。显然 N 越大，结果越准确，但计算时间也越长，灵敏度越低。

这种滤波方法适用于对压力、流量等周期脉动的采样值进行平滑加工，但对脉冲性干扰的平滑作用不理想，不宜用于脉冲性干扰较严重的场合。平滑程度取决于采样次数 N，N 增大平滑程度提高，灵敏度却下降。通常对流量 N 取 12，对压力 N 取 4。

（2）移动平均滤波法。平均滤波法会降低实际的采样频率，如每采样 5 次再取平均值则会使实际的采样频率降低 5 倍。如每采样一次只舍去最早的一次采样值，与保留下来的前（$N-1$）次采样值作平均，可不降低采样频率。该方法的程序设计与算术平均滤波基本相同，编程时可设立数据缓冲区，每次将数据递推存放，丢弃最早一次采样值，然后根据算式求其平均值即可。移动平均滤波对周期性干扰有良好的抑制效果，平滑度高，但其对偶然出现的脉冲性干扰的抑制作用差，因此其适用于高频振荡系统，不适用于脉冲干扰严重的场合。

（3）加权平均滤波法。平均值滤波程序中，将 N 次采样值同等对待，削弱了当前采样值在数据中的比重，实时性较差。为了提高滤波效果，可提高新近采样值在平均值中的比重，这种方法称为加权平均滤波法，其运算关系式为

$$\overline{y}(K)=\sum_{i=1}^{N}C_{i}x_{i} \tag{5.3}$$

式中：N 为采样次数；x_i 为第 i 次的采样值；$\overline{y}(K)$ 为 n 次采样后的平均采样值；C_i 为加权系数，对它的选取应满足：

$$\left.\begin{array}{l}\displaystyle\sum_{i=1}^{N}C_{i}=1\\ C_{1}<C_{2}<C_{3}<\cdots<C_{N}\end{array}\right\} \tag{5.4}$$

C_i 的加入体现了各次采样值在平均值中所占的比重。一般采样次数越靠后，在平均值中占的比重越大。这种滤波方法可以根据需要突出信号的某一部分，而抑制信号的另一部分。

2. 比较取舍法

当测量的数据存在偏差时，为了剔除个别错误数据，可采用比较取舍法，即对某个采样点连续采样几次，根据采样数据的变化规律确定取舍，从而提高数据的采样精度。

（1）限幅滤波法。把两次相邻的采样值相减，求出其增量，以绝对值表示，然后与两次采样允许的最大差值（由被控对象的实际情况决定）ΔY 进行比较，若小于或等于 ΔY，则取本次采样值；若大于 ΔY，则仍取上次采样值作为本次采样值，即

$$\left.\begin{array}{l}|Y(k)-Y(k-1)|\leqslant\Delta Y\text{，则 }Y(k)=Y(k)\text{，取本次采样值}\\|Y(k)-Y(k-1)|>\Delta Y\text{，则 }Y(k)=Y(k-1)\text{，取上述采样值}\end{array}\right\}\tag{5.5}$$

式中：$Y(k)$ 为第 k 次采样值；$Y(k-1)$ 为第（$k-1$）次采样值；ΔY 为相邻两次采样值所允许的最大偏差，其大小取决于采样周期 T 与被采样变量 Y 的动态响应。

这种滤波方法主要用于变化较慢的参数，如温度、物位等测量系统，其关键是最大允许误差 ΔY 的选取，ΔY 太大，各种干扰信号将“乘虚而入”，使系统误差增大；ΔY 太小，又会使某些有用信号被“拒之门外”，使计算机采样效率变低。因此，门限值 ΔY 的选取是非常重要的，通常可根据经验数据获得，必要时也可由实验得出。

（2）限速滤波法。即用 3 次采样值决定采样结果。设采样时刻 t_1、t_2、t_3 所采集的参数分别为：$Y(1)$、$Y(2)$、$Y(3)$，则

当 $|Y(2)-Y(1)|\leqslant\Delta Y$ 时，$Y(2)$ 作本次采样值。

当 $|Y(2)-Y(1)|>\Delta Y$ 时，$Y(2)$ 不被采用，但仍保留，继续采样取得 $Y(3)$。

当 $|Y(3)-Y(2)|\leqslant\Delta Y$ 时，$Y(3)$ 输入作本次采样值。

当 $|Y(3)-Y(2)|>\Delta Y$ 时，则取 $\dfrac{Y(2)+Y(3)}{2}$ 作本次采样值。

限速滤波是一种折中的方法，既照顾了采样的实时性，又顾及了采样值变化的连续性。但这种方法的缺点是：

1）ΔY 的确定不够灵活，必须根据现场的情况不断更换新值。

2）不能反映采样点数 $N>3$ 时各采集数值受干扰的情况。

因此，它的应用受到一定的限制。在实际使用中，可用 $[|Y(1)-Y(2)|+|Y(2)-Y(3)|]/2$ 取代 ΔY，这样可基本保持限速滤波的特性，虽增加一步运算，但灵活性大为提高。

（3）三中取二法。对每个采样点连续采样三次，取两次相同或最接近的数据作为采样结果。这种方法对滤去偶然性的强脉冲干扰相对有效，实质上也是一个比较判断的过程。

5.1.1.2 基于模拟滤波器的方法

数字滤波的方法主要用于抑制特定的干扰，而基于模拟滤波器的方法有严格的理论基础，其设计方法与数字调节器类似。首先应根据模拟滤波器的传递函数，求出相应的传递函数，并进行离散处理，然后通过具体算法来实现。从理论上讲，任何一个模拟滤波器均可用数字实现，但实际上，离散处理有一定难度。仅以 RC 低通滤波器的实现加以说明。RC 低通滤波器的传递函数为

$$G(S)=\frac{Y(S)}{X(S)}=\frac{1}{T_\mathrm{f}S+1}\tag{5.6}$$

式中：$T_\mathrm{f}=RC$ 为滤波时间常数，它与要滤去的信号的频率有关。

将式（5.6）进行离散化处理后可得

$$y(k)=(1-a)y(k-1)+aX(k)\tag{5.7}$$

式（5.7）为一阶低通滤波的数学表达式，$y(k)$、$y(k-1)$ 分别为第 k 次和 $k-1$ 次滤波器的输出值。$x(k)$ 为第 k 次采样值，a 为过滤系数。根据理论推导，$a=1-\mathrm{e}^{-T/T_\mathrm{f}}$，$T$ 为采样周期，当 $T\ll T_\mathrm{f}$ 时，$a\approx T/T_\mathrm{f}$。当采样周期确定以后，恰当选取 T_f 的值就可取

得对合适的低通滤波效果。

一阶低通滤波的基本意图是，把本次采样值与上次滤波器的输出值进行加权平均，因此在输入的过程中，任何快速的干扰均被滤掉，仅保留缓慢变化的信号，所以也叫惯性滤波。

5.1.1.3　复合数字滤波

为了进一步提高滤波效果，有时可以把两种或两种以上具有不同滤波功能的数字滤波器组合起来，构成复合数字滤波器，或称多级数字滤波器。

例如，前边讲的算术平均滤波或加权平均滤波，都只能对周期性的脉动采样值进行平滑加工，而对于随机的脉冲干扰，如电网的波动、变送器的临时故障等，则无法消除。然而，中值滤波却可以解决这个问题。因此，我们可以将二者组合起来，形成多功能的复合滤波，即把采样值先按从大到小的顺序排列起来，然后将最大值和最小值去掉，再把余下的部分合并取其平均值。

这种滤波方法的原理为，若 $X(1) \leqslant X(2) \leqslant \cdots \leqslant X(N), 3 \leqslant N \leqslant 14$，则

$$Y(k) = \frac{X(2) + X(3) + \cdots + X(N-1)}{N-2} = \frac{1}{N-2}\sum_{i-1}^{N-1} X(i) \tag{5.8}$$

式（5.8）也称作防脉冲干扰的平均值滤波。

此外，也可采用双重滤波的方法，即把采样值经过低通滤波后，再经过一次高通滤波，这样，结果更接近理想值，这实际上相当于多级 RC 滤波。

5.1.1.4　各种滤波方法的比较

随着计算机测控技术的发展，数字滤波方法将越来越完善，读者可根据需要编写出更多的滤波程序，每种滤波程序都各有其特点，可根据具体的测量参数进行合理地选择。在选用时主要考虑以下两个方面。

（1）滤波效果。一般来说对于变化缓慢的参数（如温度），可选用比较判断及一阶惯性滤波方法，而对于快速变化的脉冲参数（如压力、流量等），则可选择算术平均及加权平均等滤波方法，对要求比较高的场合，可采用多种手段相结合的复合滤波。

（2）滤波时间。在满足滤波效果的前提下，应尽量采用执行时间较短的程序。但值得注意的是，并不是任何一个系统都需要进行数字滤波，有时候，不当的数字滤波将适得其反，造成不良影响。如在自动调节系统中，不当的数字滤波会把偏差值滤掉，到底采用哪种数字滤波较好，一定要慎重考虑，根据实验结果确定，不能千篇一律，以求得到最佳的滤波效果。

5.1.2　线性化处理

在工程实践中，把物理量转换为电信号的传感器，大多带有一定的非线性特征，不便于计算机处理。有的很难找出明确的数学表达式，需根据测量值采取一些特殊的方法进行处理；还有一些参数，相互之间虽然有明确的数学表达式，但计算起来相当麻烦，会占用较多的时间。因此，找出某种既方便又能满足实际功能要求的数据处理方法就是本节要解决的问题。这里介绍 3 种方法，分别是计算法、查表法和折线法。

5.1.2.1　计算法

如果被测参数和转换的电信号之间有明确的数学表达式，且该表达式便于计算，就应

发挥微机计算功能较强的优势，将其表达式转换为线性关系，再行计算。

例如，在温度测量系统中大量使用各种热电偶，输出的热电势 E 与被测温度 T 之间是一种多项式关系。不同种类的热电偶，非线性程度不同，多项式项数不等，但总可以用一个多项式表达。常见的 T 与 E 关系为

$$T=a_4E^4+a_3E^3+a_2E^2+a_1E+a_0 \tag{5.9}$$

式中：$a_4\sim a_0$ 为热电偶系数，不同种类的热电偶及测量范围不同时，其取值不同，但在规定的温度范围内为常数，运算中作常数处理。

对式（5.9）可作如下变换：

$$T=\{[(a_4E+a_3)E+a_2]E+a_1\}E+a_0 \tag{5.10}$$

a_4E+a_3 是一种简单的乘法和加法，其运算很容易实现。

若令 $M=a_4E+a_3$，则式（5.10）可变换为

$$T=\{[ME+a_2]E+a_1\}E+a_0 \tag{5.11}$$

令 $N=ME+a_2$，则又有

$$T=\{NE+a_1\}E+a_0 \tag{5.12}$$

再令 $W=NE+a_1$，则

$$T=WE+a_0 \tag{5.13}$$

显然，M、N、W 的算式是一样的，因此只要由里向外逐次按所示式子进行简单运算，即可根据所测热电势求出相应的温度值，把一个复杂的多项式高次方程运算简化了。

又如，在流量测量中常用的差压变送器，其输出的差压信号 ΔP 和它所代表的实际测量 Q 成平方根关系：

$$Q=\beta\sqrt{\Delta P} \tag{5.14}$$

式中：β 为与孔板及被测流体的温度、压力有关的系数。这种平方根关系在线性化处理中常采用牛顿迭代公式进行计算。牛顿迭代公式求平方根的算式为

$$y_n=\frac{1}{2}\left(y_{n-1}+\frac{x}{y_{n-1}}\right)=y_{n-1}+\frac{1}{2}\left(\frac{x}{y_{n-1}}-y_{n-1}\right) \tag{5.15}$$

式中：y_n、y_{n-1} 分别为第 n 次及第 $n-1$ 次的迭代值，这里表示流量 Q。

迭代初值可设为 $y_0=\frac{1}{2}(x+1)$，y_n 和 $\sqrt{x}$ 之间的误差随着迭代次数的增加而减小，当误差达到规定值时，即可停止运算。

5.1.2.2 查表法

在微机控制系统中，有些参数的计算是非常复杂的，采用计算法不仅程序长，难于计算，而且需要耗费大量时间。还有一些非线性参数，它们不是用一般算术运算就可以计算出来的，而是需要涉及指数、对数、三角函数以及积分、微分等进行运算。所有这些运算用汇编语言编写程序都比较复杂。此外，还有一些甚至无法建立相应的数学模型。为了解决这些问题，可以采用查表法。

所谓查表法，就是把事先计算或测得的数据按一定顺序编制成表格，查表程序的任务就是根据被测参数的值或者中间结果，查出最终所需要的结果。查表法是一种非数值计算方法，利用这种方法可以完成数据补偿、计算、转换等各种工作，它具有程序简单、执行

速度快等优点。

查表程序的繁简及程序所占用的时间，除与表格的长度有关外，还与表格的排列方法有关。在微机中表格的排列分为有序表和无序表两种。有序表指在表内存放的数有一定的规律（或按大小顺序，或按某种规律），无序表指数据的存放是随意的（或某种函数是无序的）。根据表格的编排方法，查表的方法有以下 3 种。

1. *顺序查表法*

顺序查表法用于无序表格的查找。因为无序表中各项数据和排列无一定的规律可循，当需要找某一个数（常被称为关键字）时，只能从表的第一项开始，逐项比较，直至找到关键字。在程序设计时，已知条件应是表格的长度和起始地址，在查找的过程中要不断地修改地址和进行计数，直至找到关键字。

2. *计算查表法*

微机控制系统中使用的线性表，是若干个数据元素的集合，各数据元素在表格中的排列方法及所占用的存储单元个数都是一样的。因为要搜索的内容和表格的排列有一定的关系，故各元素都严格地按某种顺序排列，在此前提条件下才可以使用计算查表法。

计算查表法的思路是：根据给定的要查找的元素，通过一定的计算，求出该元素所对应的数值的地址，从而可从相应单元中取出所需要的量。如 LED 显示器，输出字模的转换程序、键处理中寻找功能键入口地址的散转表程序通常均采用计算查表法。这种方法也可用于某种数值计算程序，如查找矩阵元素、求数的阶乘等。计算查表法执行速度是很快的，使用这种查表法的关键是寻找一种计算表地址的公式，其缺点是对表格的要求非常挑剔。

3. *对分查表法*

如果在应用中一些数据或函数能够满足从大到小或从小到大的顺序排列，如测温热电偶的 mV -℃对照表，流量测量的差压和流量的对照表等，是按大小的顺序排列的，在这种情况下可使用对分查表法。

对分查表法的具体做法是：对于一个字节长度为 n 的线性表，设该表从小到大排列，先取$\frac{n}{2}$处的值与待搜索的关键字 x 进行比较，如果 x 大于$\frac{n}{2}$项的内容，下一次取$\frac{n}{2}\sim n$ 的中间值，即与$\frac{3}{4}n$ 项的内容进行比较。否则取 $0\sim\frac{n}{2}$项的中间值，即与$\frac{n}{4}$项的内容进行比较。依此类推，可以逐次逼近待搜索的关键字所在位置，直至找到。

显然对分查表法其速度是很快的，它最多的查找次数为$\log_2 n$。例如，若查长度为 1024 字节的表，对分查表最多只需要 10 次；而采用顺序查表法，其平均查找次数为 1024 次。

5.1.2.3　折线法（分段线性化法）

在微机控制系统中，有些参数输入和输出的关系只能通过一条曲线来表示，没有一个明确的表达式或一个有序表格。此种场合，只能够采用局部线性化对其进行处理。

这种方法处理的原理是，根据曲线的形状将其分为若干段，找出拐点值（V_1，V_2，…，V_k），当给定一个输入量 V_i 后，将 V_i 依次与各拐点值进行比较，找到 V_i 所在的区间，然后转到相应的直线段进行计算。例如当 $V_{i2}<V_i<V_{i3}$ 时，输出 $V_0=\frac{V_{03}-V_{02}}{V_{i3}-V_{i2}}(V_i-V_{i2})+V_{02}$，折线逼近程序是一个由判断程序组成的分支程序。

折线法实际上是线性插值的算法。这种计算程序的复杂程度和执行时间与折线的分段方法有关。若采用等距分段，可简化计算过程，但当函数的曲率和斜率变换较大时，引入误差较大。这可以通过细分使之减小，但会占用较多的内存，而且计算量也加大。若采用不等距分段，可根据函数曲率变化使分段直线尽量接近该段曲线，使误差减小，但程序编制却比较麻烦。因此，如何分段视具体情况而定。

5.1.3 标度变换

机电系统中的各个参数都有不同的量纲和数值，例如位移的单位为 mm，力的单位为 N，流量的单位为 m^3/h，压力的单位为 Pa 或 MPa。在计算机控制系统中所有这些物理参数都经过变送器转换成 A/D 转换器能接收的 0～5V（或 5～10V）的电信号，再经 A/D 转换变成一系列的数码。为了便于操作人员管理及生产过程的需要，必须把这些数码转换成各种工程参量，使之便于显示、记录和打印。这种转换被称为标度变换或工程量转换。标度变换有各种不同类型，取决于被测参数和测量传感器的类型，要根据实际情况进行设计。

5.1.3.1 线性参数的标度变换

线性标度变换是最常用的标度变换方式，其前提条件是被测参数值与 A/D 转换结果为线性关系。线性参数标度变换的公式为

$$A_x=(A_m-A_0)\frac{N_x-N_0}{N_m-N_0}+A_0 \tag{5.16}$$

式中：A_0 为一次测量仪表的下限；A_m 为一次测量仪表的上限；A_x 为实际测量值（工程量）；N_0 为仪表下限所对应的数字量；N_m 为仪表上限所对应的数字量；N_x 为测量值所对应的数字量。

式（5.16）为线性参数标度变换的通用公式，其中 A_m、A_0、N_m、N_0 对某一固定的被测量参数来说都是常数。为了使程序设计简单，一般把一次测量仪表的下限 A_0 所对应的 A/D 转换值置为 0，即使 $N_0=0$。这样式（5.16）可写成：

$$A_x=(A_m-A_0)\frac{N_x}{N_m}+A_0 \tag{5.17}$$

在很多测量系统中，仪表下限值 $A_0=0$，此时，与其对应的 $N_0=0$，式（5.17）可进一步简化为

$$A_x=A_m\frac{N_x}{N_m} \tag{5.18}$$

【例 5.1】 某压力测量系统中，压力测量系统的量程为 400～1200Pa，采用 8 位 A/D 转换器进行采样，计算机中经采样及数字滤波后的数字量为 0ABH，求此时的压力值。

解： 根据题意，已知 $A_0=400$Pa，$A_m=1200$Pa，$N_x=0\text{ABH}=171\text{D}$，选 $N_m=\text{FFH}=255\text{D}$，$N_0=0$，采用式（5.17），则

$$A_x=(A_m-A_0)\frac{N_x}{N_m}+A_0=(1200-400)\times\frac{171}{255}+400=936(\mathrm{Pa})$$

5.1.3.2 非线性参数的标度变换

对非线性参数的标度变换要具体问题具体分析，根据非线性关系求出相应的标度变换公式。例如，在流量测量中，流量与差压间的关系式为

$$Q=K\sqrt{\Delta P} \tag{5.19}$$

式中：Q 为流量；K 为刻度系数，与流体的性质及节流装置的尺寸相关；ΔP 为节流装置两端的差压。

可见，流体的流量与被测流体流过节流装置前后产生的压力差的平方根成正比，于是得到测量流量时的标度变换公式为

$$Q_x=(Q_m-Q_0)\sqrt{\frac{N_x-N_0}{N_m-N_0}}+Q_0 \tag{5.20}$$

式中：Q_x 为被测液体的流量值；Q_m 为流量仪表的上限值；Q_0 为流量仪表的下限值；N_x 为差压变送器所测得的差压值数字量；N_m 为差压变送器上限所对应的数字量；N_0 为差压变送器下限所对应的数字量。

对于流量仪表，一般下限为 0，即 $Q_0=0$，故式（5.20）可简化为

$$Q_x=Q_m\sqrt{\frac{N_x-N_0}{N_m-N_0}} \tag{5.21}$$

若在进行转换时，Q_0 所对应的数字量 N_0 也为 0，式（5.21）可进一步简化为

$$Q_x=Q_m\sqrt{\frac{N_x}{N_m}} \tag{5.22}$$

对于那些不能用运算式表达的物理量，应根据其转换关系，用插值法或查表法进行标度变换。总之，标度变换与传感设备的性质有关，不能简单地照搬公式。在有些场合，标度变换也可利用线性化处理的方法。

5.2 PID 控制算法

控制算法是机械电子系统的一个重要组成部分，整个系统的控制功能主要由控制算法来实现。目前提出的控制算法有很多种。根据偏差的比例（P）、积分（I）、微分（D）进行控制，称为 PID 控制。实际运行经验和理论分析都表明，PID 控制能满足相当多工程对象的控制要求，至今仍是一种应用最广的控制算法。

5.2.1 PID 控制原理

在模拟控制系统中，基本控制回路是简单的反馈回路，如图 5.1 所示。被控量的值由传感器或变送器检测，这个值与给定值进行比较，得到偏差，模拟调节器依一定控制规律使操作变量变化，以使偏差趋近于零，其输出通过执行器作用于被控对象。

控制规律通常采用比例、积分、微分（PID）关系或由此做出的简化形式。过去，这些关系的实现，必须通过相应的硬件来完成。控制回路的功能和实现这些功能的硬件几乎

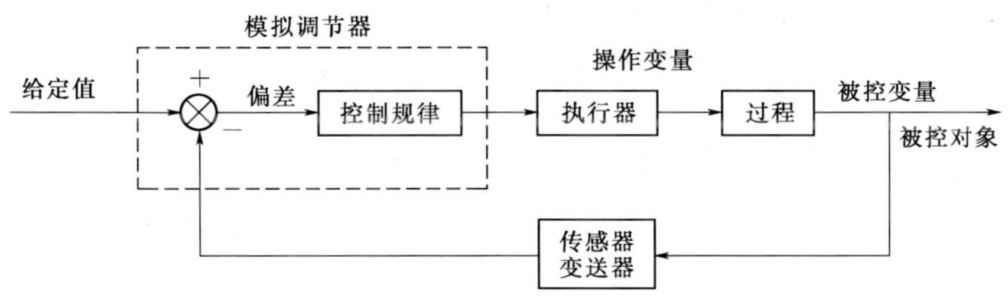

图 5.1 基本模拟反馈控制回路

是一一对应的关系。因此，设计方案必须能用现有的模拟硬件来实现，控制规律的修改需要更换模拟硬件。这些局限性使模拟控制系统缺乏灵活性。对于较复杂的控制过程，这类系统在控制规律的实现、系统最优化、可靠性等方面难以满足更高的要求。

在控制系统中，以微型计算机来代替模拟调节器，就构成了计算机控制系统。计算机控制系统基本框图如图 5.2 所示。控制系统中引入计算机，可以充分利用计算机在对采集数据加以分析并根据所得结果作出逻辑判断等方面的能力，编制出符合某种技术要求的控制程序、管理程序，实现对被控参数的控制与管理。在计算机控制系统中，控制规律的实现是通过软件来完成的。改变控制规律，只要改变相应的程序即可，这是模拟控制系统无法比拟的。

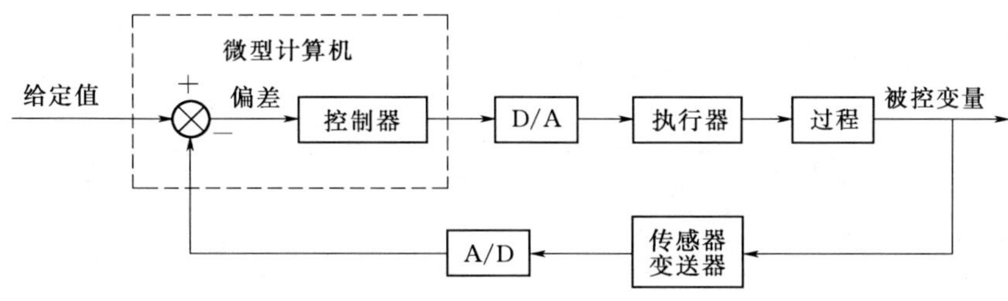

图 5.2 计算机控制系统基本框图

DDC（Direct Digital Control）系统是计算机用于工程控制的最典型的一种系统，其构成如图 5.3 所示。微型计算机通过输入通道对一个或多个物理量进行检测，并根据确定的控制规律进行计算，通过输出通道直接去控制执行机构，使各被控量达到预定的要求。由于计算机的决策直接作用于过程，故称为直接数字控制。

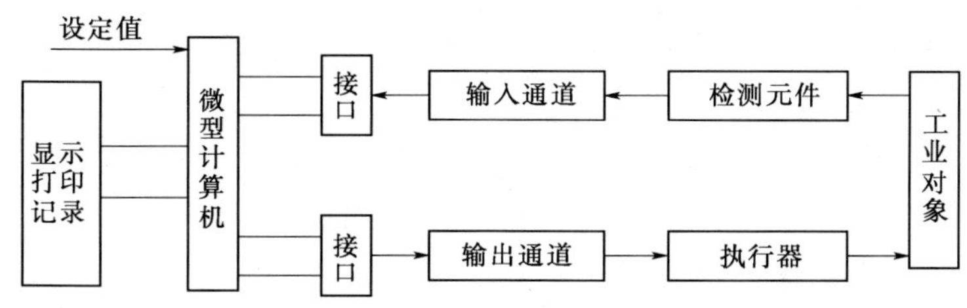

图 5.3 DDC 系统构成框图

DDC 系统中的微机参加闭环控制，它不仅能完全取代模拟调节器，实现多回路的

PID 调节，而且通过改变程序能有效地实现较复杂的控制，如前馈控制、串级控制、非线性控制、自适应控制和最优控制等。因而 DDC 系统也是计算机在工业应用中最普遍的一种形式。

5.2.1.1　模拟 PID 调节

在模拟控制系统中，调节器最常用的控制规律是 PID 控制。常规 PID 控制系统原理如图 5.4 所示，系统由模拟 PID 调节器、执行机构及控制对象组成。

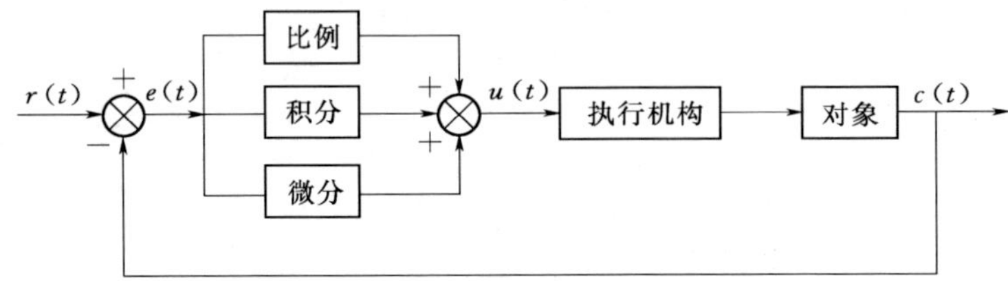

图 5.4　模拟 PID 控制系统原理框图

PID 调节器是一种线性调节器，它根据给定值 $r(t)$ 与实际输出值 $c(t)$ 构成的偏差

$$e(t)=r(t)-c(t) \tag{5.23}$$

将偏差的比例（P）、积分（I）、微分（D）通过线性组合构成控制量，对控制对象进行控制，故称其为 PID 调节器。在实际应用中，常根据对象的特征和控制要求，将 P、I、D 基本控制规律进行适当组合，以达到对被控对象进行有效控制的目的。例如，P 调节器、PI 调节器、PD 调节器等。

PID 调节器的控制规律为

$$u(t)=K_P\left[e(t)+\frac{1}{T_I}\int_0^t e(t)\mathrm{d}t+T_D\frac{\mathrm{d}e(t)}{\mathrm{d}t}\right] \tag{5.24}$$

式中：K_P 为比例系数；T_I 为积分时间常数；T_D 为微分时间常数。

简单来说，PID 调节器各环节的作用如下：

（1）比例环节。即时成比例地反应控制系统的偏差信号 $e(t)$，偏差一旦产生，调节器立即产生控制作用以减小偏差。

（2）积分环节。主要用于消除静差，提高系统的无差度。积分作用的强弱取决于积分时间常数 T_I，T_I 越大，积分作用越弱，反之则越强。

（3）微分环节。能反应偏差信号的变化趋势（变化速率），并能在偏差信号的值变得太大之前，在系统中引入一个有效的早期修正信号。从而加快系统的动作速度，减少调节时间。

由式（5.24）可得，模拟 PID 调节器的传递函数为

$$D(S)=\frac{U(S)}{E(S)}=K_P\left(1+\frac{1}{T_IS}+T_DS\right) \tag{5.25}$$

5.2.1.2　数字 PID 控制器

在 DDC 系统中，用计算机取代了模拟调节器，控制规律的实现是由计算机软件完成的。因此，系统中数字控制器的设计，实际上是计算机算法的设计。

由于计算机只能识别数字量，不能对连续的控制算式直接进行运算，故在计算机控制

系统中，必须首先对控制规律进行离散化的算法设计。

为将模拟 PID 控制规律式（5.24）离散化，我们把图 5.4 中 $r(t)$、$e(t)$、$u(t)$、$c(t)$ 在第 n 次采样时刻的数据分别用 $r(n)$、$e(n)$、$u(n)$、$c(n)$ 表示，于是式（5.23）变为

$$e(n)=r(n)-c(n) \tag{5.26}$$

当采样周期 T 很小时，$\mathrm{d}t$ 可用 T 近似代替，$\mathrm{d}e(t)$ 可用 $e(n)-e(n-1)$ 近似代替，"积分"用"求和"近似代替，即可作如下近似：

$$\frac{\mathrm{d}e(t)}{\mathrm{d}t}\approx\frac{e(n)-e(n-1)}{T} \tag{5.27}$$

$$\int_0^t e(t)\mathrm{d}t \approx \sum_{i=1}^{n} e(i)T \tag{5.28}$$

这样，式（5.24）便可离散化成为以下差分方程式：

$$u(n) = K_{\mathrm{P}}\{e(n)+\frac{T}{T_{\mathrm{I}}}\sum_{i=1}^{n}e(i)+\frac{T_{\mathrm{D}}}{T}[e(n)-e(n-1)]\}+u_0 \tag{5.29}$$

上式中 u_0 是偏差为零时的初值，上式中的第一项起比例控制作用，称为比例（P）项 $u_{\mathrm{P}}(n)$，即

$$u_{\mathrm{P}}(n)=K_P e(n) \tag{5.30}$$

第二项起积分控制作用，称为积分（I）项 $u_{\mathrm{I}}(n)$：

$$u_{\mathrm{I}}(n) = K_{\mathrm{P}}\frac{T}{T_{\mathrm{I}}}\sum_{i=1}^{n}e(i) \tag{5.31}$$

第三项起微分控制作用，称为积分（D）项 $u_{\mathrm{D}}(n)$：

$$u_{\mathrm{D}}(n)=K_{\mathrm{P}}\frac{T_{\mathrm{D}}}{T}[e(n)-e(n-1)] \tag{5.32}$$

这 3 种作用可单独使用（微分作用一般不单独使用）或合并使用，常用的组合有：

P 控制：

$$u(n)=u_{\mathrm{P}}(n)+u_0 \tag{5.33}$$

PI 控制：

$$u(n)=u_{\mathrm{P}}(n)+u_{\mathrm{I}}(n)+u_0 \tag{5.34}$$

PD 控制：

$$u(n)=u_{\mathrm{P}}(n)+u_{\mathrm{D}}(n)+u_0 \tag{5.35}$$

PID 控制：

$$u(n)=u_{\mathrm{P}}(n)+u_{\mathrm{I}}(n)+u_{\mathrm{D}}(n)+u_0 \tag{5.36}$$

式（5.29）的输出量 $u(n)$ 为全量输出，它对应于被控对象的执行机构，如调节阀，每次采样时刻应达到的位置，如阀门的开度。因此，式（5.29）又称为位置型 PID 算式。

由式（5.29）可看出，位置型控制算式不够方便，这是因为要累加偏差 $e(i)$，不仅要占用较多的存储单元，而且不便于编写程序，为此对式（5.29）进行改进。

根据式（5.29）不难写出 $u(n-1)$ 的表达式，即

$$u(n-1) = K_{\mathrm{P}}\left[e(n-1)+\frac{T}{T_{\mathrm{I}}}\sum_{i=0}^{n-1}e(i)+T_{\mathrm{D}}\frac{e(n-1)-e(n-2)}{T}\right]+u_0 \tag{5.37}$$

将式（5.29）和式（5.37）相减，即得数字 PID 增量型控制算式为

$$
\begin{aligned}
\Delta u(n) &= u(n)-u(n-1) \\
&= K_P[e(n)-e(n-1)]+K_I e(n)+K_D[e(n)-2e(n-1)+e(n-2)]
\end{aligned} \tag{5.38}
$$

式中：K_P 为比例增益；$K_I=K_P\dfrac{T}{T_I}$为积分系数；$K_D=K_P\dfrac{T_D}{T}$为微分系数。

为了编程方便，可将式（5.38）整理成如下形式：

$$\Delta u(n)=a_0 e(n)+a_1 e(n-1)+a_2 e(n-2) \tag{5.39}$$

式中：

$$
\left.\begin{aligned}
a_0 &= K_P\left(1+\frac{T}{T_I}+\frac{T_D}{T}\right) \\
a_1 &= -K_P\left(1+\frac{2T_D}{T}\right) \\
a_2 &= K_P\frac{T_D}{T}
\end{aligned}\right\} \tag{5.40}
$$

在控制系统中，如果执行机构采用调节阀，则控制量对应阀门的开度，表征了执行机构的位置，此时控制器应采用数字 PID 位置型控制算法，如图 5.5 所示。如执行机构采用步进电机，每个采样周期控制器输出的控制量，是相对于上次控制量的增量，此时控制器应采用数字 PID 增量型控制算法，如图 5.6 所示。

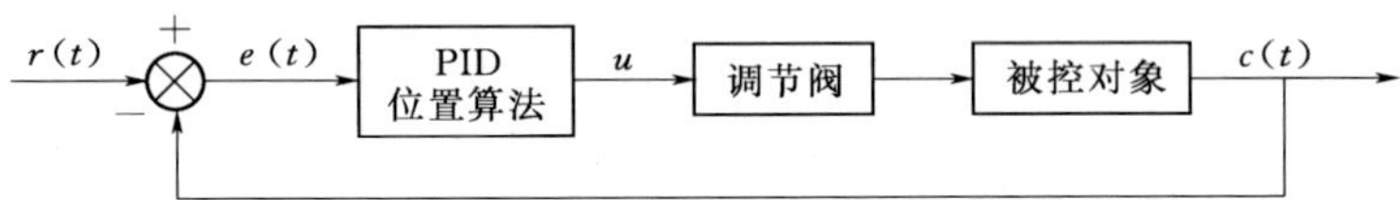

图 5.5 数字 PID 位置型控制示意图

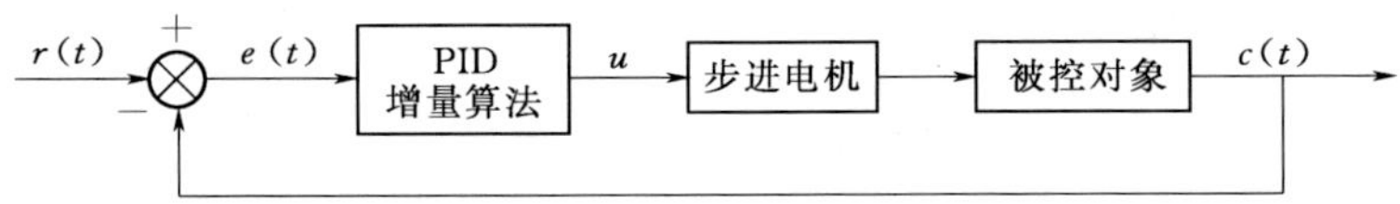

图 5.6 数字 PID 增量型控制示意图

增量型算法与位置型算法相比，具有以下优点：

（1）增量型算法不需要做累加，控制量增量的确定仅与最近几次误差采样值有关，计算误差或计算精度问题对控制量的计算影响较小，而位置型算法要用到过去的误差累加值，容易产生大的累加误差。

（2）增量型算法得出的是控制量的增量，例如阀门控制中，只输出阀门开度的变化部分，误动作影响小，必要时通过逻辑判断限制或禁止本次输出，不会严重影响系统的工作。

（3）采用增量型算法，易实现手动到自动的无冲击切换。

利用增量型控制算法的式（5.39），也可得出位置型控制算法的递推形式：

$$u(n)=u(n-1)+\Delta u(n)=u(n-1)+a_0 e(n)+a_1 e(n-1)+a_2 e(n-2) \tag{5.41}$$

式中：a_0、a_1、a_2 的含义同式（5.40）。

在数字化的 PID 控制算法中，计算偏差 $e(n)=r(n)-c(n)$ 时，要求 $r(n)$ 与 $c(n)$

应具有相同的量纲。对一个温度控制系统来说，图 5.2 中被控变量为温度值，温度给定值 $T_r(n)$ 与温度实测值 $T_C(n)$ 之差 $\Delta T = T_r(n) - T_e(n)$ 即为温度偏差。在 PID 运算时通常把图 5.2 中 A/D 输出的数据作为 $c(n)$，由于 $c(n)$ 只是实测温度值 $T_C(n)$ 的转换数据，因此我们在按预定的温度程控曲线或公式计算出温度给定值 $T_r(n)$ 后，必须按照图 5.2 中被测温度与其转换数据之间的标度变换关系求出与 $T_r(n)$ 对应的转换数据 $r(n)$。然后再将 A/D 输出数据 $c(n)$ 和给定值转换数据 $r(n)$ 代入公式进行计算，二者之差 $e(n) = r(n) - c(n)$ 作为 PID 控制的依据。

为了保证采样周期的准确，在 PID 控制过程中必须有一个计时模块，每隔 T（采样周期）产生一次定时中断，主机响应后，即执行中断服务程序。依次执行顺序是：取当前采样值、数字滤波、标度变换和非线性处理、计算当前给定值、计算偏差、超限报警、PID 运算以及输出处理等模块。

应该指出，不论按哪种 PID 算法求取控制量 $u(n)$ 或 $\Delta u(n)$，都可能使执行机构的实际位置达到上或下极限而控制量 $u(n)$ 还在增加或减小。另外，系统内的控制算法总是受到一定运算字长的限制，如对 8 位 D/A 转换器而言，其控制量的最大数值限制在 0～255 之间。大于 255 或小于 0 的控制量 $u(n)$ 是没有意义的，在算法上应对 $u(n)$ 进行限幅，即

$$u(n) = \begin{cases} u_{min} & u(n) \leqslant u_{min} \\ u(n) & u_{min} < u(n) < u_{max} \\ u_{max} & u(n) \geqslant u_{max} \end{cases} \tag{5.42}$$

在有些系统中，即使 $u(n)$ 在 u_{min} 与 u_{max} 范围之内，但系统的工作情况不允许控制量过大。此时，不仅应考虑极限位置的限幅，还要考虑相对位置的限幅。

5.2.2 标准 PID 算法的改进

用数字控制器对系统进行控制，一般来说控制质量不如采用模拟调节器对系统进行控制，原因如下：

（1）模拟调节器进行的控制是连续的，而数字控制器采用的是采样控制，在保持器作用下，控制量在一个采样周期内是不变化的。

（2）由于计算的数值运算和输入输出需要一定时间，控制作用在时间上有延迟。

（3）计算机的有限字长和 A/D、D/A 转换器的转换精度使控制有误差。

因此，若单纯地用数字控制器去模仿模拟调节器，并不能获得理想的控制效果，必须发挥计算机运算速度快、逻辑判断功能强、编程灵活等优势，建立许多模拟调节器难以实现的特殊控制算法，才能在控制性能上超过模拟调节器。

下面介绍几种常用的 PID 控制算法的改进措施。

5.2.2.1 微分项的改进

微分作用是按偏差的变化趋势进行控制，微分作用的引入，有利于改善高阶系统的调节品质。同时微分作用会带来相位超前，每引入一个微分环节，相位就超前 90°，从而有利于改善系统的稳定性。但微分作用对输入信号的噪声很敏感，因此对一些噪声比较大的系统，如流量、液位控制系统，一般不引入微分作用，或在引入微分作用的同时，先对输入信号进行滤波。

另外，理想的微分作用会由于偏差的阶跃变化而引起输出的大幅度变化，从而引起执行机构在全范围内剧烈动作，对控制过程往往是不利的。因此，对微分作用必须作适当的改进。

1. 不完全微分型 PID 控制算法

前面介绍的 PID 控制算法称为完全微分型 PID 算法。由于完全微分作用对控制过程不一定有益，因此，在实际控制系统中，往往采用不完全微分型 PID 算法。

不完全微分，即用实际 PD 环节来代替理想 PD 环节。这样，在偏差变化较快时，微分作用不致太强烈，且其作用可保持一段时间。在 PID 算法中，P、I 和 D 3 个作用是独立的，故可在比例积分作用的基础上串接一个$\frac{T_D S+1}{(T_D/K_D)S+1}$环节（$K_D$ 为微分增益，通常取 5～10），如图 5.7 所示。

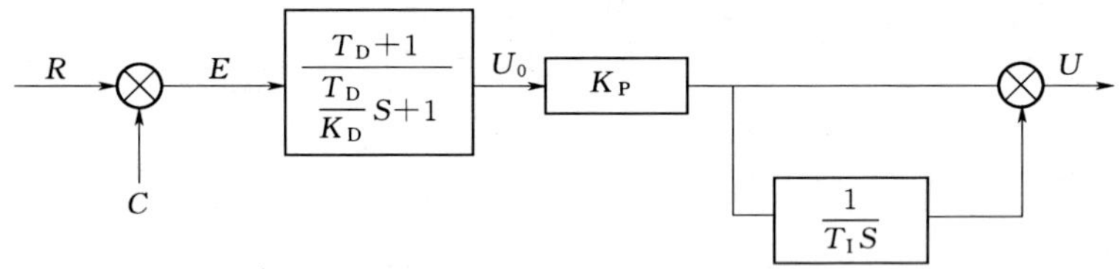

图 5.7　不完全微分型 PID 算法传递函数

因此，不完全型 PID 算法的传递函数为

$$G_C(S)=\frac{T_D S+1}{\frac{T_D}{K_D}S+1}\left(1+\frac{1}{T_I S}\right)K_P \tag{5.43}$$

完全微分和不完全微分作用的区别可用图 5.8 来表示。引入不完全微分项后，系统的响应得到了改善。

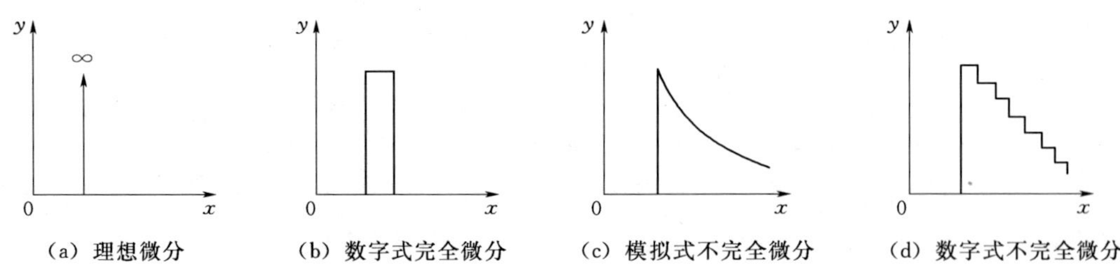

图 5.8　完全和不完全微分的作用

同完全微分型一样，不完全微分型的数字 PID 算式也有位置型和增量型。下面介绍常用的增量型算式。

由图 5.7 可见，不完全微分的连续 PID 算式可用以下两式表示：

$$U_D(S)=\frac{T_D S+1}{\frac{T_D}{K_D}S+1}E(S) \tag{5.44}$$

$$U(S)=K_P\left(1+\frac{1}{T_I S}\right)U_D(S) \tag{5.45}$$

将式（5.44）化为微分方程得

$$\frac{T_D}{K_D}\frac{\mathrm{d}u_D(t)}{\mathrm{d}t}+u_D(t)=T_D\frac{\mathrm{d}e(t)}{\mathrm{d}t}+e(t)$$

再将其差分化简，得

$$\frac{T_D}{K_D}\frac{u_D(n)-u_D(n-1)}{T}+u_D(t)=T_D\frac{e(n)-e(n-1)}{T}+e(n)$$

$$u_D(n)=\frac{\frac{T_D}{K_D}}{\frac{T_D}{K_D}+T}u_D(n-1)+\frac{T_D}{\frac{T_D}{K_D}+T}[e(n)-e(n-1)]+\frac{T}{\frac{T_D}{K_D}+T}e(n)$$

$$=u_D(n-1)+\frac{T_D}{\frac{T_D}{K_D}+T}[e(n)-e(n-1)]+\frac{T}{\frac{T_D}{K_D}+T}[e(n)-u_D(n-1)]$$

设 $K_{d1}=\dfrac{T_D}{\frac{T_D}{K_D}+T}$，$K_{d2}=\dfrac{T}{\frac{T_D}{K_D}+T}$，则上式可变为

$$u_D(n)=u_D(n-1)+K_{d1}[e(n)-e(n-1)]+K_{d2}[e(n)-u_D(n-1)] \tag{5.46}$$

同样，将式（5.45）化为微分方程：

$$T_I\frac{\mathrm{d}u(t)}{\mathrm{d}t}=K_P T_I\frac{\mathrm{d}u_D(t)}{\mathrm{d}t}+K_P u_D(t)$$

再将其差分化简，得

$$T_I\frac{u(n)-u(n-1)}{T}=K_P T_I\frac{u_D(n)-u_D(n-1)}{T}+K_P u_D(n)$$

$$\Delta u(n)=K_P\frac{T}{T_I}u_D(n)+K_P[u_D(n)-u_D(n-1)] \tag{5.47}$$

将式（5.46）的 $u_D(n)$ 值代入式（5.47）即可得到不完全微分型数字 PID 算式输出的增量值。

2. 微分先行和输入滤波

微分先行是把对偏差的微分改为对被控量的微分。这样，在给定值变化时，不会产生输出的大幅度变化。因为即使给定值已发生改变，被控量也是缓慢变化的，从而不致引起微分项的突变。微分项的输出增量为

$$\Delta u_D(n)=\frac{K_P T_D}{T}[\Delta c(n)-\Delta c(n-1)] \tag{5.48}$$

按式（5.48）求取 $u_D(n)$ 值并不困难，只是在基本 PID 算式中把求微分时的变量内容换一下而已。

克服偏差突变引起微分项输出大幅度变化的另一种方法是输入滤波。所谓输入滤波就是在计算微分项时，不是直接应用当前时刻的误差 $e(n)$，而是采用滤波值 $\overline{e}(n)$，即用过去和当前 4 个采样时刻的误差的平均值：

$$\overline{e}(n)=\frac{1}{4}[e(n)+e(n-1)+e(n-2)+e(n-3)] \tag{5.49}$$

然后再通过加权求和形式近似构成如下微分项：

$$u_D(n)=\frac{K_P T_D \Delta\bar{e}(n)}{T}=\frac{K_P T_D}{4}\left[\frac{e(n)-\bar{e}(n)}{1.5T}+\frac{e(n-1)-\bar{e}(n)}{0.5T}+\frac{e(n-2)-\bar{e}(n)}{-0.5T}+\frac{e(n-3)-\bar{e}(n)}{-1.5T}\right]$$

$$=\frac{K_P T_D}{6T}[e(n)+3e(n-1)-3e(n-2)-e(n-3)] \tag{5.50}$$

其增量式为

$$\Delta u_D(n)=\frac{K_P T_D}{6T}[\Delta e(n)+3\Delta e(n-1)-3\Delta e(n-2)-\Delta e(n-3)] \tag{5.51}$$

或

$$\Delta u_D(n)=\frac{K_P T_D}{6T}[e(n)+2e(n-1)-6e(n-2)+2e(n-3)+e(n-4)] \tag{5.52}$$

5.2.2.2　积分项的改进

1. 抗积分饱和

积分作用虽能消除控制系统的静差，但它也有一个副作用，会引起积分饱和，确切地说是积分过量。这是由于在偏差始终存在的情况下，输出 $u(n)$ 将达到上、下极限值。此时虽然对 $u(n)$ 进行了限幅，但积分项 $u_I(n)$ 仍在累加，从而造成积分过量。当偏差方向改变后，因积分项的累积值很大，超过了输出值的限幅范围，故仍需经过一段时间后，输出 $u(n)$ 才脱离饱和区。这样就造成调节滞后，使系统出现明显的超调，恶化调节品质。这种由积分项引起的过积分作用称为积分饱和现象。

下面介绍几种克服积分饱和的方法。

（1）积分限幅法。消除积分饱和的关键在于不能使积分项过大。积分限幅法的基本思想是当积分项输出达到输出限幅值时，即停止积分项的计算，这时积分项的输出取上一时刻的积分值。

（2）积分分离法。积分分离法的基本思想是在偏差大时不进行积分，仅当偏差的绝对值小于预定的门限值时才进行积分。这样既防止了偏差大时有过大的控制量，也避免了过积分现象。

（3）变速积分法。在偏差较大时积分慢一些，作用相对弱一些；而在偏差较小时，积分快一些，作用强一些，以尽快消除静差。基于这种想法的一种算法是对积分项中的$e(n)$作适当变化，即用 $e'(n)$ 来代替 $e(n)$，即

$$e'(n)=f(|e(n)|)e(n)$$

$$f(|e(n)|)=\begin{cases}\dfrac{A-|e(n)|}{A} & |e(n)|<A\\ 0 & |e(n)|>A\end{cases}$$

式中：A 为一预定的偏差值，这种算法实际是积分分离法的改进。

2. 消除积分不灵敏区

由式（5.38）知，数字 PID 的增量型控制算式中的积分项输出为

$$\Delta u_I(n)=K_I e(n)=K_P\frac{T}{T_I}e(n) \tag{5.53}$$

由于计算机字长的限制，当运算结果小于字长所能表示的数的精度时，计算机就作为

“零”将此数丢掉。从式（5.53）可知，当计算机的运行字长较短，采样周期 T 也短，而积分时间 T_I 又较长时，$\Delta u_I(n)$ 容易出现小于字长的精度而丢数，此时积分作用消失，这就称为积分不灵敏区。

【例 5.2】 某温度控制系统，温度量程为 0～1275℃，A/D 转换为 8 位，并采用 8 位字长定点运算。设 $K_P=1$，$T=1s$，$T_I=10s$，$e(n)=50℃$，根据式（5.53）得

$$\Delta u_I(n)=K_P\frac{T}{T_I}e(n)=\frac{1}{10}\times\left(\frac{255}{1275}\times 50\right)=1$$

这就说明，如果偏差 $e(n)<50℃$，则 $\Delta u_I(n)<1$，计算机就作为“零”将此数丢掉，控制器就没有积分作用。只有当偏差达到 50℃时，才会有积分作用。这样，势必造成控制系统的残差。

为了消除积分不灵敏区，通常采用以下措施：

（1）增加 A/D 转换位数，加长运算字长，这样可以提高运算精度。

（2）当积分项 $\Delta u_I(n)$ 连续 N 次出现小于输出精度 ε 的情况时，不要把它们作为“零”舍掉，而是把它们一次次累加起来，即

$$S_I=\sum_{i=1}^{N}\Delta u_I(i) \tag{5.54}$$

直到累加值 S_I 大于 ε 时才输出 S_I，同时把累加单元清零，其程序流程如图 5.9 所示。

5.2.3 数字 PID 参数的选择

对于一个采用数字 PID 控制的系统来说，其控制效果的好坏与数字控制器的参数紧密相关，正确选择数字 PID 的有关参数是提高控制效果的一项重要技术措施。

数字控制系统就其本质来说是一种采样控制系统，一般连续过程的控制回路都有一定的时间常数，在大多数情况下，数字控制器的采样周期，相对于系统的时间常数来说是很短的，故其参数选择可沿用模拟调节器的方法来整定，但数字控制器还必须考虑附加参数——采样周期。

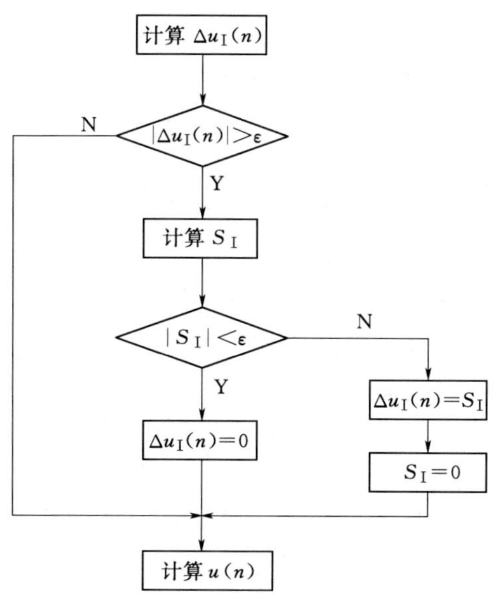

图 5.9 消除积分不灵敏区的程序流程

5.2.3.1 采样周期的选择

数字 PID 控制是建立在用计算机对连续 PID 控制进行数字模拟基础上的，它是一种准连续控制。显然，采样周期越小，数字模拟越精确，控制效果越接近连续控制。对大多数算法，缩短采样周期可使控制回路性能改善，但采样周期缩短时，频繁的采样必然会占用较多的计算机工作时间，而对有些变化缓慢的受控对象无需很高的采样频率即可满意地进行跟踪，过多的采样反而没有多少实际意义。由于从理论计算来确定实际的采样周期还存在一定的困难，在实际应用中，常按一定的原则，结合经验来选择采样周期。

采样定理给出了采样周期的上限值，即

$$T_{\max}=\frac{T'_{\max}}{2} \tag{5.55}$$

式中：$T_{\max}$为最大采样周期；$T'_{\max}$为信号频率组分中最高频率分量的周期。

若采样周期 T 大于此上限值 $T_{\max}$，便会丢失部分信息，从而使控制质量变差。

采样定理未给出采样周期的下限值。一般来说，最小采样周期 $T_{\min}$应是微机执行控制程序所需的时间。

实际采样周期 T 应在 $T_{\min}\sim T_{\max}$之间选择，即

$$T_{\min}\leqslant T\leqslant T_{\max} \tag{5.56}$$

T 的选择，还应综合考虑这样一些因素：

1. 给定值的变化频率

加到被控对象上的给定值变化频率越高，采样频率应越高，以使给定值的改变通过采样迅速得到反映，而不致在随动控制中产生大的时延。

2. 被控对象的特性

对被控对象的特性应从两个方面予以考虑：一是对象变化的缓急，若对象是慢速的热工或化工对象，T 一般取得较大。例如，温度反应慢，滞后大，不宜过于频繁控制，因此，T 要求长些。在对象变化较快的场合，T 应取得较小，如流量反应快、波动大，T 要短一些。另外尚需考虑干扰的情况，从系统抗干扰的性能要求来看，要求采样周期短，使扰动能迅速得到校正。

3. 使用的算法和执行机构的类型

PID 算式中的积分和微分作用都与采样周期的选择有关。采样周期太小，会使积分作用、微分作用不明显。如积分增益 T/T_i，当 T 很小时，这个增益也很小。同时，因受微机计算精度的影响，当采样周期小到一定程度时，前后两次采样的差别反映不出来，使调节作用因此而减弱。此外，执行机构的动作惯性大，采样周期的选择要与之适应，否则执行机构来不及反应数字控制器输出值的变化。例如，当通过数模转换带动执行器时，输出信号通过保持器达到所要求的控制幅度需要一定时间，在这段时间内，要求计算机的输出值不发生变化，因此采样周期必须大于这一时间。

4. 控制的回路数

一般来讲，考虑到计算机的工作量和各个调节回路的计算成本，要求在控制回路较多时，相应采样周期要长一些，以使每个回路的调节算法都有足够的时间来完成。控制的回路数 n 与采样周期 T 有如下关系：

$$T\geqslant\sum_{j=1}^{n}T_j \tag{5.57}$$

式中：T_j 为第 j 个回路控制程序的执行时间。

5.2.3.2　数字 PID 控制的参数选择

如何选择控制算法的参数，要根据具体过程的要求来考虑。一般来说，要求被控过程是稳定的，能迅速和准确地跟踪给定值的变化，超调量小，在不同干扰下系统输出应能保持在给定值，操作变量不宜过大，在系统与环境参数发生变化时控制应保持稳定。显然，

要同时满足上述各项要求是困难的，必须根据具体过程的要求，满足主要方面，并兼顾其他方面。

PID 调节器的参数整定方法较多，但可归结为理论计算法和工程整定法两种。用理论计算法设计调节器的前提是能获得被控对象准确的数学模型，这在实际工程中一般较难做到。因此，实际用的较多的还是工程整定法。这种方法的最大优点就是整定参数时不依赖对象的数学模型，直接在控制系统中进行现场整定，简单易行。当然，这是一种近似的方法，有时可能略显粗糙，但相当适用，可解决一般实际问题。下面介绍几种常用的简易工程整定法。

1. *扩充临界比例度法*

这种方法适用于有自平衡特性的被控对象，这种方法整定数字调节器参数的步骤如下：

（1）选择一个足够短的采样周期，具体地说就是选择采样周期为被控对象纯滞后时间的 1/10 以下。

（2）用选定的采样周期使系统工作，工作时，去掉积分作用和微分作用，使调节器成为纯比例调节器，逐渐增大比例系数 K_P，直至系统对阶跃输入的响应达到临界振荡状态，记下此时的临界比例系数 K_K 及系统的临界振荡周期 T_K。

（3）选择控制度，所谓控制度就是以模拟调节器为基准，将 DDC 的控制效果与模拟调节器的控制效果相比较。控制效果的评价函数通常用误差平方面积 $\int_0^\infty e^2(t)\mathrm{d}t$ 表示 。

$$
控制度=\frac{\left[\int_0^\infty e^2(t)\mathrm{d}t\right]_{\mathrm{DDC}}}{\left[\int_0^\infty e^2(t)\mathrm{d}t\right]_{模拟}} \tag{5.58}
$$

实际应用中并不需要计算出两个误差平方面积，控制度仅表示控制效果的物理概念。通常，当控制度为 1.05 时，就可以认为 DDC 与模拟控制效果相当；当控制度为 2.0 时，DDC 比模拟控制效果差。

（4）根据选定的控制度，查表 5.1 求得 T、K_P、T_I、T_D 的值。

表 5.1　扩充临界比例度法整定参数

控制度	控制规律	T/T_K	K_P/K_K	T_I/T_K	T_D/T_K
1.05	PI	0.03	0.53	0.88	0.14
	PID	0.014	0.63	0.49	
1.20	PI	0.05	0.49	0.91	0.16
	PID	0.043	0.047	0.47	
1.50	PI	0.14	0.42	0.99	0.20
	PID	0.09	0.34	0.43	
2.00	PI	0.22	0.36	1.05	0.22
	PID	0.16	0.27	0.40	

2. 扩充响应曲线法

这一方法适用于多容量自平衡系统。参数整定步骤如下：

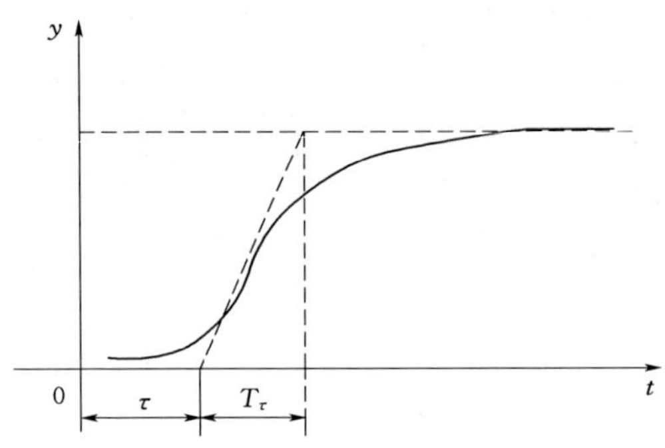

图 5.10　被调量在阶跃输入下的整个变化过程曲线

(1) 数字调节器不接入控制系统，让系统处于手动操作状态，将被调量调节到给定值附近，并使之稳定下来，然后突然改变给定值，给对象一个阶跃输入信号。

(2) 用记录仪表记录被调量在阶跃输入下的整个变化过程曲线，如图 5.10 所示。

(3) 在曲线最大斜率处作切线，求得滞后时间 τ，被控对象时间常数 T_τ 以及它们的比值 T_τ/τ。

(4) 由求得的 τ、T_τ 及 T_τ/τ 查表 5.2，即可求得数字调节器的有关参数 K_P、T_I、T_D 及采样周期 T。

表 5.2　扩充响应曲线法整定参数

控制度	控制规律	T	K_P	T_I	T_D
1.05	P	0.1τ	$0.84T_\tau/\tau$	0.34τ	0.45τ
	PID	0.05τ	$0.15T_\tau/\tau$	2.00τ	
1.20	P	0.20τ	$0.78T_\tau/\tau$	3.6τ	0.55τ
	PID	0.16τ	$1.00T_\tau/\tau$	1.90τ	
1.50	P	0.50τ	$0.68T_\tau/\tau$	3.90τ	0.65τ
	PID	0.34τ	$0.85T_\tau/\tau$	1.62τ	
2.00	P	0.80τ	$0.58T_\tau/\tau$	4.20τ	0.82τ
	PID	0.60τ	$0.60T_\tau/\tau$	1.50τ	

3. 归一参数整定法

除了上面讲的一般的扩充临界比例度法外，P. D Roberts 在 1974 年提出一种简化扩充临界比例度整定法。由于该方法只需整定一个参数即可，故称其为归一参数整定法。

增量型 PID 控制的公式：

$$\Delta u(n)=K_P\left\{e(n)-e(n-1)+\frac{T}{T_I}e(n)+\frac{T_D}{T}[e(n)-2e(n-1)+e(n-2)]\right\} \quad (5.59)$$

如令 $T=0.1T_K$，$T_I=0.5T_K$，$T_D=0.125T_K$（式中，T_K 为纯比例作用下的临界振荡周期），则有：

$$\Delta u(n)=K_P[2.45e(n)-3.5e(n-1)+1.25e(n-2)]$$

这样，整个问题便简化为只要整定一个参数 K_P。改变 K_P，观察控制效果，直到满意为止，该法为实现简易的自整定控制带来方便。

5.3 模 糊 控 制

5.3.1 模糊控制的定义及特点

5.3.1.1 模糊控制的定义

模糊控制系统是一种自动控制系统。它以模糊数学、模糊语言形式的知识表示、模糊逻辑以及模糊推理为理论基础，采用计算机控制技术构成的一种具有闭环结构的数字控制系统，它的组成核心是具有智能性的模糊控制器。

从控制结构上讲，与很多传统的控制系统一样，模糊控制系统是一种闭环控制系统。从实现手段上讲，在控制过程中，需要对被控量采样，并与设定值比较；控制器的输出是数字信号，进行数模转化后才能作用于被控对象。因此，需要采用计算机控制技术实现该数字控制系统。从知识结构上讲，设计模糊控制器需要模糊集合理论、模糊语言变量、模糊逻辑，以及模糊推理等知识，体现了人类智慧。因此，模糊控制系统是一种典型的智能控制系统。从控制方法上讲，模糊控制是一种具有“无模型”的非线性控制方法，对于那些采用传统定量技术分析过于复杂的过程，或者提供的信息是定性、非精确的、非确定的系统，模糊控制的效果相当明显。

5.3.1.2 模糊控制的特点

1. 无须知道被控对象的数学模型，鲁棒性好

在模糊控制系统中，根据被控量与设定值的偏差以及偏差的变化量，模拟人对被控对象的控制经验，通过模糊推理和决策得到控制信号，并不需要知道被控对象的数学模型。这就扩大了模糊控制的适用范围，特别适合于数学模型难以获取、动态特性不易掌握或者变化非常显著的被控对象。

在模糊控制系统中，无论被控对象是线性的，还是非线性的，都能进行有效的控制，具有良好的鲁棒性和适应性。

2. 控制行为反映人类智慧

在模糊控制器中，控制规则非常关键，该规则的制定通常来自于人对被控对象的控制经验，因而模糊控制行为反映了人类的智慧。

模糊控制的核心是控制规则，这些规则是以人类语言表示的，出发点是操作人员的经验或知识，如“衣服较脏，则投入洗涤剂较多，洗涤时间较长”。很明显，这些规则易被一般人所接受和理解。

3. 实现方便

可以采用单片机或其他处理器来构造模糊控制系统，其结构与一般的数字控制系统无异，模糊控制算法用软件实现，对系统的硬件要求不高。

5.3.2 模糊控制系统的组成

5.3.2.1 系统的组成

由于模糊控制系统是一种计算机控制系统，故其组成类似于一般的数字控制系统，如

图 5.11 所示。

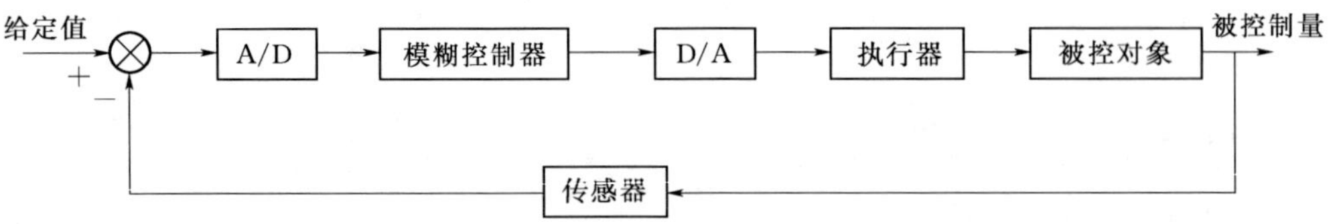

图 5.11　模糊控制系统组成方框图

模糊控制系统一般可以分为如下 4 个组成部分。

1. 模糊控制器

实现模糊控制算法，由微处理器实现。根据控制系统的需要，既可选用工控机，又可选用单板机、单片机、ARM 或 DSP 等微处理器。

2. 传感器

被控对象的输出量往往是非电量，如温度、压力、流量、浓度、湿度等，传感器是将被控对象的输出量转换为电信号（模拟或数字）的装置。

传感器在模糊控制系统中占有十分重要的地位，其精度往往直接影响整个控制系统。因此，在选择传感器时，应注意选择精度高且稳定性好的传感器。

3. 执行机构

通过输入接口，将被控对象输出的模拟量转化为数字量；通过输出接口，将模糊控制器输出的数字量转化为模拟量，再通过驱动装置，送给执行机构控制被控对象。在 I/O 接口装置中，除 A/D、D/A 转换外，还包括必要的电平转换电路。

4. 被控对象

被控对象可以是线性的或非线性的、定常的或时变的、单变量的或多变量的、有时滞的或无时滞的，以及有强干扰的等多种情况。

需要说明的是，被控对象缺乏精确的数学模型时，适宜选择模糊控制。当然，对于有较精确数学模型的被控对象也可以采用模糊控制。

5.3.2.2　模糊控制器的结构

模糊控制器的结构如图 5.12 所示，主要由如下 4 部分组成，即模糊化接口、知识库、推理机和模糊判决接口。

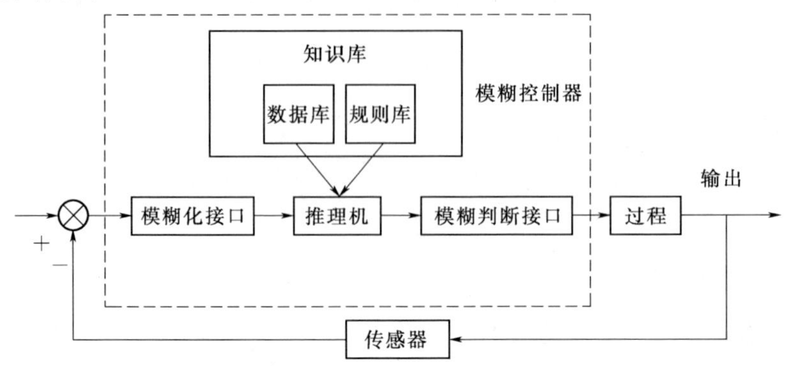

图 5.12　模糊控制器的基本结构

1. 模糊化接口

将系统的设定输入与被控对象输出的偏差以及偏差的变化量等信号作为系统的输入语言变量，根据在输入论域上定义的模糊语言值，将采用标量形式表示的偏差，以及偏差的变化量等信号转化为相应语言值的隶属度向量。

模糊化接口的作用是将精确量转化为模糊量，其中，精确量以标量的形式表示；而模糊量以向量的形式表示。这里，向量包含的分量个数与相应论域包含的元素个数相关，有几个元素，分量的个数就有几个；此外，分量的取值与该论域上定义的语言值相关。

模糊化接口的输入信号可以是 1 个，如偏差，也可以是 2 个或 3 个，如偏差和偏差的变化量，有时也包括偏差的累积量等，这通常由具体的控制任务决定。如果是 1 个输入信号，那么输入论域也只有 1 个；如果是 2 个输入信号，那么输入论域是 2 个，且通常 2 个论域上的元素是不同的。

在论域上定义的语言值可多可少，由控制精度而定。当输入信号不止一个时，在各自论域上定义的语言值的个数可以不相同。例如，在偏差论域上定义 3 个语言值，在偏差的变化量论域上定义 5 个语言值等。

2. 知识库

知识库用于存放模糊推理所需要的知识，包括数据库和规则库。数据库提供必要的定义，包括将基本论域转化为模糊论域时，量化等级的个数与取值、采用的量化方式；将模糊判决后的输出转化为控制信号的比例因子取值；在模糊论域上定义的语言值的隶属函数的类型与参数取值等。规则库表示模糊规则，以及多个规则之间的模糊关系。

基本论域是输入或者输出变量实际变化的范围，通常是连续论域；而模糊论域是对基本论域量化得到的含有有限个元素的论域，在该论域上定义模糊集合。

知识库通常根据专家的控制经验设计，也可以在已有知识库的基础上采用合适的学习方法，动态更新知识库。知识库的设计通常是离线进行的，即在对被控对象控制之前就完成了。当然，如果不能满足要求，也可以在线学习，如改变语言值的参数、控制规则的个数和形式等。

3. 推理机

推理机是模糊控制的核心，它利用知识库的信息模拟人的推理过程，给出合适的模糊输出，其实质是模糊推理。

推理机的输出是模糊集合，通常由隶属度向量表示，该向量包含的分量个数等于输出论域上元素的个数。推理机的输出虽然是一个模糊集合，但它可以不是在输出论域上定义的语言值，而可能是这些语言值的“混合”；相应地，它的隶属函数的形状可能很不规则。例如，可能既不是三角形，也不是梯形，而是一个多边形。

一般地，在模糊论域上定义的模糊集合均是凸的，但由推理机的输出产生的模糊集合不一定是凸的。

4. 模糊判决接口

在控制系统中，必须要有一个确定的值才能去控制或者驱动执行机构，而通过推理机得到的结果是一个模糊输出。在模糊输出中，取一个能最佳代表这个推理结果可能性的精确值的过程，就是精确化过程，或称去（逆、非）模糊化过程。由模糊判决接口完成。

对于同一个模糊输出集合，采用不同的精确化方法得到的精确值可能是不同的。采用不同的精确化方法，利用的模糊集合的信息是不同的，相应地，所需要的计算量也是不同的。

5.3.3　模糊控制系统的基本原理

5.3.3.1　模糊化运算

在模糊控制中，观测到的数据常常是清晰量。由于模糊控制器对数据进行处理是基于模糊集合的方法，因此对输入数据进行模糊化是必不可少的一步。模糊化运算就是将输入空间的观测量映射为输入论域上的模糊集合。在进行模糊化运算之前，首先需要对输入量进行尺度变换，使其变换到相应的论域范围（后面将对此进行专门讨论）。下面所讨论的模糊化运算中的输入量均假定为已经过尺度变换的量。

在模糊控制中，主要采用以下两种模糊化方法。

1. 单点模糊集合

若输入量数据 x_0 是准确的，则通常将其模糊化为单点模糊集合。设该模糊集合用 A 表示，则有：

$$\mu_A(x)=\begin{cases}1 & x=x_0\\0 & x\neq x_0\end{cases}\tag{5.60}$$

其隶属度函数如图 5.13 所示。

这种模糊化方法只是形式上将清晰量转变成了模糊量，而实质上它表示的仍是准确量。在模糊控制中，当测量数据准确时，采用这样的模糊化方法是十分自然和合理的。

2. 三角形模糊集合

若输入量数据存在随机测量噪声，则此时的模糊化运算相当于将随机量变换为模糊量。对于这种情况，可以取模糊量的隶属度函数为等腰三角形，如图 5.14 所示。三角形的顶点对应于该随机数的均值，底边的长度等于 2σ。σ 表示该随机数据的标准差。隶属度函数取为三角形，主要是考虑其表示方便，计算简单。另一种常用方法是取隶属度函数为铃形函数，即

$$\mu_A(x)=\mathrm{e}^{-\frac{x(-x_0)^2}{2\sigma^2}}\tag{5.61}$$

也就是正态分布的函数。

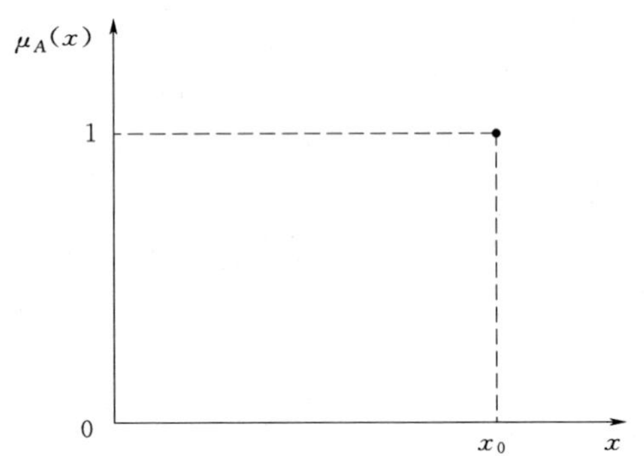

图 5.13　单点模糊集合的隶属度函数

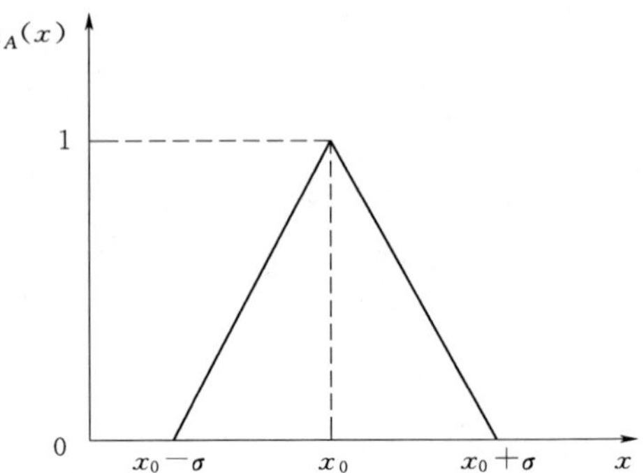

图 5.14　三角形模糊集合的隶属度函数

5.3.3.2 数据库

模糊控制器中的知识库由两部分组成：数据库和模糊控制规则库。首先讨论数据库，数据库中包含了与模糊控制规则及模糊数据处理有关的各种参数，其中包括尺度变换参数、模糊空间分割和隶属度函数的选择等。

对于任意的输入，模糊控制器均应给出合适的控制输出，这种性质称为完备性。模糊控制的完备性取决于数据库或规则库。

数据库方面，对于任意的输入，若能找到一个模糊集合，使该输入对于该模糊集合的隶属度函数不小于 ε，则称该模糊控制器满足 ε 完备性。如图 5.15 所示即为 $\varepsilon=0.5$ 的情况，它也是最常见的选择。

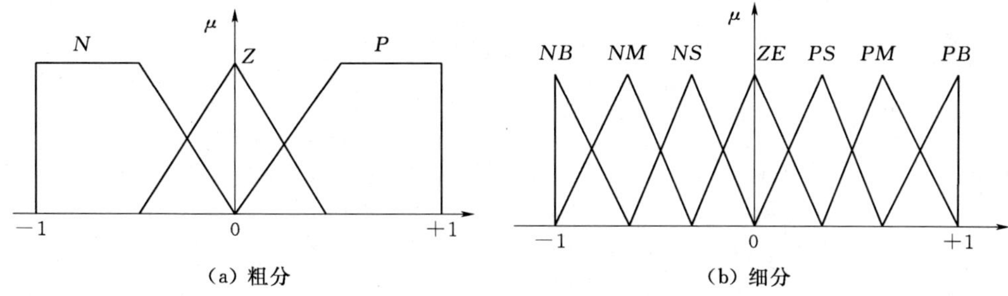

图 5.15 两个模糊分割的图形表示

规则库方面，模糊控制的完备性对于规则库的要求是，对于任意的输入应确保至少 1 个可适用的规则，而且规则的适用度应大于某个数，譬如说 0.5。根据完备性的要求，控制规则数不可太少。

1. 输入量变换

对于实际的输入量，第一步首先需要进行尺度变换，将其变换到要求的论域范围。变换的方法可以是线性的，也可以是非线性的。例如，若实际的输入量为 x_0^*，其变化范围为 $[x_{\min}^*, x_{\max}^*]$，要求的论域为 $[x_{\min}, x_{\max}]$，且采用线性变换，则

$$x_0=\frac{x_{\min}+x_{\max}}{2}+k\left(x_0^*-\frac{x_{\max}^*+x_{\min}^*}{2}\right) \tag{5.62}$$

式中：$k=\dfrac{x_{\max}-x_{\min}}{x_{\max}^*-x_{\min}^*}$为比例因子。

论域可以是连续的，也可以是离散的。若要求离散的论域，则需要将连续的论域离散化或量化。量化可以是均匀的，也可以是非均匀的。表 5.3 和表 5.4 分别给出了均匀量化和非均匀量化的情况。

表 5.3　　均 匀 量 化

量化等级	−6	−5	−4	−3	−2	−1	0	1	2	3	4	5	6
变化范围	≤−5.5	(−5.5 −4.5]	(−4.5 −3.5]	(−3.5 −2.5]	(−2.5 −1.5]	(−1.5 −0.5]	(−0.5 0.5]	(0.5 1.5]	(1.5 2.5]	(2.5 3.5]	(3.5 4.5]	(4.5 5.5]	>5.5

表 5.4　　非均匀量化

量化等级	−6	−5	−4	−3	−2	−1	0	1	2	3	4	5	6
变化范围	≤−3.2	(−3.2 −1.6]	(−1.6 −0.8]	(−0.8 −0.4]	(−0.4 −0.2]	(−0.2 −0.1]	(−0.1 0.1]	(0.1 0.2]	(0.2 0.4]	(0.4 0.8]	(0.8 1.6]	(1.6 3.2]	>3.2

2. 模糊分割

模糊控制规则中的输入和前提的语言变量构成模糊输入空间，结论的语言变量构成模糊输出空间。每个语言变量的取值为一组模糊语言名称，它们构成了语言名称的集合。每个模糊语言名称对应一个模糊集合。对于每个语言变量，其取值的模糊集合具有相同的论域。模糊分割时要确定对于每个语言变量取值的模糊语言名称的个数，模糊分割的个数决定了模糊控制精细化的程度。这些语言名称通常均具有一定的含义。例如，NB：负大(Negative Big)；NM：负中（Negative Medium)；NS：负小（Negative Small)；ZE：零(Zero)；PS：正小（Positive Small)；PM：正中（Positive Medium)；PB：正大（Positive Big)。图 5.15 给出了 2 个模糊分割的例子，论域均为［−1，+1］，隶属度函数的形状为三角形。如图 5.15（a）所示为模糊分割较粗的情况，如图 5.15（b）所示为模糊分割较细的情况。图中所示的论域为正则化（normalization）的情况，即 $x\in[-1,+1]$，且模糊分割时完全对称的。这里假设尺度变换时已经做了预处理而变换成这样的标准情况。在一般情况下，模糊语言名称也可为非对称和非均匀地分布。

模糊分割的个数也决定了最大可能的模糊规则的个数，如对于两输入单输入的模糊系统，若 x 和 y 的模糊分割数分别为 5 和 7，则最大可能的规则数为 $5\times7=35$。可见，模糊分割数越多，控制规则数也越多，因此模糊分割不可太细，否则需要确定太多的控制规则，这也是很困难的一件事。当然，模糊分割数太小将导致控制太粗略，难以对控制性能进行精心的调整。目前，尚没有一个确定模糊分割数的指导性的方法和步骤，仍主要依靠经验和试凑。

3. 模糊集合的隶属度函数

根据论域为离散和连续的不同情况，隶属度函数的描述也有如下两种方法：

(1) 数值描述方法。当论域为离散，且元素个数为有限时，模糊集合的隶属度函数可以用向量或者表格的形式来表示。表 5.5 给出了用表格表示的一个例子。

表 5.5　　数值描述方法的隶属度

元素 / 隶属度 / 糊模集合	−6	−5	−4	−3	−2	−1	0	1	2	3	4	5	6
NB	1.0	0.7	0.3	0	0	0	0	0	0	0	0	0	0
NM	0.3	0.7	1.0	0.7	0.3	0	0	0	0	0	0	0	0
NS	0	0	0.3	0.7	1.0	0.7	0.3	0	0	0	0	0	0
ZE	0	0	0	0	0.3	0.7	1.0	0.7	0.3	0	0	0	0
PS	0	0	0	0	0	0	0.3	0.7	1.0	0.7	0.3	0	0
PM	0	0	0	0	0	0	0	0	0.3	0.7	1.0	0.7	0.3
PB	0	0	0	0	0	0	0	0	1.0	0	0.3	0.7	1.0

在上面的表格中，每一行表示一个模糊集合的隶属度函数，如：

$$NS=\frac{0.3}{-4}+\frac{0.7}{-3}+\frac{1}{-2}+\frac{0.7}{-1}+\frac{0.3}{0}$$

（2）函数描述方法。对于论域为连续的情况，隶属度常用函数的形式来描述，最常见的有铃形函数、三角形函数、梯形函数等。下面给出铃型隶属度函数的解析式子：

$$\mu_A(x)=\mathrm{e}^{-\frac{(x-x_0)^2}{2\sigma^2}} \tag{5.63}$$

式中：x_0 为隶属度函数的中心值；σ^2 为方差。

图 5.16 为铃形隶属度函数的分布图。

隶属度函数的形状对模糊控制器的性能有很大影响。当隶属度函数比较窄瘦时，控制较灵敏；反之，控制较粗略和平稳。通常，当误差较小时，隶属度函数可取得较为窄瘦；误差较大时，隶属度函数可取得宽胖些。

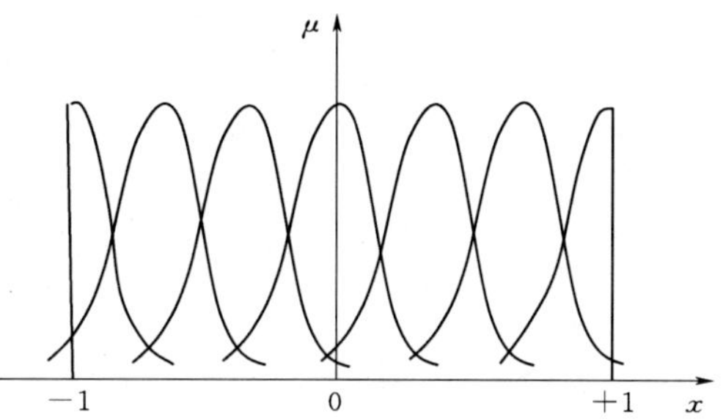

图 5.16 铃形隶属度函数的分布图

5.3.3.3 规则库

模糊控制规则库由一系列“IF－THEN”型的模糊条件语句构成。条件语句的前件为输入变量，后件为控制变量。模糊控制规则的前件和后件变量是指模糊控制器的输入和输出的语言变量。输出量即为控制量，输入量选什么以及选几个，根据要求来确定。输入量比较常见的是误差 e 和它的导数$\dot{e}$，有时还可以包括它的积分等。输入和输出语言变量的选择及其隶属度函数的确定，对于模糊控制器的性能有着十分关键的作用，它们的选择和确定主要是依靠经验和工程知识。

对模糊控制规则的性能要求主要有两个方面，①在满足完备性的条件下，尽量取较少的规则数，以简化模糊控制器的设计和便于实现；②保证模糊控制规则的一致性，模糊控制规则主要基于操作人员的经验，它取决于多种性能的要求，而不同的性能指标要求往往相互制约，甚至是相互矛盾的，这就要求模糊控制不能出现矛盾的情况。

模糊控制规则是模糊控制的核心。因此，如何建立模糊控制规则也就成了一个十分关键的问题。下面将讨论 4 种建立模糊控制规则的方法，它们之间并不是相互排斥的，相反，若能结合其中几种方法，则可以更好地帮助建立模糊规则库。

1. 基于专家经验和控制工程知识

在日常生活中，用于决策的大部分信息主要是基于语义的方式而非数值的方式，因此，模糊控制规则是对人类行为和进行决策分析过程的最自然的描述方式。这也就是它采用 IF－THEN 形式的模糊条件句的主要原因。

例如，电加热炉系统在阶跃输入 $y_r(t)$ 作用下，其输出 $y(t)$ 的过渡过程曲线，如图 5.17 所示。若借助专家对恒温控制的经验知识，则被控量 $y(t)$ 的调节过程大致如下：当 $y(t)$ 远小于 $y_r(t)$ 时，则大大增加控制量 $u(t)$；当 $y(t)$ 远大于 $y_r(t)$ 时，则大大减小控制量 $u(t)$；当 $y(t)$ 和 $y_r(t)$ 正负偏差不太大时，则根据 $y(t)$ 的变化趋势来确定控制量的大小。具体来说，当 $y(t)<y_r(t)$，被调量远离给定值（AB 段）时，增加控制量；当 $y(t)<y_r(t)$，被调量的变化有减小偏差的好趋势（BC 段）时，综合考虑偏差大小和偏差

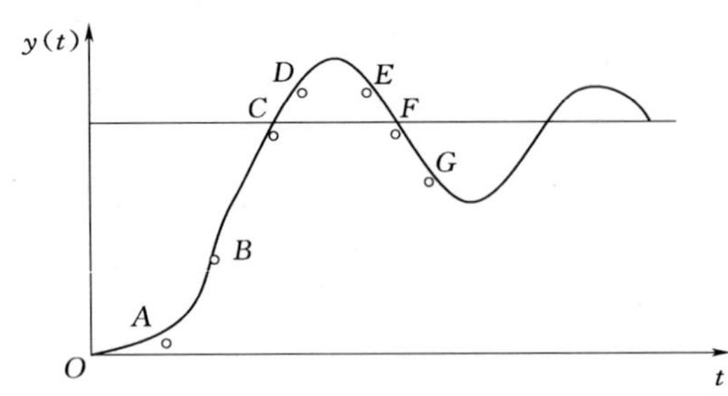

图 5.17　电加热炉系统单位阶跃响应曲线

变化率情况确定是稍增加、保持或减小控制量；当 $y(t)>y_r(t)$，被调量的变化有增加偏差的坏趋势（CD 段）时，则较多减少控制量；当 $y(t)>y_r(t)$，被调量变化平稳（DE 段）时，则减小控制量；当 $y(t)>y_r(t)$，被调量有减小偏差的好趋势（EF 段）时，则应综合考虑偏差大小和偏差变化率情况确定是减少、保持或稍增加控制量；当 $y(t)<y_r(t)$，被调量的变化有增加偏差的坏趋势（FG 段）时，则较大增加控制量。

针对上面的讨论，通过总结人类专家的经验，并用适当的语言来加以表述，最终可表示成模糊控制规则的形式。另一种方式是通过向有经验的专家和操作人员咨询，从而获得特定应用领域模糊控制规则的原型。在此基础上，再经一定的试凑和调整，可获得具有更好性能的控制规则。

2. 基于操作人员的实际控制工程

在许多人工控制的工业系统中，很难建立控制对象的模型，因此，用常规的控制方法来对其进行设计和仿真比较困难，而熟练的操作人员却能成功地控制这样的系统。事实上，操作人员有意或无意地使用了一组 IF - THEN 模糊规则来进行控制。但是，它们往往并不能用语言明确地将它们表达出来，因此，可以通过记录操作人员实际控制过程时的输入输出数据，并从中总结出模糊控制规则。

3. 基于过程的模糊模型

控制对象的动态特征通常可用微分方程、传递函数、状态方程等数学方法来加以描述，这样的模型称为定量模型或清晰化模型。控制对象的动态特征也可以用语言的方法来描述，这样的模型称为定性模型或模糊模型。基于模糊模型，也能建立起相应的模糊控制规律。这样设计的系统是纯粹的模糊系统，即控制器和控制对象均是用模糊的方法来加以描述的，因而它比较适合于采用理论的方法来进行分析和控制。

4. 基于学习

许多模糊控制主要是用来模仿人的决策行为，但很少具有类似人的学习功能，即根据经验和知识产生模糊控制规则并对它们进行修改的能力。Mamdani 于 1979 年首先提出了模糊自组织控制，它便是一种具有学习功能的模糊控制。该自组织控制具有分层递阶的结构，它包含有两个规则库：第一个规则库是一般的模糊控制规则库；第二个规则库由宏规则组成，它能够根据对系统的整体性能要求来产生并修改一般的模糊控制规则，从而显示了类似人的学习能力。自 Mamdani 的工作之后，近来又有不少人在这方面做了大量的研究工作。最典型的例子是 Sugeno 的模糊小车，它是具有学习功能的模糊控制车，经过训练后能够自动地停靠在要求的位置。

5.3.3.4　模糊推理

模糊控制中的规则通常来源于专家的知识，在模糊控制中，通过用一组语言描述的规则来表示专家的知识，通常具有如下形式，即

IF(满足一组条件)THEN(可以推出一组结论)

在 IF - THEN 规则中输入和前提条件及结论均是模糊的概念，如“若温度偏高，则加入较多的冷却水”，其中“偏高”和“较多”均为模糊量。常常称这样的 IF - THEN 规则为模糊条件句。因此，在模糊控制中，模糊控制规则也就是模糊条件句。其中前提条件为具体应用领域中的条件，结论为要采用的控制行动。对于多输入多输出（MIMO）模糊系统，则有多个输入和前提条件以及多个结论。

对于多输入多输出模糊控制器，其规则库具有如下形式：

$$R=\{R_{\mathrm{MIMO}}^{1},R_{\mathrm{MIMO}}^{2},\cdots,R_{\mathrm{MIMO}}^{n}\} \tag{5.64}$$

式中：R_{MIMO}^{i}表示如果 x 是 $A_i$and…and y 是 B_i，则 z_1 是 C_{i1}，…，z_q 是 C_{iq}。

R_{MIMO}^{i}的前件（输入和前提条件）是直积空间 $X\times\cdots\times Y$ 上的模糊集合，后件（结论）是 q 个控制作用的并，它们之间是相互独立的。因此，第 i 条规则 R_{MIMO}^{i}可以表示为如下的模糊蕴含关系，即

$$R_{\mathrm{MIMO}}^{i}:(A_i\times\cdots\times B_i)\rightarrow(C_{i1}+\cdots+C_{iq})$$

于是规则 R_{MIMO}^{i}可以表示为

$$\begin{aligned}R_{\mathrm{MIMO}}^{i}&=\{(A_i\times\cdots\times B_i)\rightarrow(C_{i1}+\cdots+C_{iq})\}\\&=\{[(A_i\times\cdots\times B_i)\rightarrow C_{i1}],\cdots,[(A_i\times\cdots\times B_i)\rightarrow C_{iq}]\}\\&=\{R_{\mathrm{MISO}}^{i1},R_{\mathrm{MISO}}^{i2},\cdots,R_{\mathrm{MISO}}^{iq}\}\end{aligned}$$

规则库 R 可表示为

$$\begin{aligned}R&=\{\bigcup_{i=1}^{n}R_{\mathrm{MIMO}}^{i}\}=\{\bigcup_{i=1}^{n}[(A_i\times\cdots\times B_i)\rightarrow(C_{i1}+\cdots+C_{iq})]\}\\&=\{\bigcup_{i=1}^{n}[(A_i\times\cdots\times B_i)\rightarrow C_{i1}],\cdots,\bigcup_{i=1}^{n}[(A_i\times\cdots\times B_i)\rightarrow C_{iq}]\}\\&=\{R_{\mathrm{MISO}}^{1},R_{\mathrm{MISO}}^{2},\cdots,R_{\mathrm{MISO}}^{q}\}\end{aligned}$$

可见，规则库 R 可以看成由 q 个子规则库所组成，每一个子规则库由 n 个多输入单输出的规则所组成。由于各个子规则是相互独立的，因此下面只考虑 MIMO 中一个子规则库的模糊推理问题，即只需考虑 MISO 子系统的模糊推理问题。其中第 i 条规则 R_{MIMO}^{i}是由 q 个独立的 MISO 规则组成的，即

$$R_{\mathrm{MIMO}}^{i}=\{R_{\mathrm{MISO}}^{i1},R_{\mathrm{MISO}}^{i2},\cdots,R_{\mathrm{MISO}}^{iq}\} \tag{5.65}$$

式中：R_{MISO}^{ij}表示如果 x 是 $A_i$and…and$y$ 是 B_i，则 z_j 是 C_{ij}。

为了不失一般性，考虑两个输入一个输出的模糊控制器。设已建立的模糊控制规则库为

$$\left.\begin{aligned}&R_1:\text{如果 } x \text{ 是 } A_1\text{and}y \text{ 是 } B_1,\text{则 } z \text{ 是 } C_1\\&\text{also}R_2:\text{如果 } x \text{ 是 } A_2\text{and}y \text{ 是 } B_2,\text{则 } z \text{ 是 } C_2\\&\cdots\\&\text{also}R_n:\text{如果 } x \text{ 是 } A_n\text{and}y \text{ 是 } B_n,\text{则 } z \text{ 是 } C_n\end{aligned}\right\} \tag{5.66}$$

式中：x、y、z 为代表系统状态和控制量的语言变量；x、y 为输入量；z 为控制量；A_i、B_i、$C_i(i=1,2,\cdots,n)$ 分别为语言变量 x、y、z 在其论域 X、Y、Z 上的语言变量值，所有规则组合在一起构成了规则库。

对于第 i 条规则“如果 x 是 $A_i$and$y$ 是 B_i，则 z 是 C_i”的模糊蕴含关系 R_i 定义为

$$R_i=(A_i\text{and}B_i)\rightarrow C_i \tag{5.67}$$

即 $$\mu R_i=\mu(A_i\text{and}B_i)\rightarrow C_i(x,y,z)=[\mu A_i(x)\text{and}\mu_{B_i}(y)]\rightarrow\mu_{C_i}(z) \tag{5.68}$$

式中："$A_i\text{and}B_i$"为定义在 $X\times Y$ 上的模糊集合 $A_i\times B_i$，$R_i=(A_i\text{and}B_i)\rightarrow C_i$ 是定义在 $X\times Y\times Z$ 上的模糊蕴含关系。

所有 n 条模糊控制规则的总模糊蕴含关系为（取连接词"also"为求并运算）

$$R=\bigcup_{i=1}^{n}R_i \tag{5.69}$$

设已知模糊控制器的输入模糊量为：x 是 $A'$and y 是 B'，则根据模糊控制规则进行模糊推理，可以得出输出模糊量 z（用模糊集合 C'表示）为

$$C'=(A'\text{and}B')\circ R \tag{5.70}$$

其中 $\mu(A'\text{and}B')(x,y)=\mu_{A'}(x)\wedge\mu_{B'}(y)$或 $\mu(A'\text{and}B')(x,y)=\mu_{A'}(x)\mu_{B'}(y)$

以上运算包括了 3 种主要的逻辑运算：and 运算、合成运算"∘"和蕴含运算"→"。在模糊控制中，and 运算通常采用求交（取小）或求积（代数积）的方法；合成运算"∘"采用最大-最小或最大-积（代数积）的方法；蕴含运算"→"采用求交（R_C）或求积（R_P）的方法。

5.3.3.5　清晰化计算

通过模糊推理得到的是模糊量，而对于实际的控制则必须为清晰量，因此需要将模糊量转换成清晰量，这就是清晰化计算所要完成的任务。清晰化计算通常有以下几种方法。

1. 平均最大隶属度法（mom）

若输出量模糊集合 C'的隶属度函数只有一个峰值，则取隶属度函数的最大值为清晰值，即 $\mu_{C'}(z_0)\geqslant\mu_{C'}(z),z\in Z$，式中，$z_0$ 表示清晰值。若输出量的隶属度函数有多个极值，则取这些极值的平均值为清晰值。

【例 5.3】 已知输出量 z_1 模糊集合为

$$C_1'=\frac{0.1}{2}+\frac{0.4}{3}+\frac{0.7}{4}+\frac{1.0}{5}+\frac{0.7}{6}+\frac{0.3}{7}$$

z_2 的模糊集合为

$$C_2'=\frac{0.3}{-4}+\frac{0.8}{-3}+\frac{1}{-2}+\frac{1}{-1}+\frac{0.8}{0}+\frac{0.3}{1}+\frac{0.1}{2}$$

求相应的清晰量 z_{10} 和 z_{20}。

根据最大隶属度法，很容易求得

$$z_{10}=\text{d}f(z_1)=5$$

$$z_{20}=\text{d}f(z_2)=(-2-1)/2=-1.5$$

2. 最大隶属度取最小值方法（som）

该方法取模糊集合中具有最大隶属度的所有点中的最小的一个作为去模糊化的结果。

3. 最大隶属度取最大值方法（lom）

该方法取模糊集合中具有最大隶属度的所有点中的最大的一个作为去模糊化的结果。

4. 中位数法（面积平分法 bisector）

中位数法是取 $\mu_{C'}(z)$ 的中位数作为 z 的清晰量，即 $z_0=\text{d}f(z)=\mu_{C'}(z)$ 的中位数，它满足 $\int_a^{z_0}\mu_{C'}(z)\text{d}z=\int_{z0}^{b}\mu_{C'}(z)\text{d}z$，也就是说，以 a 为下界，b 为上界，z_0 为分界，$\mu_{C'}(z)$

与 z 轴之间面积两边相等，如图 5.18 所示。

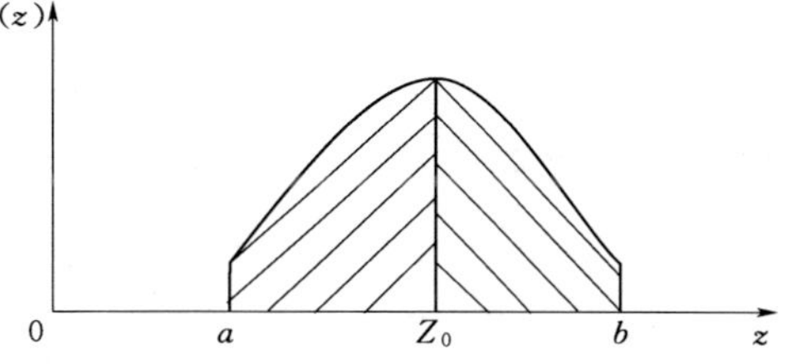

图 5.18 清晰化计算的中位数法

5. 加权平均法（质心法 Centroid）

加权平均法取 $\mu_{C'}(z)$ 的加权平均值为 z 的清晰值，即

$$z_0 = \mathrm{d}f(z) = \frac{\int_a^b z\mu_{C'}(z)\mathrm{d}z}{\int_a^b \mu_{C'}(z)\mathrm{d}z} \tag{5.71}$$

它类似于质心的计算，所以也称质心法。对于论域为离散的情况，则有

$$z_0 = \mathrm{d}f = \frac{\sum_{i=1}^{n} z_i\mu_{C'}(z_i)}{\sum_{i=1}^{n} \mu_{C'}(z_i)} \tag{5.72}$$

【例 5.4】 设条件同［例 5.3］，用加权平均法计算清晰值 z_{10} 和 z_{20}。

$$z_{10} = \frac{0.1\times2+0.4\times3+0.7\times4+1\times5+0.7\times6+0.3\times7}{0.1+0.4+0.7+1+0.7+0.3} = 4.84$$

$$z_{20} = \frac{0.3\times(-4)+0.8\times(-3)+1\times(-2)+1\times(-1)+0.8\times0+0.3\times1+0.1\times2}{0.3+0.8+1+1+0.8+0.3+0.1} = -1.42$$

在以上各种清晰化方法中，加权平均法应用最为普遍。在求得清晰值 z_0 后，还需经尺度变换变为实际的控制量。变换的方法可以是线性的，也可以是非线性的。若 z_0 的变化范围为 $[z_{min}, z_{max}]$，实际控制量的变化范围为 $[u_{min}, u_{max}]$，采用线性变换，则

$$u = \frac{u_{max}+u_{min}}{2} + k\left(z_0 - \frac{z_{max}+z_{min}}{2}\right)$$

式中：k 为比例因子，$k = \frac{u_{max}-u_{min}}{z_{max}-z_{min}}$。

5.3.4 模糊控制的应用实例

实现模糊控制算法，可概括为以下 4 个步骤：

步骤 1：通过被控对象输出值与系统给定值的比较，得到偏差信号的精确量。

步骤 2：将偏差信号的精确量转化为模糊量。

步骤 3：根据偏差信号的模糊量和模糊规则，通过模糊推理得到控制信号的模糊量。

步骤 4：将控制信号模糊量转化为精确量。

5.3.4.1 炉温模糊控制算法设计

以单输入单输出炉温控制系统为例，说明模糊控制算法是如何实现的。

某电热炉用于金属零件的热处理，按热处理工艺要求，需要保持炉温 600℃恒定不变。由于炉温受被处理零件的数量、体积，以及电网电压波动等因素的影响而变化，故设计炉温模糊控制器取代手动控制。

假定电热炉的供电电压是经可控硅整流电源提供的，那么它的电压连续可调。当手动控制时，根据对炉温的观测值调节电位器按钮，即可调节电热炉供电电压，达到升温或降

温的目的。

根据操作工人的经验，控制规则可以采用语言描述如下：

如果炉温低于 600℃，则升压；低得越多，升压越高。

如果炉温高于 600℃，则降压；高得越多，降得越低。

如果炉温等于 600℃，则保持电压不变。

设计炉温模糊控制器时，模糊控制算法的实现过程如下。

1. 确定输入和输出变量

将炉温 600℃作为设定值 t_0，第 k 次测量得到的炉温记为 $t(k)$，则炉温偏差为

$$e(k)=t(k)-t_0 \tag{5.73}$$

作为模糊控制器的输入变量。

本例中只需要炉温的偏差信号，因此模糊控制器的输入变量只选择一个。模糊控制器的输出变量是触发电压 u，由于该电压直接控制电热炉供电电压，所以又称输出变量为控制量。

2. 用模糊语言值描述输入输出变量

通过考察模糊规则可以知道，炉温高于还是低于设定值，可以通过偏差的正负描述；炉温比设定值高（低）的多少，可以通过偏差的大小描述；炉温等于设定值，可以通过偏差为零描述。类似地，可以描述电压与某确定值的关系。

鉴于此，输入及输出变量采用如下的语言值：

负大、负小、零、正小、正大

或写成　　NB、NS、O、PS、PB

为便于说明，这里仅考虑偏差 e 的模糊论域，记为 X，含有 7 个元素，或称 7 个等级，分别为−3，−2，−1，0，1，2，3，那么

$$X=\{-3,-2,-1,0,1,2,3\}$$

类似地，可以得到控制量 u 的模糊论域 Y 为

$$Y=\{-3,-2,-1,0,1,2,3\}$$

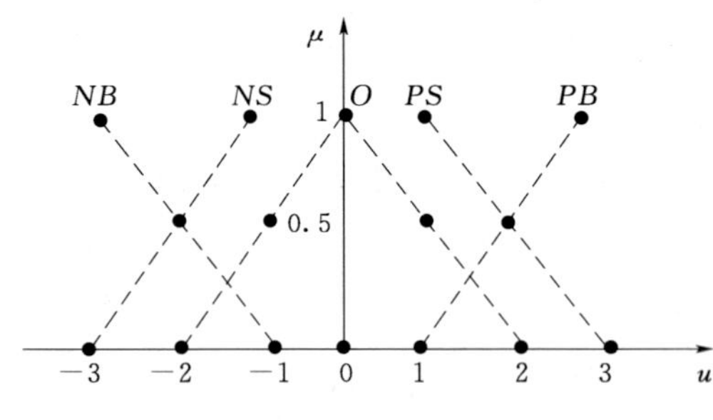

图 5.19　语言值的隶属函数曲线

分别在模糊论域 X 和 Y 上定义上述语言值，可以得到这些语言值的隶属函数。图 5.19 画出了这些语言值的隶属函数曲线。表 5.6 列出了论域中不同元素对这些语言值的隶属度。

描述一个语言值，既可以将其隶属函数的图形画在二维坐标系上，也可以采用表格表示。不管哪一种方式，只要给出论域中各元素的隶属度，该语言值就可以完全确定。由于模糊论域只包含很少的元素，因此从某种意义上讲，采用表格表示语言值更直观。

3. 模糊规则

根据手动控制策略、输入和输出变量，以及语言值的表示，模糊规则可表示见表 5.7，称为控制规则表。

表 5.6 论域元素对语言值的隶属度

隶属度 / 语言值 \ 元素	−3	−2	−1	0	1	2	3
PB	0	0	0	0	0	0.5	1
PS	0	0	0	0	1	0.5	0
O	0	0	0.5	1	0.5	0	0
NS	0	0.5	1	0	0	0	0
NB	1	0.5	0	0	0	0	0

表 5.7 控制规则表

e	NB	NS	0	PS	PB
u	PB	PS	0	NS	NB

模糊规则实际上确定了 X 到 Y 的模糊蕴涵关系，记为 $\underset{\sim}{R}$。由于 X 和 Y 均为有限论域，因此 $\underset{\sim}{R}$ 可以用矩阵表示为

$$\underset{\sim}{R}=(NB_e\times PB_u)\cup(NS_e\times PS_u)\cup(O_e\times O_u)\cup(PS_e\times NS_u)\cup(PB_e\times NB_u) \tag{5.74}$$

式中：NB_e 和 PB_u 分别表示 e 的语言值 NB 和 u 的语言值 PB，其他符号的含义可以类似地理解。

由于

$$NB_e\times PB_u=\begin{bmatrix}1\\0.5\\0\\0\\0\\0\\0\end{bmatrix}\circ\begin{bmatrix}0&0&0&0&0&0.5&1\end{bmatrix}=\begin{bmatrix}0&0&0&0&0&0.5&1\\0&0&0&0&0&0.5&0.5\\0&0&0&0&0&0&0\\0&0&0&0&0&0&0\\0&0&0&0&0&0&0\\0&0&0&0&0&0&0\\0&0&0&0&0&0&0\end{bmatrix}$$

$$NS_e\times PS_u=\begin{bmatrix}0\\0.5\\1\\0\\0\\0\\0\end{bmatrix}\circ\begin{bmatrix}0&0&0&0&1&0.5&0\end{bmatrix}=\begin{bmatrix}0&0&0&0&0&0&0\\0&0&0&0&0.5&0.5&0\\0&0&0&0&1&0.5&0\\0&0&0&0&0&0&0\\0&0&0&0&0&0&0\\0&0&0&0&0&0&0\\0&0&0&0&0&0&0\end{bmatrix}$$

$$O_e \times O_u = \begin{bmatrix} 0 \\ 0 \\ 0.5 \\ 1 \\ 0.5 \\ 0 \\ 0 \end{bmatrix} \circ [0 \quad 0 \quad 0.5 \quad 1 \quad 0.5 \quad 0 \quad 0] = \begin{bmatrix} 0 & 0 & 0 & 0 & 0 & 0 & 0 \\ 0 & 0 & 0 & 0 & 0 & 0 & 0 \\ 0 & 0 & 0.5 & 0.5 & 0.5 & 0 & 0 \\ 0 & 0 & 0.5 & 1 & 0.5 & 0 & 0 \\ 0 & 0 & 0.5 & 0.5 & 0.5 & 0 & 0 \\ 0 & 0 & 0 & 0 & 0 & 0 & 0 \\ 0 & 0 & 0 & 0 & 0 & 0 & 0 \end{bmatrix}$$

$$PS_e \times NS_u = \begin{bmatrix} 0 \\ 0 \\ 0 \\ 0 \\ 1 \\ 0.5 \\ 0 \end{bmatrix} \circ [0 \quad 0.5 \quad 1 \quad 0 \quad 0 \quad 0 \quad 0] = \begin{bmatrix} 0 & 0 & 0 & 0 & 0 & 0 & 0 \\ 0 & 0 & 0 & 0 & 0 & 0 & 0 \\ 0 & 0 & 0 & 0 & 0 & 0 & 0 \\ 0 & 0 & 0 & 0 & 0 & 0 & 0 \\ 0 & 0.5 & 1 & 0 & 0 & 0 & 0 \\ 0 & 0.5 & 0.5 & 0 & 0 & 0 & 0 \\ 0 & 0 & 0 & 0 & 0 & 0 & 0 \end{bmatrix}$$

$$PB_e \times NB_u = \begin{bmatrix} 0 \\ 0 \\ 0 \\ 0 \\ 0 \\ 0.5 \\ 1 \end{bmatrix} \circ [1 \quad 0.5 \quad 0 \quad 0 \quad 0 \quad 0 \quad 0] = \begin{bmatrix} 0 & 0 & 0 & 0 & 0 & 0 & 0 \\ 0 & 0 & 0 & 0 & 0 & 0 & 0 \\ 0 & 0 & 0 & 0 & 0 & 0 & 0 \\ 0 & 0 & 0 & 0 & 0 & 0 & 0 \\ 0 & 0 & 0 & 0 & 0 & 0 & 0 \\ 0.5 & 0.5 & 0 & 0 & 0 & 0 & 0 \\ 1 & 0.5 & 0 & 0 & 0 & 0 & 0 \end{bmatrix}$$

因而有

$$\underset{\sim}{R} = \begin{bmatrix} 0 & 0 & 0 & 0 & 0 & 0.5 & 1 \\ 0 & 0 & 0 & 0 & 0.5 & 0.5 & 0.5 \\ 0 & 0 & 0.5 & 0.5 & 1 & 0.5 & 0 \\ 0 & 0 & 0.5 & 1 & 0.5 & 0 & 0 \\ 0 & 0.5 & 1 & 0.5 & 0.5 & 0 & 0 \\ 0.5 & 0.5 & 0.5 & 0 & 0 & 0 & 0 \\ 1 & 0.5 & 0 & 0 & 0 & 0 & 0 \end{bmatrix}$$

4. 模糊推理

模糊控制器的模糊输出通过偏差的模糊向量 $\underset{\sim}{e}$ 和模糊关系 $\underset{\sim}{R}$ 的合成求取，即

$$\underset{\sim}{u} = \underset{\sim}{e} \circ \underset{\sim}{R} \tag{5.75}$$

假设偏差的精确值 e 为 1，由图 5.19 可知，其对应的模糊输入 $\underset{\sim}{e}$ 为

(0　0　0　0　1　0.5　0)，这时

$$\underset{\sim}{u}=\underset{\sim}{e}\circ\underset{\sim}{R}=[0\quad 0\quad 0\quad 0\quad 1\quad 0.5\quad 0]\circ\begin{bmatrix}0 & 0 & 0 & 0 & 0 & 0.5 & 1\\ 0 & 0 & 0 & 0 & 0.5 & 0.5 & 0.5\\ 0 & 0 & 0.5 & 0.5 & 1 & 0.5 & 0\\ 0 & 0 & 0.5 & 1 & 0.5 & 0 & 0\\ 0 & 0.5 & 1 & 0.5 & 0.5 & 0 & 0\\ 0.5 & 0.5 & 0.5 & 0 & 0 & 0 & 0\\ 1 & 0.5 & 0 & 0 & 0 & 0 & 0\end{bmatrix}$$

$$=[0.5\quad 0.5\quad 1\quad 0.5\quad 0.5\quad 0\quad 0]$$

或写成

$$\underset{\sim}{u}=\frac{0.5}{-3}+\frac{0.5}{-2}+\frac{1}{-1}+\frac{0.5}{0}+\frac{0.5}{1}+\frac{0}{2}+\frac{0}{3} \tag{5.76}$$

通过模糊决策，得到的控制器输出是模糊语言值，即模糊集合，该模糊集合不一定是凸模糊集。

5. 去模糊化

对上述模糊输出，按照隶属度最大原则去模糊化，可以得到精确输出为“−1”，即当偏差 e 为“1”时，控制量 $\underset{\sim}{u}$ 为“−1”。

实际控制时，模糊输出论域中的“−1”要变为精确量。“−1”这个等级控制电压的精确值，根据事先确定的范围是容易计算得出的。通过这个精确量去控制电热炉的电压，使炉温朝着减小偏差的方向变化。

采用完全相同的方法，可以得到与模糊输入论域的其他值对应的控制输出，见表5.8，称为模糊控制表。

表 5.8　　模 糊 控 制 表

e	−3	−2	−1	0	1	2	3
u	3	2	1	0	−1	−2	−3

本实例的目的在于，通过一个最简单的温控系统说明模糊控制算法设计的过程，为深入研究模糊控制器设计方法奠定基础。

5.3.4.2 基于 Simulink 的模糊逻辑系统的实现

MATLAB 的模糊逻辑工作箱提供了与 Simulink 的无缝连接功能。在模糊逻辑工作箱中建立了模糊推理系统后，可以立即在 Simulink 仿真环境中对其进行仿真分析。在 Simulink 中有相应的模糊逻辑控制器方块图（Fuzzy Logic Block），将该方块图复制到用户建立的 Simulink 仿真模型中，并使模糊逻辑控制器方块图的模糊推理矩阵名称与用户在 MATLAB 工作空间（Workspace）建立的模糊推理系统名称相同，即可完成将模糊推理系统与 Simulink 的连接。

Simulink 的模糊逻辑控制器方块图是一个建立在 S 函数 sffis.mex 基础上的屏蔽方块图。该函数的推理算法与模糊逻辑工作箱的 evalfis（）函数相同，但进行了针对 Simulink 仿真应用的优化。

在 Simulink 库浏览窗口的 Fuzzy Logic Toolbox 节点上，通过单击鼠标右键，便可打开如图 5.20 所示的 Fuzzy Logic Toolbox 模块库。

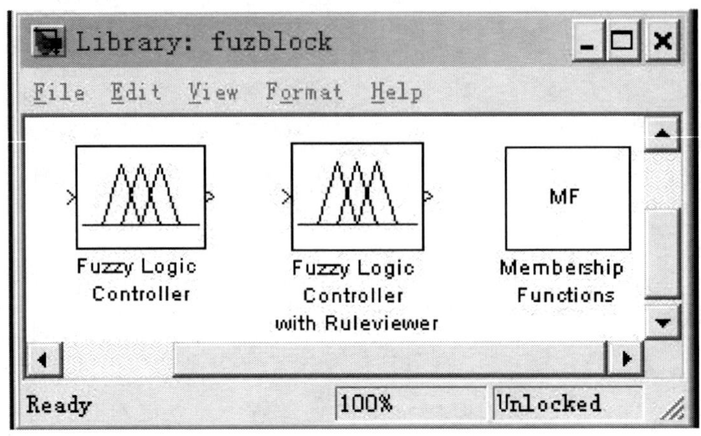

图 5.20　Fuzzy Logic Toolbox 模块库

在 Fuzzy Logic Toolbox 模块库中包含了以下 3 种模块：

（1）模糊逻辑控制器（Fuzzy Logic Controller）。

（2）带有规则浏览器的模糊逻辑控制器（Fuzzy Logic Toolbox with Ruleviewer）。

（3）隶属度函数模块库（Membership Functions）。

用鼠标双击隶属度函数模块库（Membership Functions）的图标，便可以打开如图 5.21 所示的隶属度函数模块库，它包含了多种隶属度函数模块。

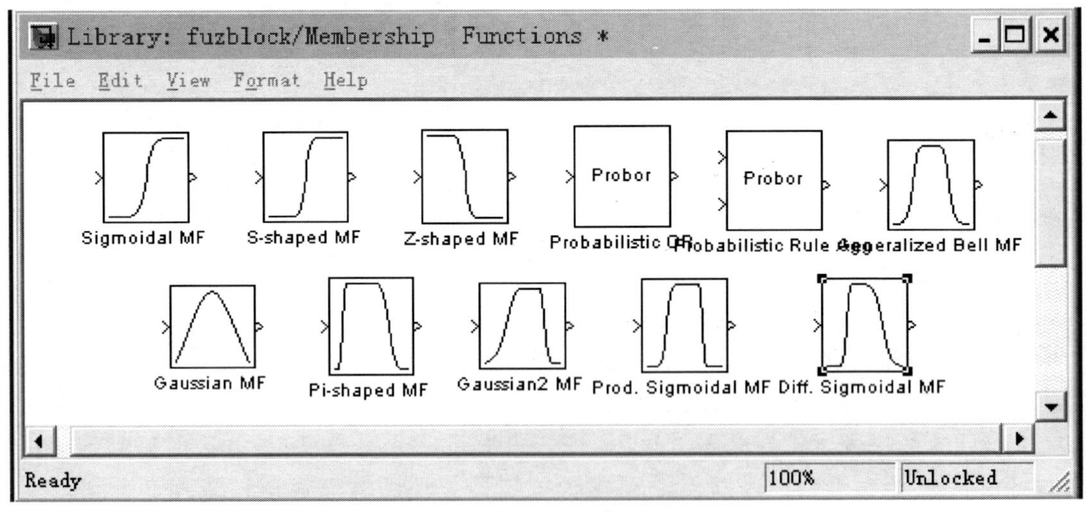

图 5.21　隶属度函数模块库

下面仅以 MATLAB 模糊工作箱中提供的一个水位模糊控制系统仿真的实例来说明模糊控制器（Fuzzy Logic Controller）的使用。

【例 5.5】　一个水位控制系统的 Simulink 仿真模型如图 5.22 所示。

采用如下的简单模型控制规则：

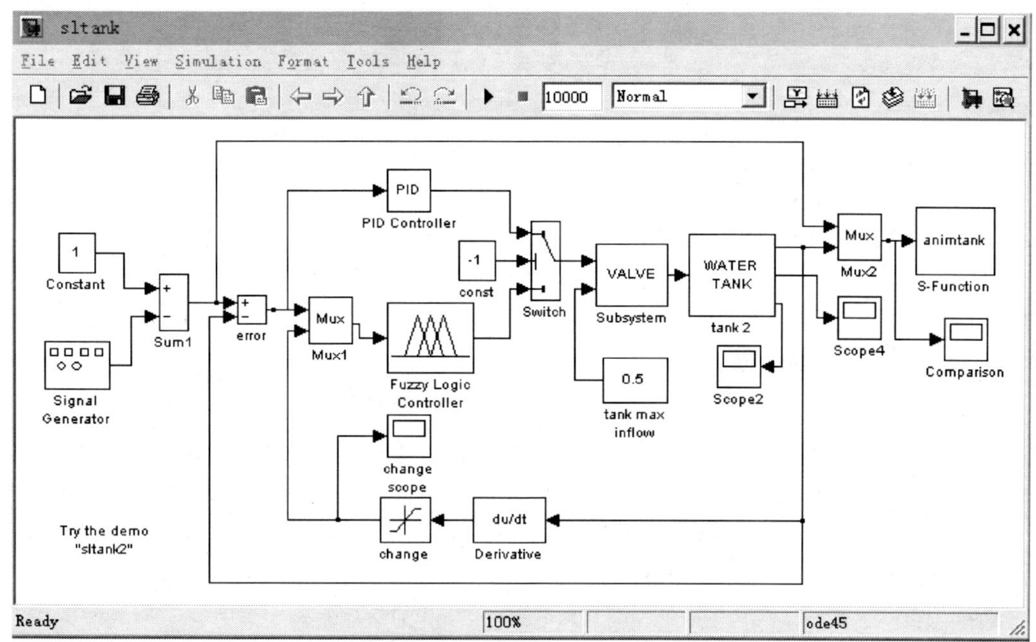

图 5.22　水位控制系统的 Simulink 仿真模型图

(1) If (水位误差小) then (阀门大小不变)。

(2) If (水位低) then (阀门迅速打开)。

(3) If (水位高) then (阀门迅速关闭)。

(4) If (水位误差小且变化率为正) then (阀门缓慢关闭)。

(5) If (水位误差小且变化率为负) then (阀门迅速打开)。

解：(1) 在 MATLAB 命令窗口输入：sltank，便可以打开如图 5.22 所示的模型窗口。

(2) 在 MATLAB 的 Launch Pad 窗口中，用鼠标双击模糊逻辑系统工具箱 (Fuzzy Logic Toolbox) 中的 FIS Editor Viewer 项，打开模糊推理系统编辑器 (FIS Editor)，如图 5.23 所示。

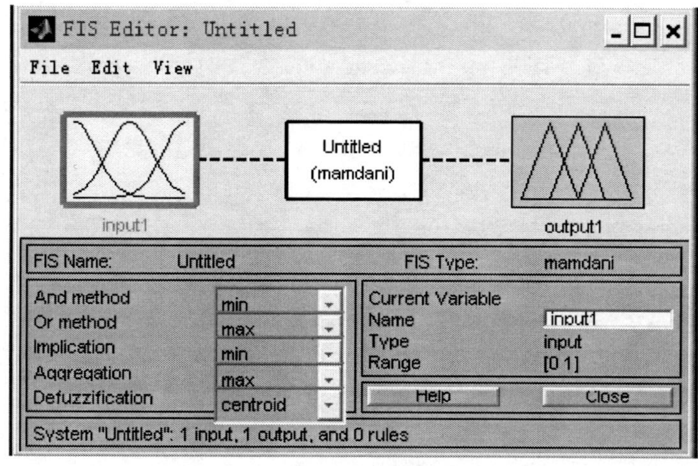

图 5.23　模糊推理系统编辑器图形界面

（3）利用 FIS Editor 编辑器的 Edit/Add input 菜单，添加一条输入语言变量，并将两个输入语言和一个输出语言变量的名称分别定义为：level；rate；valve。其中，level 代表水位；rate 代表水位变化率；valve 代表阀门开度。

（4）利用 FIS Editor 编辑器的 Edit/Membership Functions 菜单，打开隶属度函数编辑器（Membership Functions），将输入语言变量 level 的取值范围（Range）和显示范围（Display Range）设置为[−1，1]，隶属度函数类型（Type）设置为高斯型函数（gaussmf），而所包含的 3 条曲线的名称（Name）和参数（Params）（[宽度 中心点]）分别设置为：high、[0.3 −1];okay、[0.3 0]；low、[0.3 0]。其中 high、okay 和 low 分别代表水位高、刚好和低。

将输入语言变量 rate 取值范围（Range）和显示范围（Display Range）设置为[−0.1，0.1]，隶属度函数类型（Type）设置为高斯型函数（gaussmf），而所包含的 3 条曲线的名称（Name）和参数（Params）（[宽度 中心点]）分别设置为：negative、[0.03 −0.1]；none、[0.03 0]；positive、[0.03 0.1]。其中 negative、none 和 positive 分别代表水位变化率为负、不变和正。

将输入语言变量 valve 取值范围（Range）和显示范围（Display Range）设置为[−1，1]，隶属度函数类型（Type）设置为三角型隶属度函数（trimf），而所包含的 5 条曲线的名称（Name）和参数（Params）（[a b c]）分别设置为：close _ fast、[−1 −0.9 −0.8]；close _ slow、[−0.6 −0.5 −0.4]；no _ change、[−0.1 0 0.1]；open _ slow、[0.2 0.3 0.4]；open _ fast、[0.8 0.9 1]。其中，close _ fast 表示迅速关闭阀门；close _ slow 表示缓慢关闭阀门；no _ change 表示阀门大小不变；open _ slow 表示缓慢打开阀门；open _ fast 表示迅速打开阀门。这里，参数 a、b 和 c 指定三角型函数的形状，第二位值代表函数的中心点，第一、三位值决定了函数曲线的起始和终止点，如图 5.24 所示。

（5）利用编辑器的 Edit/Rules 菜单，打开模糊规则编辑器（Rules Editor），根据题给定的规则分别设置所给 5 条模糊控制规则，如图 5.25 所示。

（6）利用编辑器的 Files/Save to Workspace，将当前的模糊推理系统以 tank 文件名保存到工作空间中。

（7）在如图 5.23 所示的 Simulink 仿真系统中，打开 Fuzzy Logic Controller 模糊逻辑控制器模块对话框，在其 FIS Files or Structure 参数对话框中输入：tank ，如图 5.26 所示。

（8）在如图 5.23 所示的 Simulink 系统中，打开如图 5.27 所示的仿真参数设置窗口，正确设置仿真参数后，启动仿真，便可看到如图 5.28 所示的水位变化。

5.3.4.3　模糊控制的应用领域

1. 在家电中的应用

模糊电子技术是 21 世纪的核心技术，模糊家电是模糊电子技术的重要应用领域。所谓模糊家电，就是根据人的经验，在电脑或芯片的控制下，实现可模仿人的思维进行操作的家用电器，例如，模糊电视机可以根据室内光线的强弱，自动调整电视机的亮度，根据人与电视机的距离自动调整音量，同时能够自动调节电视机的色彩、清晰度和对比度等。模糊空调利用红外线传感器识别房间信息，如人数、温度、门开度大小等，快速调整室内

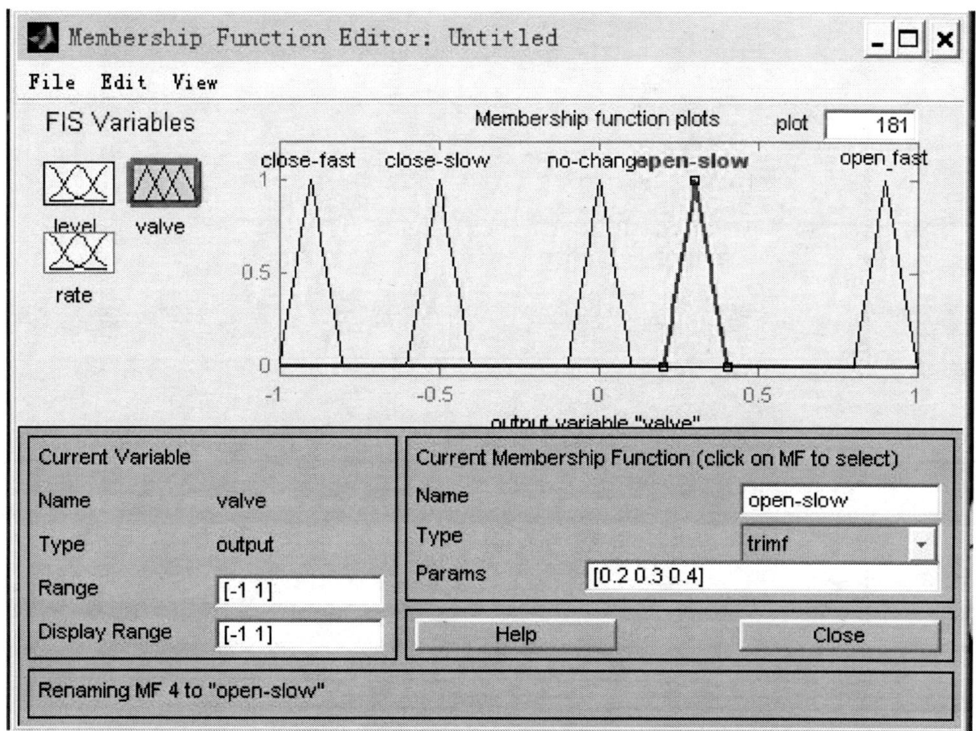

图 5.24 隶属度函数编辑器

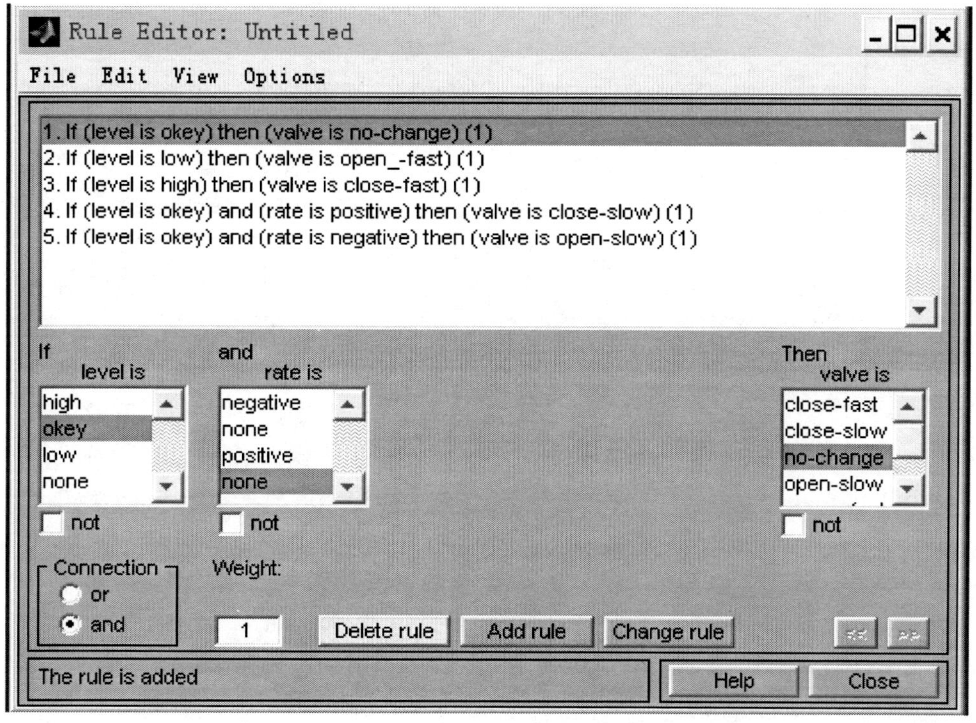

图 5.25 模糊规则编辑器

Function Block Parameters: Fuzzy Logic Controller
FIS (mask) (link)
FIS
Parameters
FIS file or structure:
tank
OK
Cancel
Help
Apply

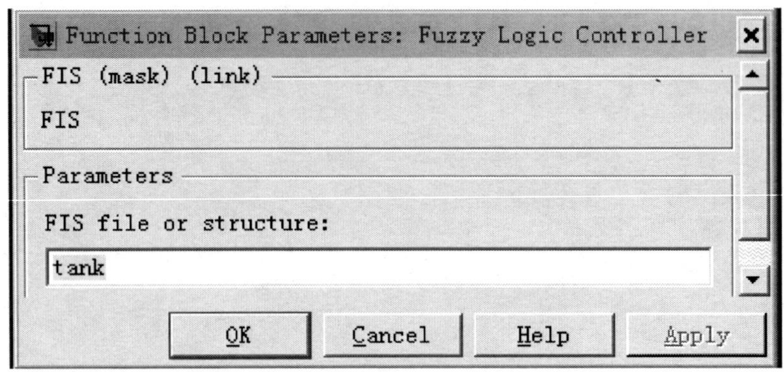

图 5.26　模糊逻辑控制器模块对话框

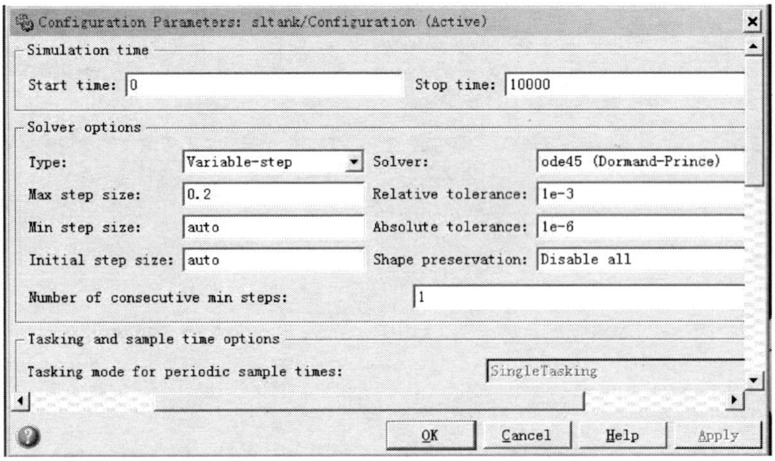

Configuration Parameters: sltank/Configuration (Active)
Simulation time
Start time: 0
Stop time: 10000
Solver options
Type: Variable-step
Solver: ode45 (Dormand-Prince)
Max step size: 0.2
Relative tolerance: 1e-3
Min step size: auto
Absolute tolerance: 1e-6
Initial step size: auto
Shape preservation: Disable all
Number of consecutive min steps: 1
Tasking and sample time options
Tasking mode for periodic sample times: SingleTasking
OK
Cancel
Help
Apply

图 5.27　仿真参数设置窗口

Water Level Control
Close

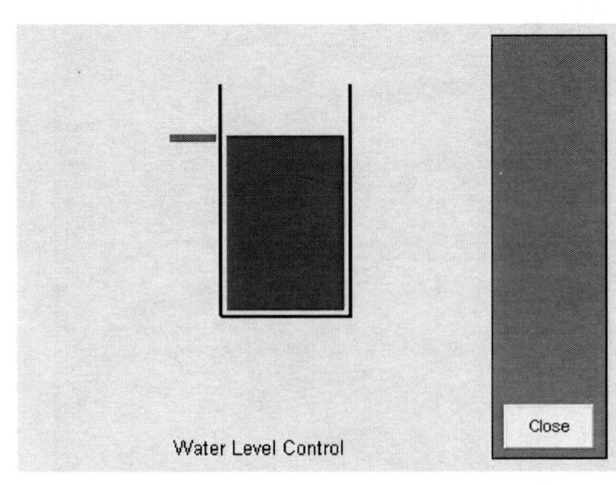

图 5.28　水位变化

温度，提高舒适感。模糊洗衣机能够自动识别洗衣物的重量、质地、污脏性质和程度，选择合理的水位、洗涤时间、水流程序等。

2. 在过程控制中的应用

在工业炉方面，有水泥窑、煤粉炉等的模糊控制；在石化方面，有蒸馏塔、废水 pH 值、污水处理系统等的模糊控制；在煤矿行业，有选矿破碎过程、分选过程、配煤过程等的模糊控制；在食品加工行业，有甜菜生产过程、酒精发酵温度等的模糊控制。

3. 在机电行业中的应用

包括集装箱吊车、空间机器人、交流随动系统、电梯群控系统、直流无刷电机调速等的模糊控制。

习　　题

5.1　简述计算机控制系统的一般控制过程。

5.2　简述中位值平均滤波法的使用方法和优缺点。

5.3　调节器的 P、PI、PD、PID 控制各有什么特点？它们各用于什么场合？

5.4　简述模糊控制系统的组成与工作原理。

5.5　举例说明模糊数学隶属函数的概念。

5.6　智能控制的主要研究内容是什么？研究工具有哪些？

5.7　简述广义预测控制算法实现的基本步骤。

第 6 章　微机控制系统的集成

微机控制系统的功能要素是通过具体的技术物理效应来实现的。一个功能要素可能是由一个功能模块，也可能是由若干个功能模块组成，或者是一个机电一体化的子系统。功能模块在形式上对于硬件表现为具体的设备、装置或电路板，对于软件则表现为具体的应用子程序或软件包，在进行机械工程领域的微机控制系统设计时，将功能模块视为构成系统的基本单元，根据系统集成的原理和方法，研究它们之间的输入输出关系，并以一定的逻辑关系连接起来，实现系统的总功能，因此机械工程的微机控制系统设计过程就是一个从模块到系统的设计过程，各模块之间的接口设计，系统的电磁兼容问题是进行系统集成的关键。

6.1　模块之间的级联设计

组成机电系统的各模块选定以后，就要把它们相互连接起来，为了保证各模块，主要是单元电路连接起来后仍能正常工作，并彼此配合地实现预期的功能，就必须认真地考虑各单元电路之间的级联问题，如电气特性的相互匹配、信号耦合方式和时序配合等。

6.1.1　电气性能的相互匹配

1. 阻抗匹配

信息的传输是靠能量流进行的。因此，设计机电系统的一条重要原则是要保证信息能量流最有效的传递。这个原则是由四端网络理论导出的，即信息传输通道中两个环节之间的输入阻抗与输出阻抗相匹配的原则。如果把信息传输通道中的前一个环节视为信号源，下一个环节视为负载，则可以用负载或输入阻抗 Z_L 对信号源的输出阻抗 Z_i 之比，即 $a_g=|Z_L|/|Z_i|$ 来说明这两个环节之间的匹配程度。

匹配程度 a_g 的大小决定于机电系统中两个环节之间的匹配方式。若要求信号源馈送给负载的电压最大，即实现电压匹配，则应取 $a_g \gg 1$；若要求信号源馈送给负载的电流最大，即实现电流匹配，则应取 $a_g \ll 1$；若要求信号源馈送给负载的功率最大，即实现功率匹配，则应取 $a_g=1$。

2. 负载能力匹配

负载能力的匹配实际上是前一级模块能否正常驱动后一级模块的问题，这在各模块之间均有，但特别突出的是在最后一级单元电路中，因为末级电路往往需要驱动执行机构，如果驱动能力不够，则应增加一级功率驱动单元。在模拟电路里，如对驱动能力要求不高，可采用由运放构成的电压跟随器，否则需采用功率集成电路，或互补对称输出电路。在数字电路里，则采用达林顿驱动器、射极跟随器或反相器。当然，并非一定要增加一级驱动电路，在负载不是很大的场合，往往可改变一下电路参数，就可满足要求。总之，应视负载大小而定。

3. 电平匹配

电平匹配问题在数字电路中经常遇到。若高低电平不匹配，则不能保证正常的逻辑功能，为此，必须增加电平转换电路。比如 CMOS 集成电路与 TTL 集成电路之间的连接，当两者的工作电源不同时（如 CMOS 为＋15V，TTL 为＋5V），两者之间必须加电平转换电路。特别是，低功率处理器如 DSP、STM32 等外设接口电压规范通常为 3V（2.7～3.3V）标准，而一些常用的外围接口芯片的电平为 5V，二者之间必须进行电平转换。

6.1.2　信号耦合

常见的单元电路之间的信号耦合方式有 4 种：直接耦合、阻容耦合、变压器耦合和光电耦合。

1. 直接耦合方式

直接耦合方式是上一级单元电路的输出直接或通过电阻与下一级单元电路的输入相连接。这种耦合方式最简单，它可把上一级输出的任何波形的信号送到下一级单元电路。但是，这种耦合方式在静态情况下，存在两个单元电路的相互影响。在电路分析与计算时，必须加以考虑。

2. 阻容耦合方式

阻容耦合方式是通过电容 C 和电阻 R 把上一级的输出信号耦合到下一级去，电阻 R 的另一端可以接电源 V_{cc}，亦可接地，这要视下一级单元电路的要求而定。有时电阻 R 即为下一级的输入电阻，如图 6.1 所示。

这种耦合方式的特点是“隔直传变”，即阻止上一级输出中的直流成分送到下一级，仅把交变成分送到下一级。因此，两级之间在静态情况下不存在相互影响，彼此可视为独立的。

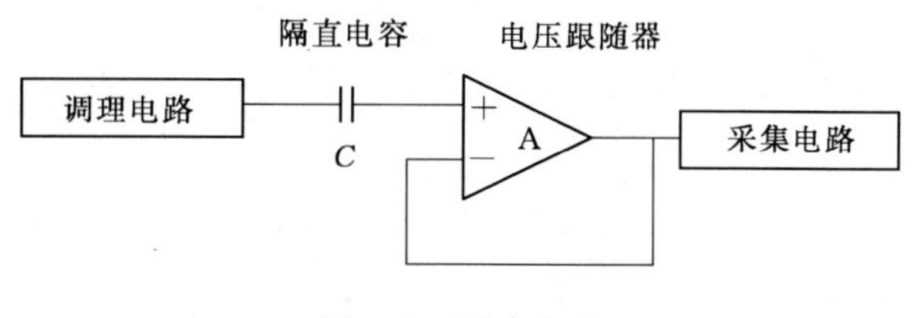

图 6.1　隔直电容

这种耦合方式用于传送脉冲信号时，应视阻容时间常数 $\tau=RC$ 与脉冲宽度 b 之间的相对大小来决定是传送脉冲的跳变沿，还是不失真地传送整个脉冲信号。当 $\tau \ll b$ 时，称为微分电路，它只传送跳变沿；当 $\tau \gg b$ 时，称为耦合电路，传送整个脉冲。

3. 变压器耦合方式

变压器耦合方式是通过变压器的原副边绕组，把上一级信号耦合到下一级去，由于变压器副边电压中只反映变化的信号，故它的作用也是“隔直传变”。

变压器耦合的最大优点是可以通过改变匝比与同名端，实现阻抗匹配和改变传送到下一级信号的大小与极性，以及实现级间的电气隔离。但它的最大缺点是制造困难、不能集成化、频率特性差、体积大、效率低。因此，这种耦合已很少采用。

4. 光电耦合方式

光电耦合方式是通过光耦器件把信号传送到下一级，上一级输出信号通过光电耦合器件中的发光二极管，使其产生光，光作用于达林顿光敏三极管基极，使管子导通，从而把上一级信号传送到下一级。它既可传送模拟信号，亦可传送数字信号。但目前传送模拟信号的线性光电耦合器件比较贵，故多数场合中用来传送数字信号。

光电耦合方式的最大特点是实现上、下级之间的电气隔离，加之光电耦合器件体积小、质量轻、开关速度快，因此，在数字电子电路的输入、输出接口中，常常采用光电耦合器件进行电气隔离，以防止干扰侵入。

在以上 4 种耦合方式中，变压器耦合方式应尽量少用；光电耦合方式通常只在需要电气隔离的场合中采用；直接耦合和阻容耦合是最常用的耦合方式，至于两者之间如何选择，主要取决于下一级单元电路对上一级输出信号的要求。若信号是随时间变化的，通常采用阻容耦合，以避免前级电路的零漂传到后一级；若信号不随时间变化或随时间变化缓慢，则可当作直流信号对待，通常采用直接耦合。

6.1.3　时序配合

各模块之间的信号的时序在数字系统中是非常重要的，哪个信号作用在前，哪个信号作用在后，以及作用时间长短等，都是根据系统正常工作的要求而决定的。换句话说，一个数字系统有一个固定的时序。时序配合错乱，将导致系统工作失常。

时序配合是一个十分复杂的问题，为确定每个系统所需的时序，必须对该系统中各单元电路的信号关系进行仔细的分析，画出各信号的波形关系图——时序图，确定出保证系统正常工作下的信号时序，然后提出实现该时序的措施。

单纯的模拟电路不存在时序问题，但在模拟与数字混合组成的系统中则存在时序问题。例如，图 6.2 就是用于视觉检测的线阵 CCD 芯片 TCD1209D 的驱动时序。其中，SH 为行周期脉冲，ϕ_1 和 ϕ_2 是 2 路驱动脉冲、RS 为复位脉冲，CP 为缓冲控制脉冲。

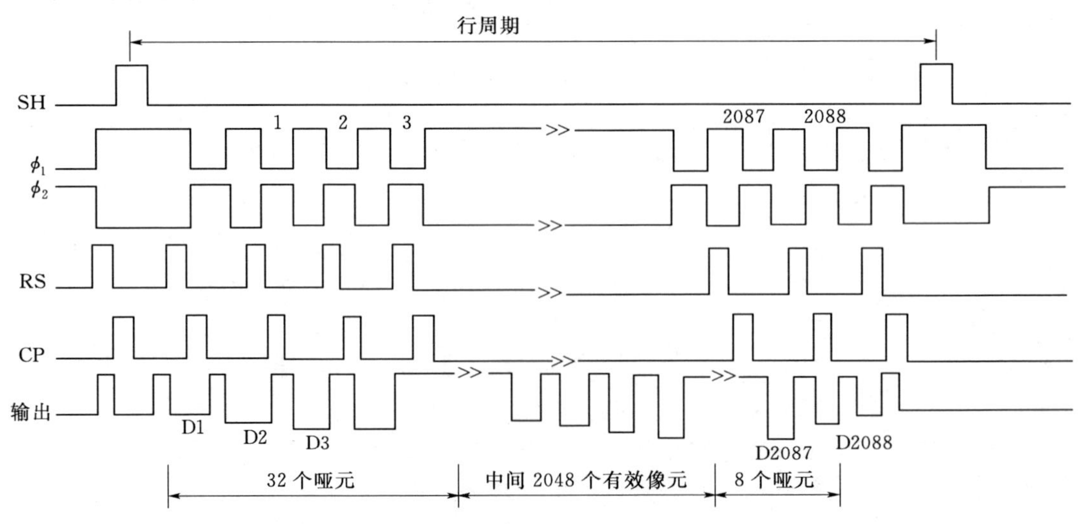

图 6.2　TCD1209D 的驱动脉冲波形图

6.1.4 电平转换接口

TTL电路即晶体管——晶体管逻辑电路，它具有比较快的开关速度、比较强的抗干扰能力以及足够大的输出幅度，带负载能力也比较强。所以，得到了最为广泛的应用。

然而，TTL电路毕竟不能满足生产实际中不断提出来的各种新的要求，例如高速、高抗干扰、低功耗等，因而又出现了HTL、ECL、CMOS等各种数字集成电路。在微机化机电测控系统中，习惯于用TTL电路作为基本电路元件，根据需要可能采用HTL、CMOS、ECL等芯片，因此，存在TTL电路与这些数字电路的接口问题。

6.2 机电系统的电磁兼容

电磁兼容是指机电系统及电子设备在共同的电磁环境中能执行各自功能的共存状态，即在同一电磁环境中的各种设备都能正常工作又互不干扰，达到“兼容”状态。电磁兼容学科是20世纪60年代发展起来的一门综合性学科，是与电磁环境密切相关的一门综合性极强的边缘科学。

我国对电磁兼容（Electromagnetic Compatibility，EMC）的研究，与其他科学技术相比，滞后于国外，1978年成立了一系列与EMC有关的学术组织，制定出等同或等效采用国际电工委员会IEC、国际电工委员会无线电干扰特别委员会CISPR等组织的EMC标准。我国是IEC/TC77的成员国，1994年，在全国无线电干扰委员会和国内TC77归口工作基础上，成立了全国电磁兼容标准化联合工作组，全面规划以IEC6100系列为主的电磁兼容标准体系和具体目标。1999年以来，已陆续制订出一批等同或等效采用IEC6100的国家标准，规范我国EMC认证体系。例如，作为典型的机电类产品，汽车行业率先进行了电磁兼容标准制定和实施，在1992年就制定了GB 14023—92，现在已经修订为GB 14023—2011《车辆、船和内燃机无线电骚扰特性用于保护车外接收机的限值和测量方法》（等效于CISPR 12：2009）。

EMC包括两方面的含义，电磁干扰（Electromagnetic Interference，EMI）和电磁敏感度（Electromagnetic Susceptibility，EMS），本章主要介绍机电系统中电磁干扰的抑制。

干扰源对电子设备的干扰是通过一定耦合形式进行，无论是内部干扰还是外部干扰，都是通过“路”（传输线路或电路）或“场”（静电场或交变电磁场）耦合到被干扰的电子设备的。按传播途径分类，电磁干扰源将电磁噪声能量耦合到被干扰对象有传导干扰和辐射干扰两种方式，如图6.3所示。

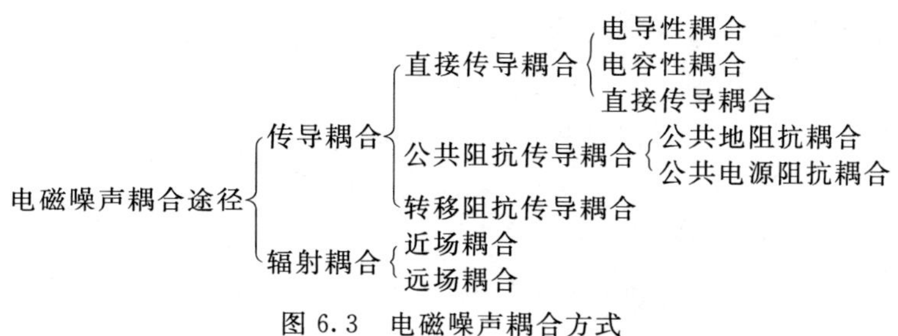

图6.3 电磁噪声耦合方式

电磁兼容性设计是目前电子设备及机电一体化系统设计时考虑的一个重要方面，其核心是抑制电磁干扰。各种干扰是机电一体化系统和装置出现瞬时故障的主要原因，提高机电一体化系统的抗干扰能力必须从设计阶段开始，并贯穿在制造、调试和使用维护的全过程。电磁干扰的抑制要从其三要素着手，即考虑干扰源、传播途径、敏感设备 3 个方面，控制干扰源，切断干扰耦合途径，保护敏感设备。常用的方法有接地、屏蔽、滤波、隔离等。

6.2.1　接地技术

1. 地线种类

“地”是电路或系统中为各个信号提供参考电位的一个等电位点或等电位面，所谓“接地”就是将某点与一个等电位点或等电位面之间用低电阻导体连接起来，构成一个基准电位。

机电工程的测控系统中地线有以下几种：

(1) 信号地。在测试系统中，原始信号是用传感器从被测对象获取的，信号源地是指传感器本身的零电位基准线。

(2) 模拟地。模拟信号的参考点，所有组件或电路的模拟地最终都归结到供给模拟电路的直流电源的参考点上。

(3) 数字地。数字信号的参考点，所有组件或电路的数字地最终都与供给数字电路的直流电源的参考点相连。

(4) 负载地。是指大功率负载或感性负载的地线。当这类负载被切换时，它的地电流中会出现很大的瞬态分量，对低电平的模拟电路乃至数字电路都会产生严重干扰，通常把这类负载的地线称为噪声地。

(5) 系统地。为避免地线公共阻抗的有害耦合，模拟地、数字地、负载地应严格分开，并且要最后汇合在一点，以建立整个系统的统一参考电位，该点称为系统地。系统或设备的机壳上的某一点通常与系统地相连接，供给系统各个环节的直流稳压或非稳压电源的参考点也都接在系统地上。

2. 印刷电路板的地线布局

在包含模/数或数/模转换器的单元印刷电路板上，既有模拟电源，又有数字电源，处理这些电源地线的原则如下：

(1) 模拟地和数字地分设，通过不同的引脚与系统地相连，各个组件的模拟地和数字地引脚分别连到电路板上的模拟地线和数字地线上，模拟地和数字地线之间采用低阻值的电阻（通常为 0 或 2Ω，但要有一定的电感）隔开。

(2) 尽可能减少地线电阻，地线宽度要选取大一些（支线宽度通常不小于 2～3mm，干线宽度不小于 8～10mm），但又不能随意增大地线面积，以免增大电路和地线之间的寄生电容。

(3) 模拟地线可用来隔离各个输入模拟信号之间，以及输出和输入信号之间的有害耦合。通常可在需要隔离的两个信号线之间增设模拟地线。数字信号亦可用数字地线进行隔离。

6.2.2 屏蔽技术

由于机电系统的工作现场往往存在强电设备，这些设备的磁力线或电力线会干扰检测或控制模块的正常工作。为了防止这种干扰，可利用低电阻的导电材料或高导磁率的铁磁材料制成容器，对易受干扰的部分实行屏蔽，以达到阻断或抑制各种场干扰的目的。

屏蔽的类型主要有静电屏蔽、电磁屏蔽和磁屏蔽。

1. 静电屏蔽

根据电学原理，在静电场作用下，空心导体如果腔内没有静电荷，导体内和空腔内任何一点处的场强都等于零，剩余电荷只能分布在外表面。因此，如果把某一物体放入空心导体的空腔内，该物体就不受任何外电场的影响，这就是静电屏蔽的原理。

如果空心导体B的空腔内放有一个带电体A，如图6.4所示，由于静电感应，在金属盒B的内外表面将分别出现等量异号的感应电荷，B外表面的电荷所产生的电场就会对外界产生影响。如图6.4（a）所示。为了消除这种影响，可将金属盒B接地，则外表面的感应电荷将因接地而消失，相应的电场也随之消失，这就消除了金属盒内带电体对盒外的影响，如图6.4（b）所示。

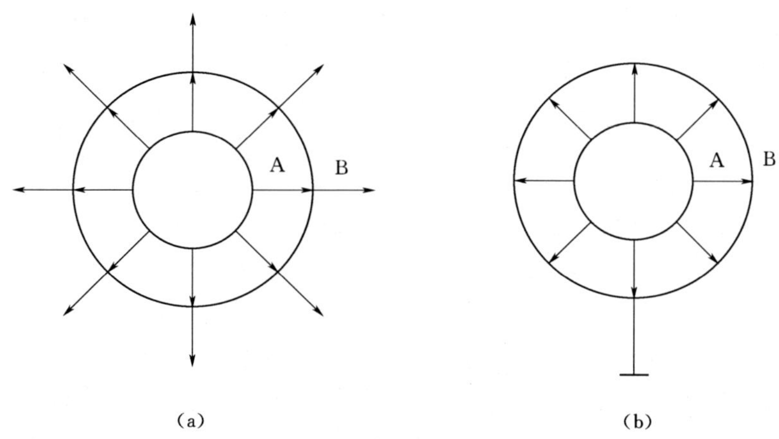

图6.4 静电屏蔽

通过以上分析可知，用一个金属屏蔽盒罩住被干扰的电路，且将金属盒接地，则可消除外部的静电干扰；如果用一个金属盒罩住干扰源，且将金属盒接地，则可抑制干扰源对外部的干扰。

为了达到较好的静电屏蔽效果，应选用低电阻材料作屏蔽盒，一般以铜或铝为佳。屏蔽盒都应有良好的接地，伸出屏蔽盒以外的导线应越短越好。

2. 电磁屏蔽

电磁屏蔽主要是抑制高频电磁场的干扰。高频电磁场能在导电性能良好的金属导体内产生涡电流，人们利用涡电流产生的反磁场来抵消高频干扰磁场，从而达到电磁屏蔽的目的。

电磁屏蔽的材料也应选用低内阻的金属材料，例如铜、铝或镀银铜板等。为了兼顾静电屏蔽的作用，屏蔽罩应接地。

3. 磁屏蔽

磁屏蔽主要用来防止低频磁场干扰。因为电磁屏蔽对低频磁场干扰的屏蔽效果很差，人们利用高导磁材料（例如玻莫合金）制成屏蔽罩，使低频磁场干扰的磁力线大部分在屏蔽罩内构成回路，泄漏到屏蔽罩外的干扰磁通就很少，从而达到抑制低频磁场干扰的目的。

屏蔽结构形式主要有屏蔽罩、屏蔽栅网、屏蔽铜箔、隔离仓和导电涂料等。屏蔽罩一般用无孔隙的金属薄板制成。屏蔽栅网一般用金属编制网或有孔金属薄板制成，既有屏蔽作用，又有通风作用。屏蔽铜箔一般是利用多层印制电路板的一个铜箔面作为屏蔽板。隔离仓是将整机金属箱体用金属板分隔成多个独立的隔仓，从而将各部分电路分别置于各个隔仓之内，用以避免各个电路部分之间的电磁干扰与噪声影响。导电涂料是在非金属的箱体内、外表上喷一层金属涂层。此外，还有编织网做成的电缆屏蔽线，用金属喷涂层覆盖密封电子组件屏蔽等。

6.2.3　共模干扰的抑制

要抑制共模干扰，必须从两方面着手，一方面要设法减小共模电压 U_{cm}；另一方面要设法减小共模增益 K_C 或提高共模抑制比 CMRR。接地和屏蔽是减少 U_{cm} 的主要方法，下面介绍其他抑制共模干扰的措施。

如图 6.5 所示，当信号源和系统地都接大地时，两者之间就构成了接地环路。两个接地点之间的电位差即地压（等于大地电阻与大地电流的乘积），随两者的距离增大而增大。尤其在高压电力设备附近，大地的电位梯度可以达到每米几伏甚至几十伏。地电压经过信号源内阻、连线电阻和负载电阻产生地环流，并在负载电阻上形成共模干扰电压，如果把连线断开接入“隔离器”，如图 6.5（a）所示。该“隔离器”对差模信号是“畅通”的，而对“共模信号”却呈现很大的电阻，相当于负载电阻增为无穷大，即断开地环路，则共模干扰电压将大大减少，同时流过信号源的漏电流也大大减少。

（1）隔离变压器。图 6.5（a）表示在两根信号线上加进一只隔离变压器，由于变压器的次级输出电压只与初级绕组两输入端的电位差成正比，因此，它对差模信号是“畅通”的，共模信号则是个“陷阱”。采取隔离变压器断开地环路适用于 50Hz 以上的信号，在低频，特别是超低频时非常不合适，因为变压器为了能传输低频信号，必然要有很大电感和体积，初次级之间圈数很多就会有较大的寄生电容，共模信号就会通过变压器初次级间的寄生电容而在负载上形成干扰。隔离变压器的初次级绕组间要设置静电屏蔽层，并且接地，这样就可减少初次级寄生电容，以达到抑制高频干扰的目的。

（2）纵向扼流圈。图 6.5（b）表示在两根信号线上接入一只纵向扼流圈（也称中和变压器）。由于扼流圈对低频信号电流阻抗很小，对纵向的噪声电流却呈现很高的阻抗。因此，这种作法特别适用于超低频。在两根导线上流过的信号电流是方向相反、大小相等，而流经两根导线的噪声电流则是方向相向、大小相等。这种噪声电流叫纵向电流，也叫共模电流。

图 6.6 是图 6.5（b）的等效电路。U_S 为信号源电压，R_{C1}、R_{C2} 为连接线电阻，R_L 为

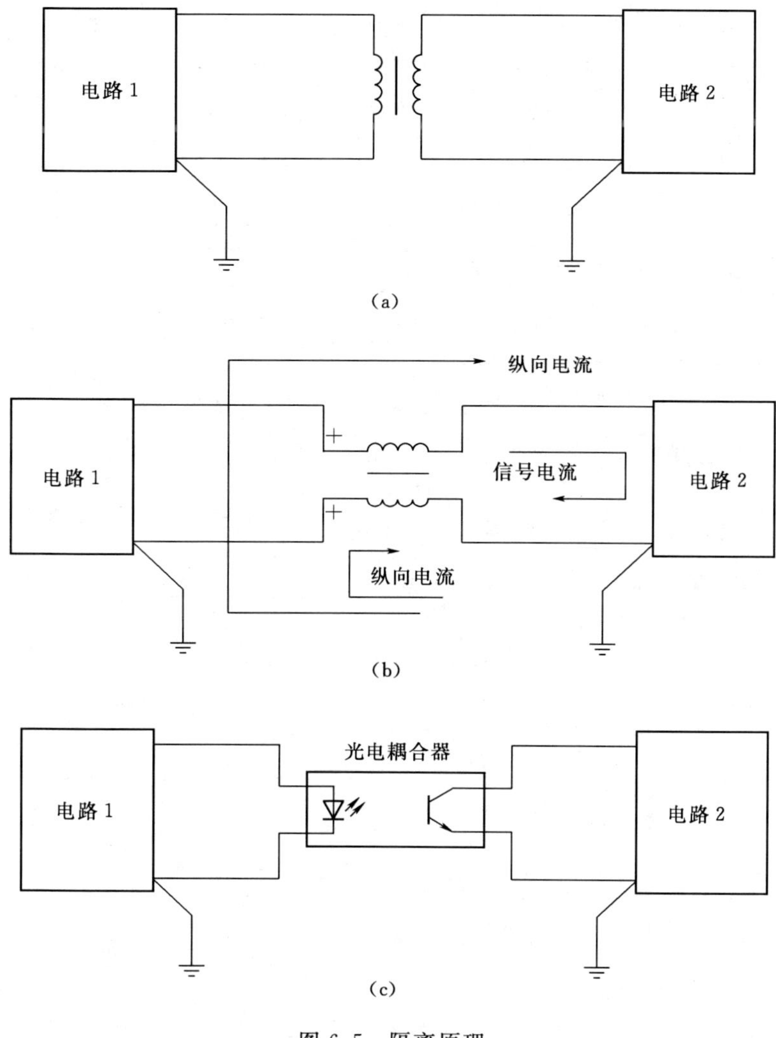

图 6.5 隔离原理

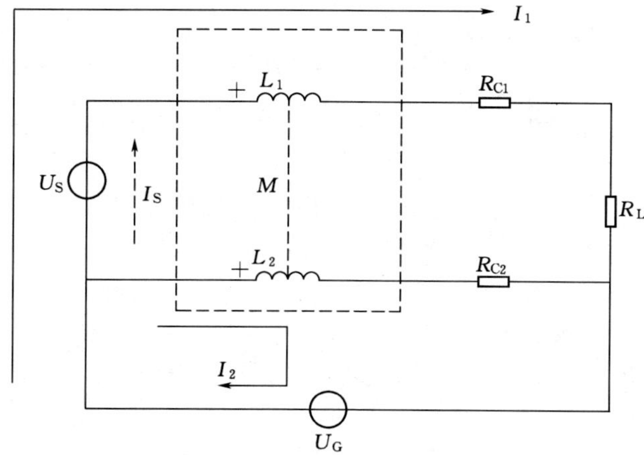

图 6.6 纵向扼流圈等效电路

电路 2 的输入电阻，纵向扼流圈由电感 L_1、L_2 和互感 M 表示。若扼流圈的两个线圈完全相同，而且并绕在同一铁芯上耦合紧密，则 $L_1=L_2=M$。U_G 为地线环路经磁耦合或者由地电位差形成的共模电压。下面就电路对 U_S 和 U_G 的响应加以简单分析。

若 $U_G=0$，根据基尔霍夫定律，可得

$$U_S=j\omega L_1 I_1+j\omega M I_2+(R_L+R_{C1})I_1 \tag{6.1}$$

$$0=j\omega L_2 I_2+j\omega M I_1+R_{C2} I_2 \tag{6.2}$$

将式（6.1）与式（6.2）相减，并将 $L_1=L_2=M$ 代入得

$$U_S=I_1 R_L+I_1 R_{C1}-I_2 R_{C2} \tag{6.3}$$

因 $R_{C1}=R_{C2}$，故有：

$$U_S=I_1 R_L+R_{C1}(I_1-I_2) \tag{6.4}$$

因（I_1-I_2）$<I_1$，且 $R_{C1}\ll R_L$ 故有

$$U_S\approx I_1 R_L=I_S R_L \tag{6.5}$$

可见，扼流圈的加入对信号的传输没有影响。

再来看，扼流圈的加入对共模噪声电压 U_G 的响应。令 $U_S=0$，由图 6.6 得

$$U_G=j\omega L_1 I_1+j\omega M I_2+I_1(R_L+R_{C1}) \tag{6.6}$$

$$U_G=j\omega L_2 I_2+j\omega M I_1+I_2 R_{C2} \tag{6.7}$$

将两式相减，并将 $L_1=L_2=M$ 代入可得

$$I_2=I_1\frac{R_L+R_{C1}}{R_{C2}}$$

将上式代入式（6.7）得

$$U_G=I_1\left[\frac{R_L+R_{C1}}{R_{C2}}(j\omega L_2+R_{C2})+j\omega M\right]$$

I_1 在 R_L 上形成的干扰电压 U_N 为

$$U_N=I_1 R_L=\frac{U_G R_{C2}}{\frac{R_L+R_{C1}}{R_L}(j\omega L_2+R_{C2})+\frac{R_{C2}}{R_L}j\omega M} \tag{6.8}$$

因为 $L_2=M$，$R_L\gg R_{C1}$，$R_L\gg R_{C2}$，故上式近似为

$$U_N\approx\frac{R_{C2}}{j\omega L_2+R_{C2}}U_G \tag{6.9}$$

由上式可知，噪声的角频率 ω 越低，要求 R_{C2} 越小或要求 L 越大，干扰电压 U_N 才可能小。

（3）光电耦合器。图 6.5（c）表示切断电路 1 和电路 2 之间地环路的第三个办法是采用光耦合器（也称光电耦合器）。光耦合器由 1 支发光二极管和 1 支光电晶体管装在同一密封管壳内构成。发光二极管把电信号转换为光信号，光电晶体管把光信号再转换为电信号，这种“电-光-电”转换在完全密封条件下进行，不会受到外界光的影响。由于电路 1 的信号传递是靠光传递，切断了两个电路之间电的联系，因此两电路之间的地电位差就再不会形成干扰了。

光耦合器的输入阻抗很低，一般为 100～1000Ω，而干扰源的内阻一般很大，通常为 10^5～10^6Ω。根据分压原理可知，这时能馈送到光电耦合器输入端的噪声自然很小。即使

有时干扰电压的幅度较大，但所能提供的能量很小，只能形成微弱的电流，而光耦合器的发光二极管只有通过一定强度的电流才能发光，光电晶体管也只在一定光强下才能工作，因此，即使电压幅值很高的干扰，由于没有足够的能量也不能使二极管发光，从而被抑制掉。

光耦合器的输入端与输出端的寄生电容极小，一般仅为0.5～2pF，而绝缘电阻又非常大，通常为10^{11}～$10^{13}\Omega$，由此光耦合器一边的各种干扰噪声都很难通过光耦合器馈送到另一边去。

由于光耦合器的线性范围比较小，所以它主要用于传送数字信号。

接入光电耦合器的数字电路如图6.7所示，其中R_i为限流电阻，D为反向保护二极管，可以看出，这时输入V_i值并不要求一定得与TTL逻辑电平一致，只要经R_i限流之后符合发光二极管的要求即可。R_L是光敏三极管的负载电阻，R_L也可接在光敏三极管的射极端。当R_i使光敏三极管导通时，V_O为低电平（即逻辑0）；反之为高电平（即逻辑1）。R_i和R_L的选取说明如下：若光电耦合器选用GO103，发光二极管在导通电流$L_F=10mA$时，正向压降$V_F\leqslant 1.3V$，光敏二极管导通时的压降$V_{ce}=0.4V$，设输入信号的逻辑1电平V_i为12V，并取光敏三极管导通电流$I_c=2mA$时，R_i和R_L可由下式计算：

$$R_i=(V_i-V_F)/I_F=(12-1.3)/10=1.07(k\Omega)$$

$$R_L=(V_{cc}-V_{ce})/I_c=(5-0.4)/2=2.3(k\Omega)$$

需要强调指出的是，在光电耦合器的输入部分和输出部分必须分别采用独立的电源（含地线），如果两端共用一个电源，则光电耦合器将失去隔离作用。

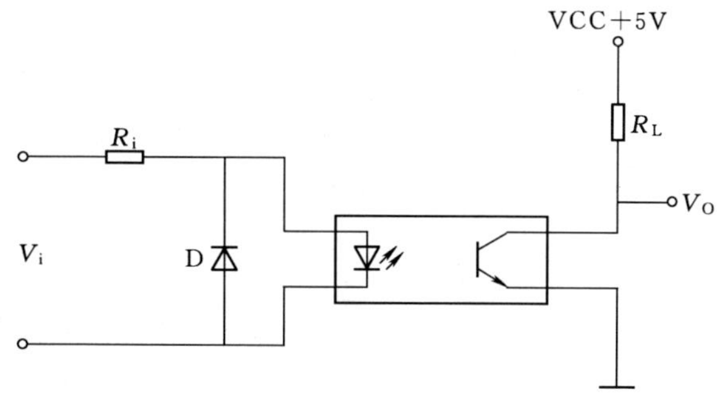

图6.7 接入光电耦合器的数字电路

6.2.4 差模干扰的抑制

差模噪声可以简单地认为是与被测信号叠加在一起的噪声，它可能是信号源产生的，也可能是引线感应耦合来的。正因为差模噪声与被测信号叠加在一起，所以对信号就会形成干扰，即差模干扰。抑制差模干扰除了从源头上采取措施，切断噪声耦合途径（如将引线屏蔽等）外；另一方面就是利用干扰与有用信号的差别来把干扰消除掉或减到最小。这方面常用的措施有以下几种。

1. 频率滤波法

频率滤波法就是利用差模干扰与有用信号在频率上的差异，采用高通滤波器滤除比有用信号频率低的差模干扰，采用低通滤波器滤除比有用信号频率高的差模干扰，采用50Hz陷波器滤除工频干扰。频率滤波是模拟信号调理中的一项重要内容，常用的滤波器有低通滤波器、高通滤波器、带通滤波器、带阻滤波器等，这里不再赘述。

2. 电平鉴别法

如果信号和噪声在幅值上有较大的差别，且信号幅值较大，噪声幅值较小，则可用电平鉴别法将噪声消除。

(1) 脉冲隔离门。利用硅二极管的正向压降对幅值小的干扰脉冲加以阻挡，而让幅值大的信号脉冲顺利通过。图 6.8 示出脉冲隔离门的原理电路。电路中的二极管最好选用开关管。

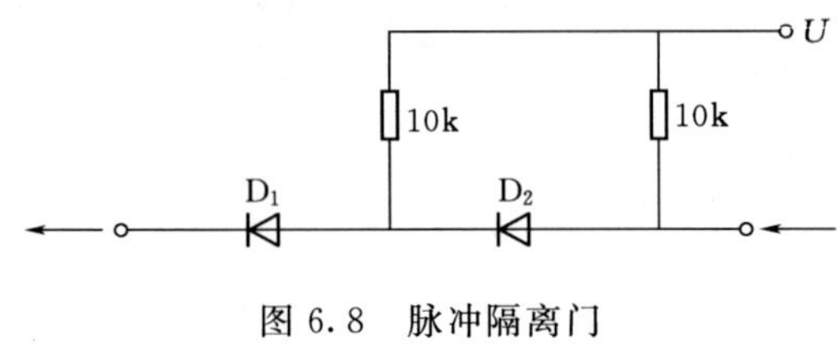

图 6.8　脉冲隔离门

(2) 削波器。当噪声电压低于脉冲信号波形的波峰值时，可以采用图 6.9 所示的削波器。该削波器只让高于电压 U 的脉冲信号通过，而低于电压 U 的噪声则被削掉。图 6.9 中 (d) 为原理图，图 6.9 (a) 为输入信号，包括幅值大的信号脉冲和不规则的幅值小的干扰脉冲，图 6.9 (b) 为削波器输出信号，把干扰脉冲削掉了，图 6.9 (c) 为经过放大后的信号脉冲。

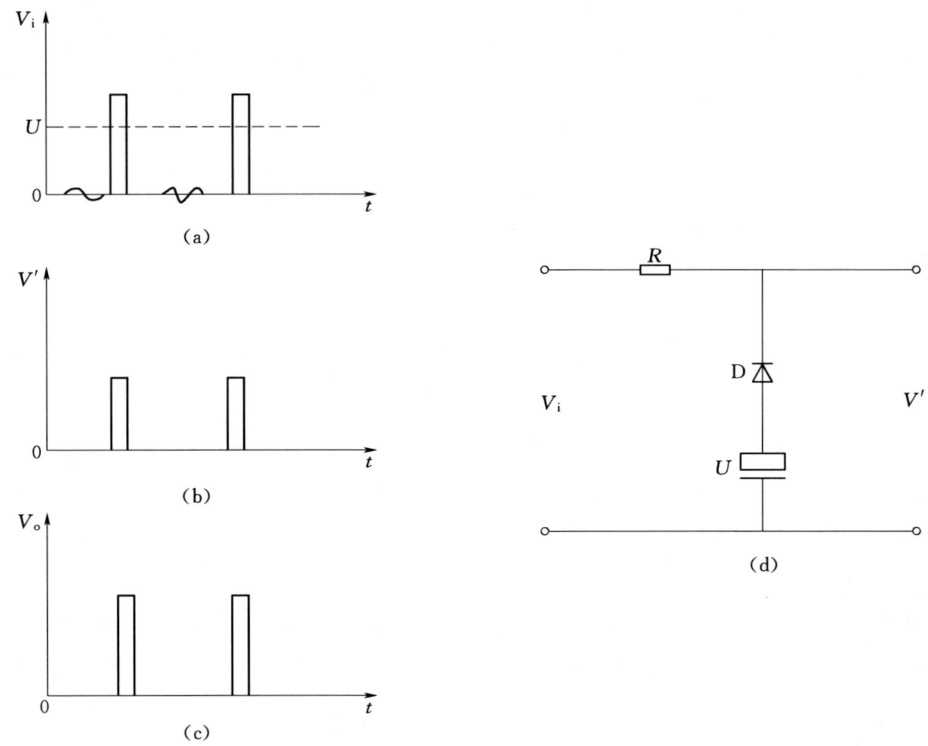

图 6.9　削波器

3. 脉宽鉴别法

如果噪声幅值较高，但噪声波形的脉宽要比信号脉宽窄得多，则可利用 RC 积分电路来有效地消除脉宽较窄的噪声。一般要求 RC 积分电路的时间常数要大于噪声的脉宽而小于信号的脉宽。

图 6.10 以波形图的形式说明了用积分电路消除干扰脉冲的原理。在图 6.10 (a) 中，宽的为信号脉冲，窄的为干扰脉冲；图 6.10 (b) 为对信号和干扰脉冲进行微分后的波

形。图 6.10（c）为对图 6.10（a）中信号进行积分后的波形。信号脉冲宽，积分后信号幅度高；干扰脉冲窄，积分后信号幅度小。用一门坎电平将幅度小的干扰脉冲去掉，即可实现抑制干扰脉冲的作用。

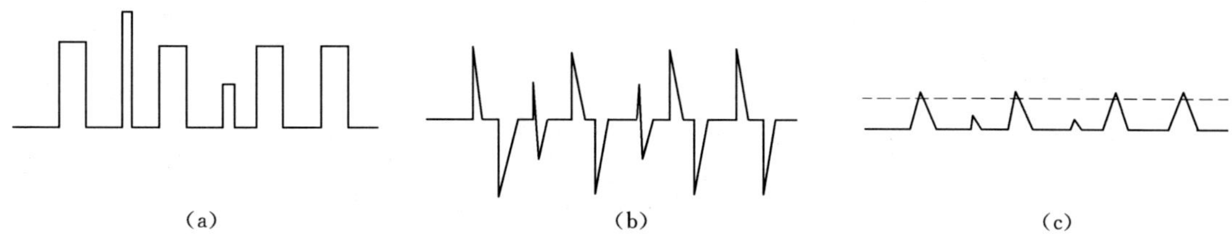

图 6.10　用积分电路消除干扰脉冲

6.2.5　印刷电路板的抗干扰

印刷电路板是机电系统中的器件、信号线、电源线的高度集合体，印刷电路板设计的好坏，对抗干扰能力影响很大。故印刷电路板的设计决不单纯是器件、线路的简单布局安排，还必须符合抗干扰的设计原则。通常应有下述抗干扰措施。

1. 合理布置器件

印刷电路板上器件的布置应符合器件之间电气干扰小和易于散热的原则。

一般印刷电路板上同时具有电源变压器、模拟器件、数字逻辑器件、输出驱动器件等，为了减小器件之间的电气干扰，应将器件按照其功率的大小及抗干扰能力的强弱分类集中布置：将电源变压器和输出驱动器件等大功率强电器件作为一类集中布置；将数字逻辑器件作为一类集中布置；将易受干扰的模拟器件作为一类集中布置。各类器件之间应尽量远离，以防止相互干扰。此外，每一类器件又可按照减小电气干扰原则再进一步分类布置。

印刷电路板上器件的布置还应符合易于散热的原则。为了使电路稳定可靠地工作，从散热角度考虑器件的布置时，应注意以下几个问题：

（1）对发热元器件要考虑通风散热，必要时安装散热器。

（2）发热元器件要分散布置，不能集中。

（3）对热敏感元器件要远离发热元器件或进行热屏蔽。

2. 合理分配印刷电路板插脚

当印刷电路板是插入 PC 及 S－100 等总线扩展槽中使用时，为了抑制线间干扰，对印制电路板的插脚必须进行合理分配。例如，为了减小强信号输出线对弱信号输入线的干扰，将输入、输出线分置于印刷板的两侧，以便相互分离。地线设置在输入、输出信号线的两侧，以减小信号线寄生电容的影响，起到一定的屏蔽作用。

3. 合理布线

印刷电路板上的布线，一般应注意以下几点：

（1）印刷板是一个平面，不能交叉配线。

（2）配线不要做成环路，特别是不要沿印刷板周围做成环路。

（3）不要有长段的窄条并行，不得已而并行时，窄条间要再设置隔离用的窄条。

（4）旁路电容器的引线不能长，尤其是高频旁路电容器，应该考虑不用引线而直接接地。

（5）单元电路的输入线和输出线，应当用地线隔开，如图 6.11 所示。在图 6.11（a）中，由于输出线平行于输入线，存在寄生电容 C_0，将引起寄生耦合。所以，这种布线形式是不可取的。图 6.11（b）中，由于输出线和输入线之间有地线，起到屏蔽作用，消除了寄生电容 C_0 的寄生反馈，因此这种布线形式是正确的。

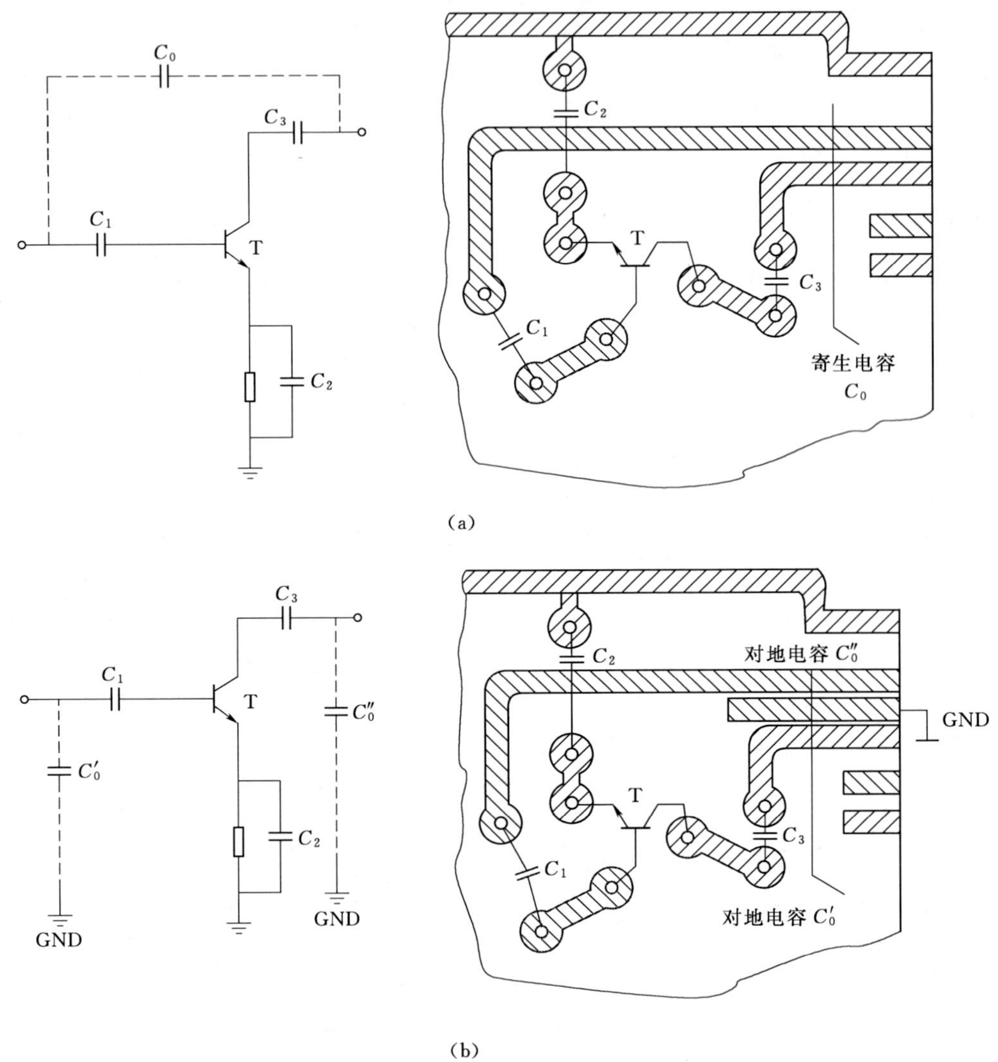

图 6.11　印刷电路的输入输出线布置

（6）信号线尽可能短，优先考虑小信号线，采用双面走线，使线间距尽可能宽些。布线时元器件面和焊接面的各印刷引线最好相互垂直，以减少寄生电容。尽可能不在集成芯片引脚之间走线，易受干扰的部位增设地线或用宽地线环绕。

4. 电源线的布置

电源线、地线的走向应尽量与数据传输的方向一致，且应尽量加宽其宽度，这都有助于提高印刷电路板的抗干扰能力。

5. 去耦电容器的配置

集成电路在工作状态翻转时，其工作电流变化是很大的。例如，对于具有如图 6.12 所示输出结构的 TTL 电路，在状态转换的瞬间，其输出部分的两个晶体管，会有大约 10ns的瞬间同时导通，这时相当于电源对地短路，每一个门电路，在这一转换瞬间有 30ms 左右的冲击电流输出，它在引线阻抗上产生尖峰噪声电压，对其他电路形成干扰，这种瞬变的干扰不是稳压电源所能稳定的。

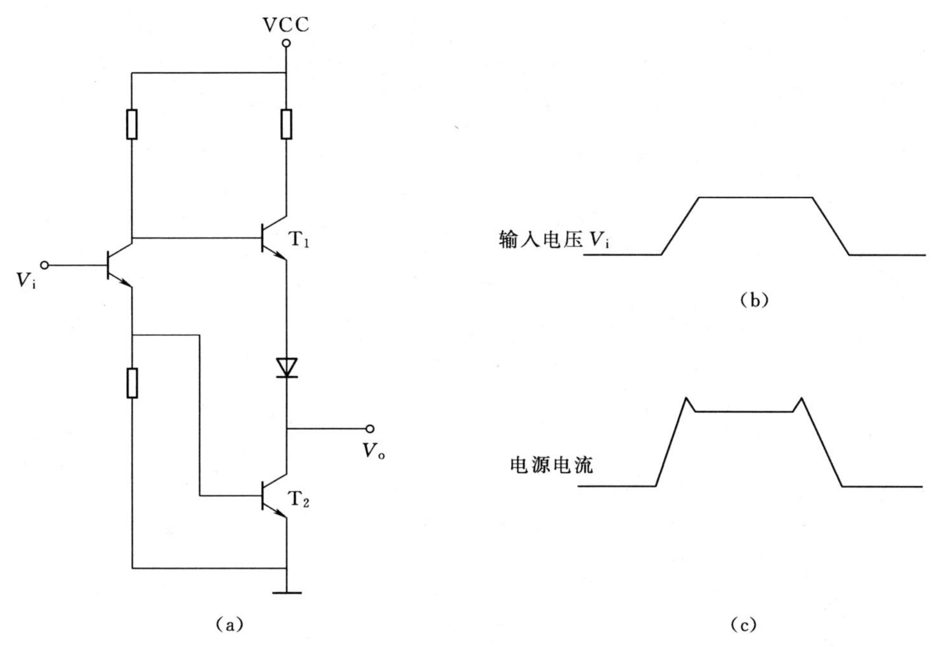

图 6.12 集成电路的工作状态

对于集成电路工作时产生的电流突变，可以在集成电路附近加接旁路去耦电容将其抑制，如图 6.13 所示。其中图 6.13（a）的 i_1，i_2，…，i_n 是同一时间内电平翻转时，在总地线返回线上流过的冲击电流；图 6.13（b）是加了旁路去耦电容使得高频冲击电流被去耦电容旁路，根据经验，一般可以每 5 块集成电路旁接一个 0.05μF 左右的陶瓷电容，而

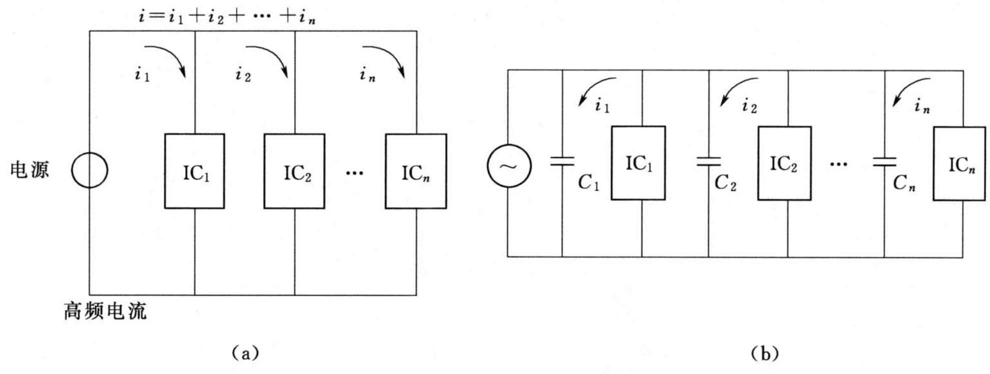

图 6.13 集成电路干扰的抑制

每一块大规模集成电路也最好能旁接一个去耦电容。

由以上讨论可知，在印刷电路板的各个关键部位配置去耦电容，是避免各个集成电路工作时对其他集成电路产生干扰的一种常规措施，具体做法如下：

(1) 在电源输入端跨接 10～100μF 的电解电容器。

(2) 原则上，每个集成电路芯片都应配置一个 0.01μF 的陶瓷电容器，如遇到印刷电路板空间小，安装不下时，可每 4～10 个芯片配置一个 1～10μF 的限噪声用电容器（钽电容器）。这种电容器的高频阻抗特别小（在 500kHz～20MHz 范围内，阻抗小于 1Ω），而且漏电流很小（0.5μA 以下）。

(3) 对于抗干扰能力弱，关断时电流变化大的器件和 ROM、RAM 存储器件，应在芯片的电源线（VCC）和地线（GND）之间直接接入去耦电容器。

(4) 电容引线不能太长，特别是高频旁路电容不能带引线。

习　　题

6.1　什么是电磁兼容性？

6.2　电磁兼容性设计的目的是什么？如何进行？

6.3　硬件抗干扰技术有哪些？

6.4　软件抗干扰技术有哪些？

6.5　如何利用软件滤波和“看门狗”技术。

6.6　为了抑制电容性、电感性和电磁场 3 种耦合形式，应采取何种有效措施？

6.7　常见抑制电磁干扰的措施有哪些？

6.8　如何进行电场屏蔽、磁场屏蔽？

第 7 章　微机控制应用实例

本章选用两个常用实例，分别采用 51 系列单片机和嵌入式 STM32 系统，实现机械领域的闭环张力控制和非接触式的线径检测，并给出了详细的硬件结构和软件清单。为了提高学习效果，还提供了仿真的实验验证方法。

7.1　张　力　控　制

7.1.1　应用领域

张力控制在机械工程领域有着广泛的应用。例如：复合带材生产过程中的张力控制，轮胎生产过程中钢丝缠绕过程的张力控制、纺织工艺中的送经张力控制等。在张力闭环控制系统中，通常采用 PID 控制，其系统结构简单、算法比较容易实现，并且控制效果良好。图 7.1 为采用 PLC 实现钢丝缠绕过程张力控制的结构框图。由于很多型号的 PLC 都集成了 PID 控制算法指令，在编制算法时，只需指定 PID 参数即可，因而采用 PLC 在工业控制系统中进行 PID 控制较为普遍。

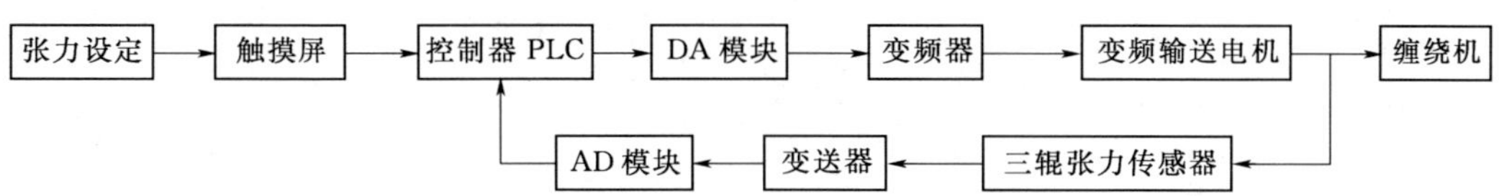

图 7.1　采用 PLC 实现钢丝缠绕过程张力控制的结构框图

作为案例，为了更详细地介绍 PID 控制算法的实现过程，以可吸收缝合线的缠绕张力控制系统作为实例加以介绍。

7.1.2　总体方案设计

图 7.2 为缝合线生产线上张力控制的原理框图，系统由传感器、控制器、执行器（驱动器和收线电机）和人机界面组成。

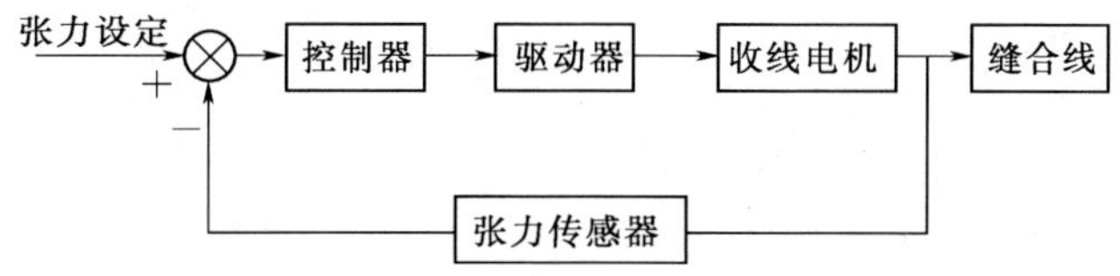

图 7.2　张力控制原理框图

由于可吸收缝合线缠绕过程中的张力控制属于微小张力控制，系统采用小量程（0～

10N）的张力传感器，敏感元件为电阻应变片，型号为 SCX，精度达到 0.05%。此传感器采用三辊式测量结构，中间是检测辊，左右是辅助辊，起导向的作用，被测缝合线绕于三个辊上，将缝合线收卷张力转换为作用在检测辊上的压力。图 7.3 为三辊张力传感器测量结构图。

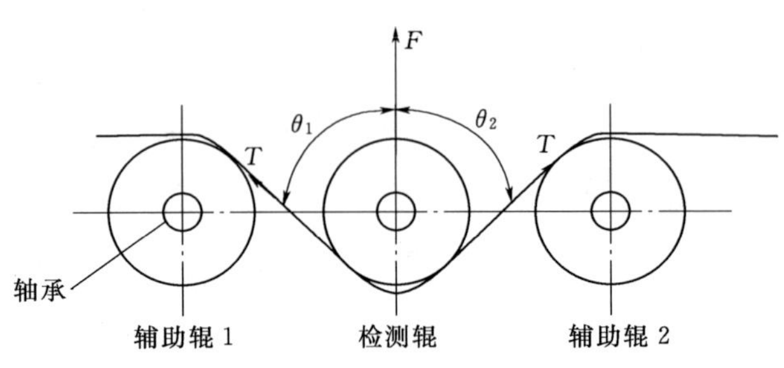

图 7.3　三辊张力传感器测量结构

图 7.3 中，T 为缠绕在检测辊上缝合线的收卷张力，F 为施加在张力检测辊上的总的合力，检测辊的自重可以通过调节传感器的调零功能来消除。它们之间的关系满足欧拉公式：$F=2T\cos(\theta/2)$，式中 θ 为检测辊包角，$\theta=\theta_1+\theta_2$，本设计中 $\theta_1=\theta_2=70°$。在理论上，F 只与 T 有关，但由于两个辅助辊的内圈和外圈都存在着摩擦力，所以在实际测量中存在理论误差，那么在选用轴承的时候，要选择微型轴承并且其摩擦系数也要尽量的小。

通过测量检测辊所受的压力值，计算出缝合线所承受的张力，输出其对应的模拟电压信号，再经过信号调理电路、模数转换器，送入控制器 8051 单片机进行 PID 运算，8051 的输出量经数模转换，转换成电压值，输出给变频器，通过变频器控制可吸收缝合线的收线电机和拨线杆（作用是左右拨动送线，保证缝合线在收卷筒上一层一层地铺放）牵引电机的转速，确保整个系统中缝合线张力的恒定。

通过对整个系统进行数学建模分析，本系统可以近似为二阶系统。所以，在本教材的学习过程中，不具备实验条件的同学，可以采用对二阶系统进行仿真控制的方式。

7.1.3　硬件设计

考虑到尽量降低成本，避免复杂的电路，此系统所用到的元器件均为常用的电子器件。而主控器采用低功耗、高性能、片内含 8K byte 可反复擦写的 Flash 、只读程序器 CMOS8 位单片机 STC89C52；系统配有 RS232 串行通信端口，下面对硬件电路作具体的设计。

1. STC89C52 单片机简介

STC89C52 是 STC 公司生产的一种低功耗、高性能 CMOS8 位微控制器，具有 8K 可编程 Flash 存储器。STC89C52 使用经典的 MCS－51 内核，但做了很多的改进，使得芯片具有传统 51 单片机不具备的功能。在单芯片上，拥有灵巧的 8 位 CPU 和在系统可编程 Flash，使得 STC89C52 为众多嵌入式控制系统提供灵活、有效的解决方案。

具有以下标准功能：8k 字节 Flash，512 字节 RAM，32 位 I/O 口线，看门狗定时器，内置 4KB EEPROM，MAX810 复位电路，3 个 16 位定时器/计数器，4 个外部中断，一个 7 向量 4 级中断结构（兼容传统 51 的 5 向量 2 级中断结构），全双工串行口。另外 STC89X52 可降至 0Hz 静态逻辑操作，支持 2 种软件可选择节电模式。空闲模式下，CPU 停止工作，允许 RAM、定时器/计数器、串口、中断继续工作。掉电保护方式下，

RAM 内容被保存，振荡器被冻结，单片机一切工作停止，直到下一个中断或硬件复位为止。最高运作频率 35MHz。晶振时钟电路如图 7.4 所示，单片机 XIAL1 和 XIAL2 引脚分别接 22pF 的电容，中间再并联一个 11.0592MHz 的晶振。

2. DA 转换模块

DA 转换模块电路由一个 DAC0832 芯片和一个运放组成，采用直通式 DA 转换。即将引脚 1、2、17、18 都接地，引脚 VREF 接－5V，引脚 ILE 接＋5V，再将对应输出接运放，即得到模拟量输出。如图 7.5 所示。

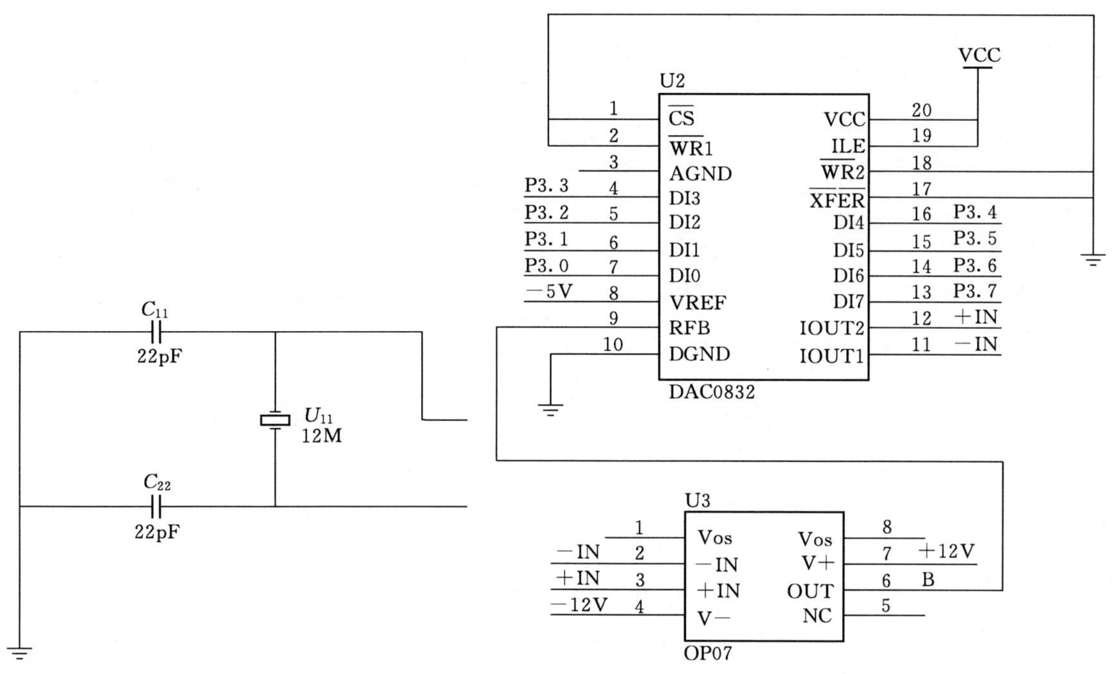

图 7.4　晶振时钟电路

图 7.5　DA 转换模块电路

3. AD 转换模块

AD 转换模块电路（图 7.6）选用 ADC0809 芯片，该芯片主要参数如下：

（1）8 路输入通道，8 位 A/D 转换器。

（2）具有转换起停控制端。

（3）转换时间为 100μs（时钟为 640kHz 时），130μs（时钟为 500kHz 时）。

（4）单个＋5V 电源供电。

（5）模拟输入电压范围 0～＋5V，不需零点和满刻度校准。

（6）工作温度范围为－40～＋85℃。

（7）低功耗，约 15mW。

各引脚功能如下：

（1）IN0～IN7：8 路模拟量输入端。

（2）D0～D7：8 位数字量输出端。

（3）ADDA、ADDB、ADDC：3 位地址输入线，用于选通 8 路模拟输入中的一路。

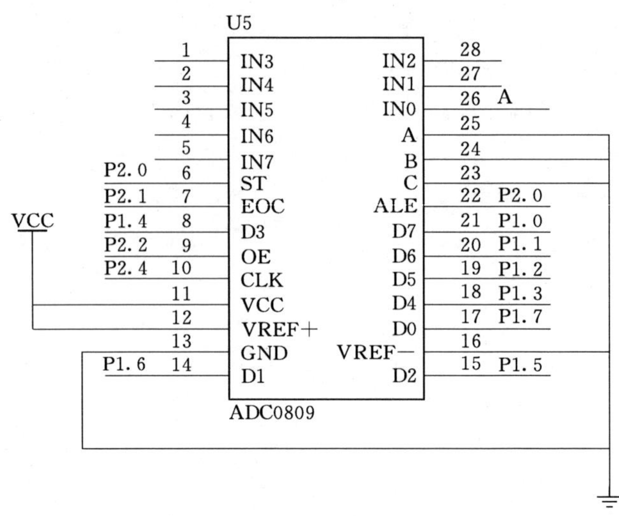

图 7.6　AD 转换模块电路

(4) ALE：地址锁存允许信号，输入端，产生一个正脉冲以锁存地址。

(5) START：A/D 转换启动脉冲输入端，输入一个正脉冲（至少 100ns 宽）使其启动（脉冲上升沿使 0809 复位，下降沿启动 A/D 转换）。

(6) EOC：A/D 转换结束信号，输出端，当 A/D 转换结束时，此端输出一个高电平（转换期间一直为低电平）。

(7) OE：数据输出允许信号，输入端，高电平有效。当 A/D 转换结束时，此端输入一个高电平，才能打开输出三态门，输出数字量。

(8) CLK：时钟脉冲输入端。要求时钟频率不高于 640kHz。

(9) REF（+）、REF（−）：基准电压。

(10) VCC：电源，单一+5V。

(11) GND：地。

4. 二阶系统

采用运放、电阻、电容元件，搭建有源二阶系统，电路如图 7.7 所示。

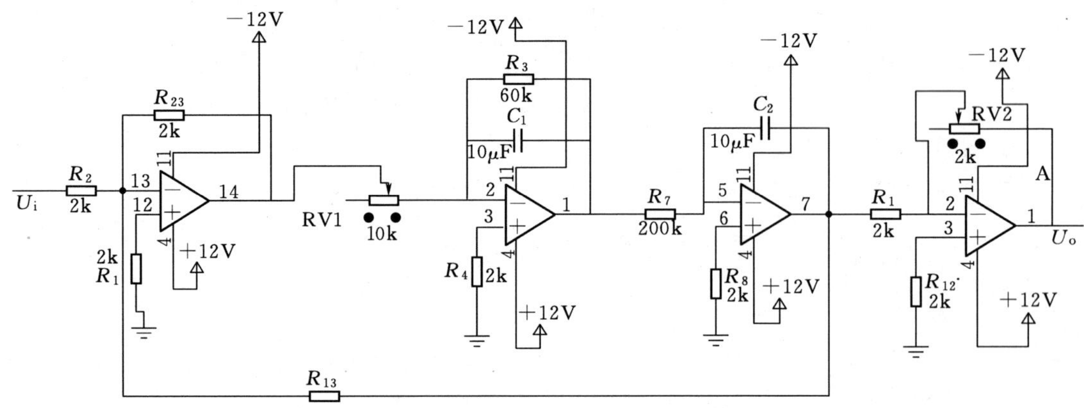

图 7.7　二阶系统原理图

根据上面电路，推导求解系统的传递函数。

加法电路：
$$u_{i1}(s)=-\left[\frac{R_{23}}{R_2}u_i(s)+\frac{R_{23}}{R_{13}}u_{o1}(s)\right] \tag{7.1}$$

惯性环节：
$$\frac{u_{i2}(s)}{u_{i1}(s)}=-\frac{R_3}{(R_3C_1S+1)R_{v1}} \tag{7.2}$$

积分环节：
$$\frac{u_{o1}(s)}{u_{i1}(s)}=-\frac{1}{R_7C_2S} \tag{7.3}$$

比例环节：
$$\frac{u_o(s)}{u_{o1}(s)}=-\frac{R_{v2}}{R_1} \tag{7.4}$$

根据上式，可求出u_I和u_O的关系，即系统的传递函数：
$$\Phi(s)=\frac{K}{T_1S^2+T_2S+1} \tag{7.5}$$

其中 $T_1=\frac{R_7R_{13}R_{v1}C_1C_2}{R_{23}}$，$T_2=\frac{R_7R_{13}R_{v1}C_2}{R_{23}R_{R3}}$，$K=\frac{R_{13}R_{v2}}{R_1R_2}$

7.1.4 软件设计

在控制系统中，最常用的控制算法是 PID 控制。数字 PID 控制系统原理框图如图 7.8 所示。系统由 PID 控制器和被控对象组成。

数字 PID 控制器是一种线性控制器，它根据给定值 $R(k)$ 与实际输出值 $Y(k)$ 构成控制偏差：
$$\text{error}(k)=R(k)-Y(k) \tag{7.6}$$

对偏差信号进行比例、积分、微分运算后，形成一种控制规律，控制器的输出为
$$u(k)=k_p\left\{\text{error}(k)+\frac{1}{T_I}\int_0^T\text{error}(k)\text{d}t+\frac{T_D[\text{error}(k)-\text{error}(k-1)]}{T}\right\} \tag{7.7}$$

或写成传递函数的形式：
$$G(s)=\frac{U(s)}{E(s)}=K_P\left(1+\frac{1}{T_is}+T_ds\right) \tag{7.8}$$

式中：K_P 为比例系数；T_i 为积分时间常数；T_d 为微分时间常数。

1. 采样周期的选择

（1）根据采样定理，系统采样频率的下限为 $f_s=2f_{max}$，此时系统可真实地恢复原来的连续信号。

（2）从执行机构的特性要求来看，有时需要输出信号保持一定的宽度。采样周期必须大于这一时间。

（3）从控制系统的随动和抗干扰的性能来看，要求采样周期短些。

（4）从微机的工作量和每个调节回路的计算来看，一般要求采样周期大些。

（5）从计算机的精度看，过短的采样周期是不合适的。

（6）当系统滞后占主导地位时，应使滞后时间为采样周期的整数倍。

综合以上各个因素，结合实验系统特性，确定采样周期为 200ms。

2. 数字 PID 参数的整定

PID 控制器的参数整定是控制系统设计的核心内容。根据被控过程的特性确定 PID

AT89C51
ADC0808
DAC0808
U2
U3
U11
12M
INTERACTIVE ANALYSIS
U1:A
U1:B
U1:C
U1:D
U4:A
U1:B(OP)
R3(2)
RV1
LM324
+12V
−12V
+5V
−5V

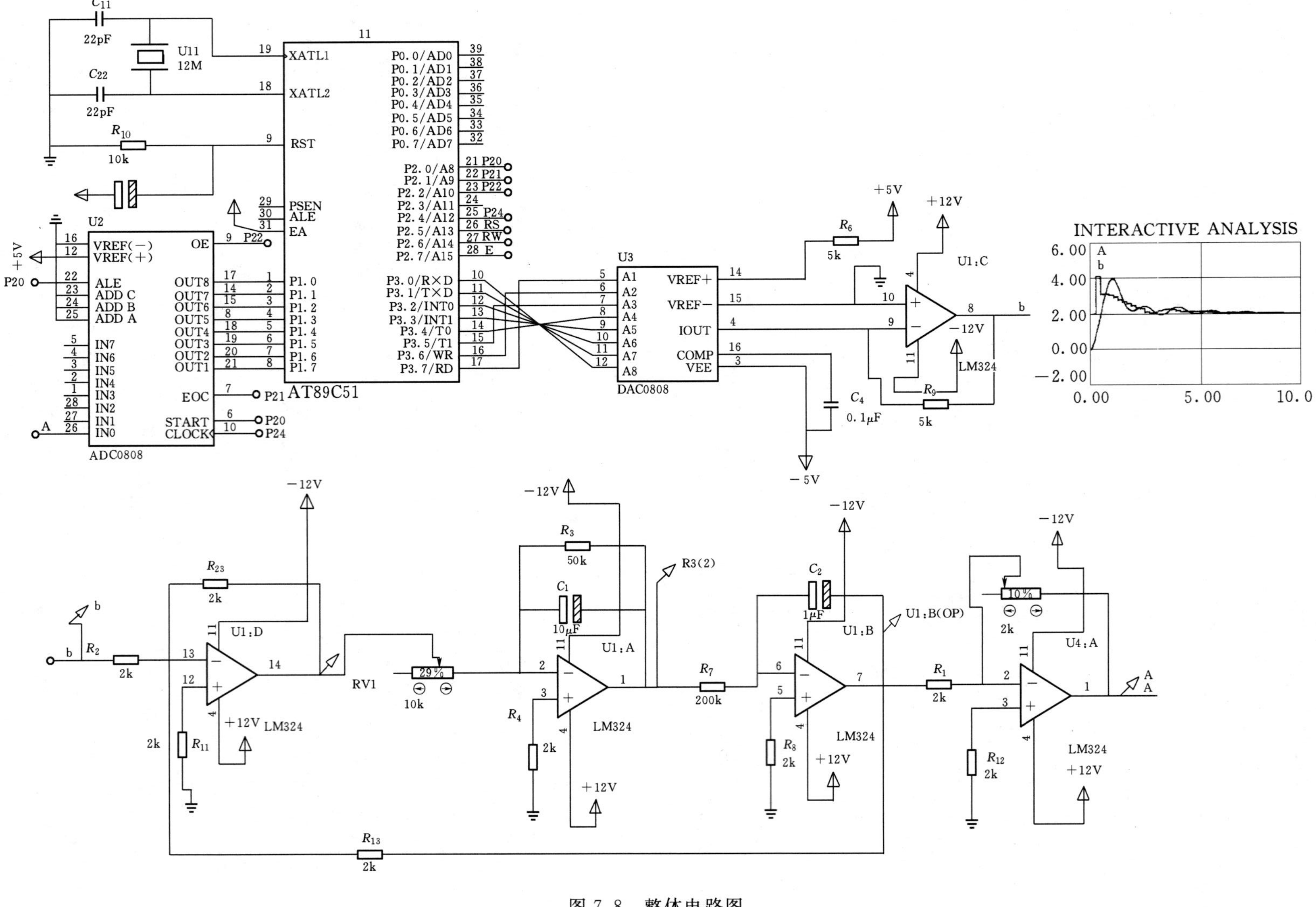

图 7.8　整体电路图

控制器的比例系数、积分时间和微分时间的大小。PID 控制器参数整定的方法很多，概括起来有两大类：①理论计算整定法，它主要是依据系统的数学模型，经过理论计算确定控制器参数，这种方法所得到的计算数据未必可以直接用，还必须通过工程实际进行调整和修改；②工程整定方法，它主要依赖工程经验，直接在控制系统的试验中进行，且方法简单、易于掌握，在工程实际中被广泛采用。

本设计采用 PID 归一整定法，把对控制器 3 个参数（K_c、T_i、T_d,）转换为一个参数 K_P，从而使问题明显简化。

3. 归一化参数整定法

增量型 PID 控制算法的归一化公式：

$$\Delta u(n)=K_P\left\{e(n)-e(n-1)+\frac{T}{T_I}e(n)+\frac{T_D}{T}[e(n)-2e(n-1)+e(n-2)]\right\} \tag{7.9}$$

如令 $T=0.1T_K$，$T_I=0.5T_K$，$T_D=0.125T_K$（式中，T_K 为纯比例作用下的临界振荡周期），则有

$$\Delta u(n)=K_P[2.45e(n)-3.5e(n-1)+1.25e(n-2)] \tag{7.10}$$

这样，整个问题便简化为只要整定一个参数 K_P。改变 K_P，观察控制效果，直到满意为止，该法为实现简易的自整定控制带来方便，对于本案例，经测试，选定 $K_P=1$。

程序源码清单：

```
#include<reg51.h>
#include<intrins.h>
#include<absacc.h>
#include<string.h>
#include<stdio.h>
#include<math.h>
#define uint unsigned int
#define uchar unsigned int
sbit START = P2^0;
sbit EOC = P2^1;
sbit OE = P2^2;
sbit CLK = P2^4;
double value_buf[10]; //变量数组
double d; //pid 参数定义
double temp = 0;
doubleSetPoint;
doubleKp;
double error  = 0.0;
double error1 = 0.0;
double error2 = 0.0;
//--------------ad-------------------------//
doubleGet_AD_Result()
{
```

```
double t;
START = 0;  //开启转换
START = 1;
START = 0;
while(EOC == 0);  //转换结束
OE = 1;  //使能输出
t = P1;
OE = 0;  //失能输出
return t;
}
//-------------PID----------------------//
doublePIDcal(double Point)
{
double PID = 0;
doublea,b,c;
error = SetPoint-Point;
a = 2.45 * error;
b = 3.5 * error1;
c = 1.25 * error2;
PID = (a-b+c) * Kp;  //计算增量
error2 = error1;  //存储误差
error1 = error;
return PID;
}
//-----------filter---------------------//
double filter()
{
uchar i ;
double sum = 0;
double value;
for(i=0;i<9;i++)
{
value_buf[i] = value_buf[i+1];  //将高位数字移至低位
sum +=value_buf[i];
}
value_buf[9] = Get_AD_Result();  //将 AD 值移至低位
sum += value_buf[9];
value =sum/510.0;
return value;
}
void Timer()//定时器设置
{
```

```
IE = 0x8a;
TMOD |= 0x11;
IP=2;
TH0 = (65536-200)/256;  //Timer0 溢出时间 200μs
TL0 = (65536-200)%256;
TH1 = (65536-20000)/256;  //Timer1 溢出时间 20ms
TL1 = (65536-20000)%256;
TR0 = 1;  //start the timer
TR1 = 1;
}
void Timer0() interrupt 1 //Timer0 定时器中断
{
TH0 = (65536-200)/256;  //Timer0 重装载时间 200μs
TL0 = (65536-200)%256;
CLK=~CLK;
}
void Timer1() interrupt 3 //Timer1 定时器中断
{
staticuchar M;
uchar a;
    TH1 = (65536-20000)/256;  //Timer1 重装载时间 20ms
TL1 = (65536-20000)%256;
M++;
if(M == 10)
{
    d=filter();
    temp += PIDcal(d) * 51.0;
    if (temp>254.0)
    P3 = 255;
    else
    P3 = (int)temp;
    M = 0;
    a++;
}
if(a==100)
{
SetPoint = 2;
}
if(a==200)
{
SetPoint = 1.5;
a = 0;
```

```
}
}
void main()
{
Timer();
SetPoint = 1.5;
temp = SetPoint * 51.0;
P3 = (int)temp;
Kp = 0.75;
while(1);
}
```

7.1.5　调试实验

1. Proteus 仿真模块

Proteus 软件的 ISIS 工具用于编辑电路原理图和电路仿真，除了包括大量常用的分立元件和集成元件外，还包括许多类型的微控制器及其外围接口器件的仿真元件，此外还包含全面的 Lamplace 转换模块。

这里的例程主要使用到 MCS－51 系列的 AT89C52 芯片，AD 和 DA 转换芯片，逻辑门电路芯片，运算放大器芯片，Lamplace 转换模块以及一些分立元件。

2. 调试步骤

（1）建立 Proteus 工程，绘制如图 7.8 所示电路图，双击电路中的单片机元件，出现如图 7.9 所示的窗口。

在 Progrem File 项中，点击红色方框内的文件夹图标，找到程序工程文件下生成的 . hex文件，添加 . hex 文件。

（2）找到软件左侧工具栏中电压探针工具，如图 7.10 中红框内图标所示，将电压探针设置于想要观察的位置。

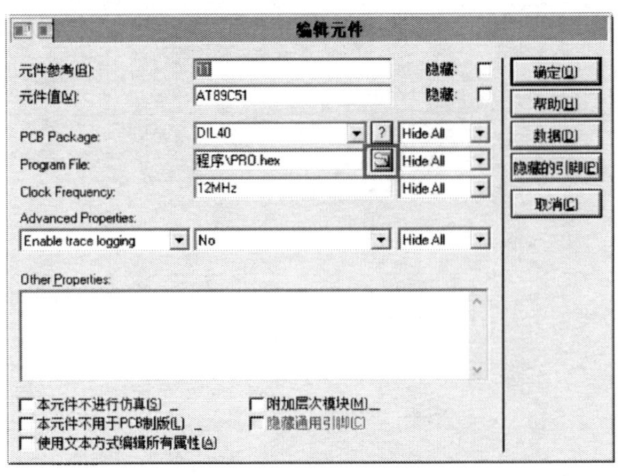

图 7.9　调用程序界面

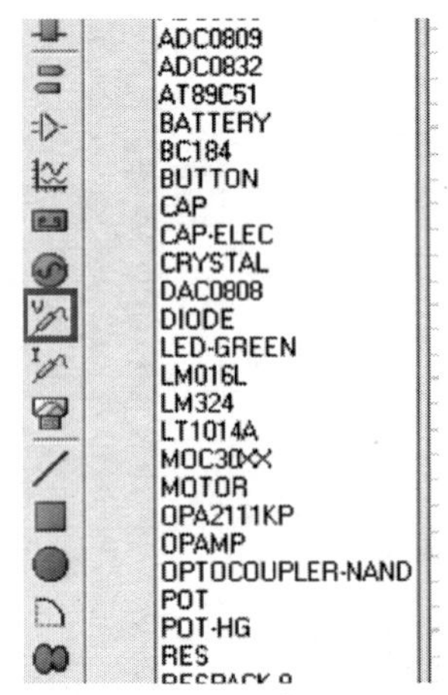

图 7.10　调用电压探针界面

(3) 单击软件左下角的开始仿真按钮，如图 7.11 中红框内所示，此时可通过电路中的探针查看各点的电压，再点击蓝色方框中的按钮停止仿真。

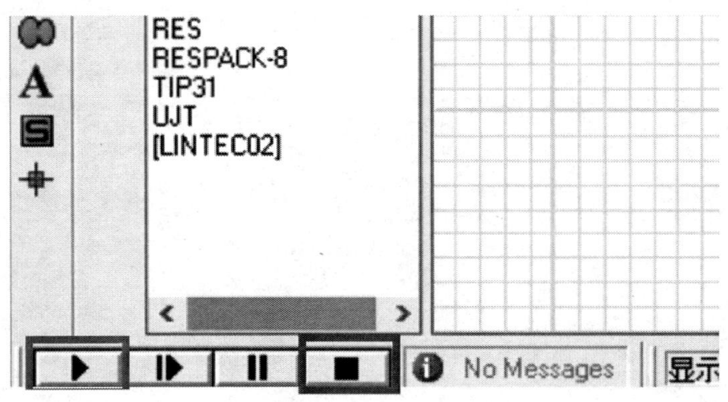

图 7.11　仿真操作界面

(4) 右键点击图表，选择添加图线，将电路中的探针添加进图表中，再右键点击图表，点击仿真图表，可得到仿真图像结果。此外，也可以选择示波器来监测输入输出波形，如图 7.12 所示。

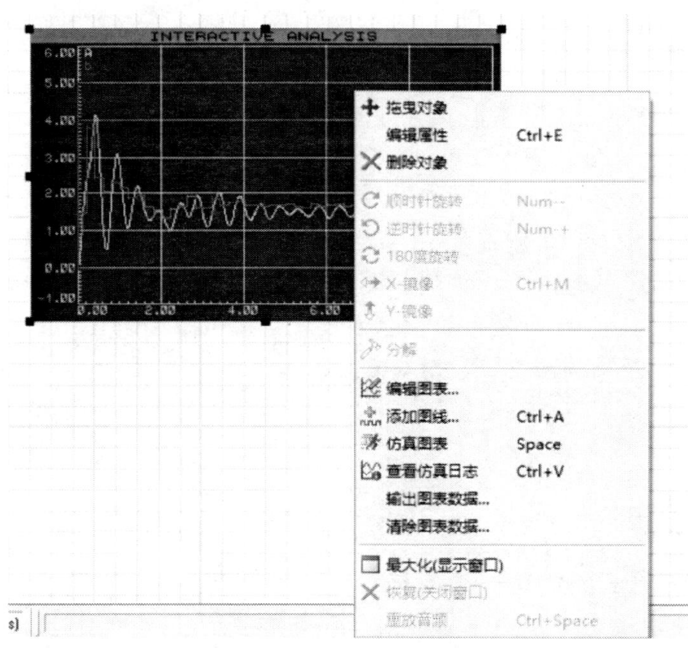

图 7.12　查看仿真图像界面

(5) 把设定值设为方波，来观察控制算法跟踪输入变化的情况，实验曲线如图 7.13 所示。

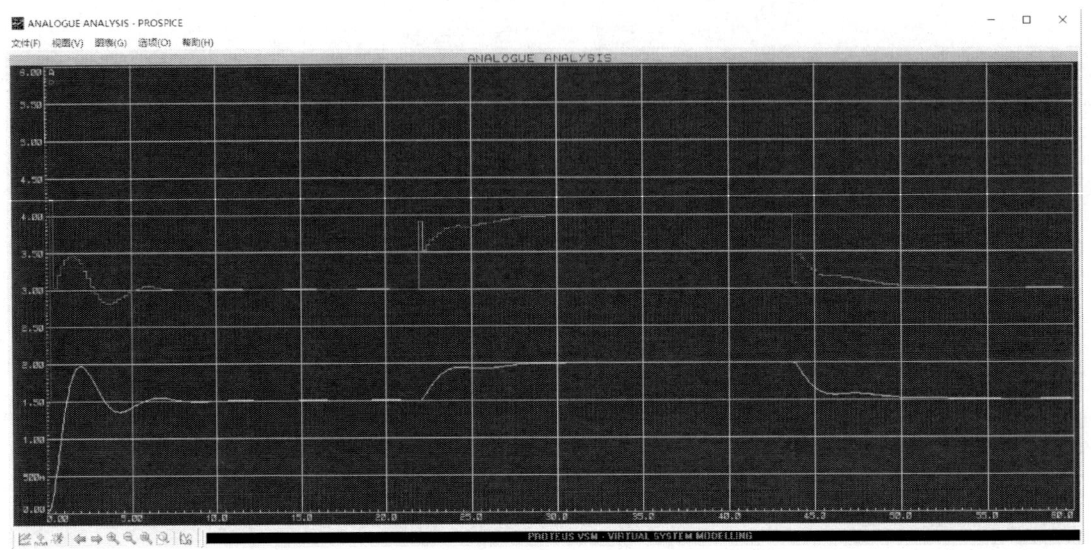

图 7.13 控制算法跟踪方波输入的实验曲线

7.2 基于线阵 CCD 的线径检测

7.2.1 应用领域

线阵 CCD 检测在机械工程领域有着广泛的应用，例如：用于轨道振动的非接触式测量 、用于钢管内径的测量、异性纤维的检测等，CCD 具有灵敏度高、反应快、光谱响应范围大、成本低、维护方便等特点，传统的接触式测量直接接触被测件，存在测量精度低、人为干扰大、速度慢、可能损伤被测件、易发生碰撞等问题，不符合高精度、高效率的现代工业检测标准。相较之下，采用非接触式测量，可在不接触被测件的前提下进行精准测量，随着平行光管和 CCD 技术的快速发展，采用 LED 和 CCD 结合的技术进行非接触式尺寸测量可获得更高的精度，且对被测量件无损伤。

为了更详细地介绍 CCD 检测过程，以可吸收缝合线的线径在线检测系统作为实例加以介绍。

7.2.2 总体方案设计

线径测量模块原理方框图如图 7.14 所示，线径测量模块由光学成像子模块、线阵 CCD 驱动子模块、AD 数据采集及处理子模块 3 部分组成。

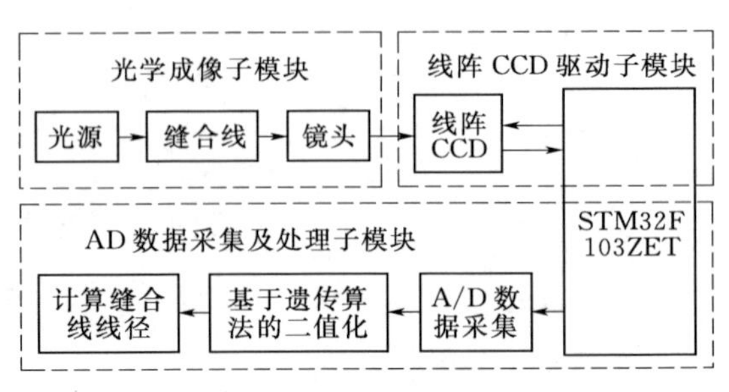

图 7.14 线径测量模块原理方框图

光学成像子模块以可吸收缝合线作为待测物体，经过稳定的直流光源照射，通过镜头成像在线阵 CCD 上；线阵 CCD 驱动子模块由 STM32F103ZET6 作为控制核心驱动线阵 CCD 工作，确保 CCD 输出稳定的电荷信号；AD 数据采集及处理子模块由 STM32F103ZET6 的片内 AD 转换器对 CCD 的输出信号进行 A/D 数据采集后，采用二值化图像分割对获得图像进行筛选，再经过线径计算，最终获得可吸收缝合线的线径测量值，实现线径的在线测量。

7.2.3　硬件设计

考虑到尽量降低成本和避免复杂的电路，此检测系统所用到的元器件均为常用的电子器件。主控器采用基于 ARM Cortex－M3 核心的 32 位微控制器 STM32F103ZET6，线阵 CCD 检测模块采用日本 THSHIBA 公司生产的一款典型的二相单沟道型线阵 CCD 图像传感器 TCD1209D。

由于可吸收缝合线的直径是细丝直径，细丝直径的测量方法包括平行光投影法测量、衍射法测量细丝直径、光学干涉法、图像分析法等，本案例采用平行光投影法进行待测可吸收缝合线线径进行测量。

1. 光学成像模块

光学成像子模块的工作原理是利用线阵 CCD 光电转换的特性，将接收到的光学信号转换为电荷信号，进而实现图像的获取、存储、传输、处理和复现过程。光学成像子模块工作原理图如图 7.15 所示。用平行光源照射壳聚糖—胶原蛋白可吸收缝合线，根据凸透镜成像原理，使其通过镜头成像在 CCD 上。当 CCD 的像敏面接收到外界光信号时，CCD 会根据光束的强弱程度来产生不同的电荷信号，因此通过计算线阵 CCD 像敏面处被遮挡像元的个数，可计算出 CCD 被遮挡像敏元的尺寸，再经过对光学成像放大倍数的计算，即可得到待测缝合线的实际线径值。

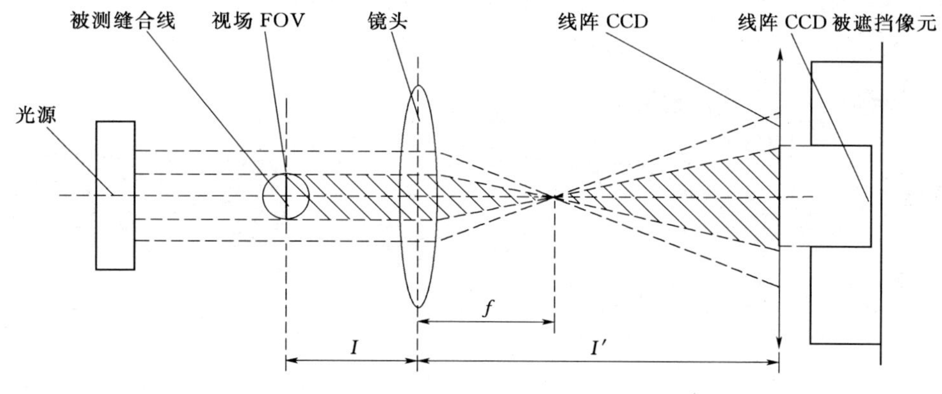

图 7.15　光学成像子模块工作原理图

选用物方远心光路作为光学成像子模块的光路，物方远心光路示意图如图 7.16 所示。孔径光阑位于物镜物方焦面，入瞳位于无限远处，轴外点主光线平行于光轴。在物方空间内，由于物体上的同一点（如 B_1 点或 B_2 点）的主光线，并不随着物体位置的移动而变化，如物体 B_1B_2 在 A_1 处或是在 A_2 处时，B_1 点或 B_2 点的物方的主光线都是平行于光轴，则此时像方的主光线必通过物方焦点 F' 到达 CCD 接受面，主光线仍通过 M_1 点和 M_2 点，测出像长仍为 M_1M_2，保证了像平面与 CCD 接收平面尽可能重合。

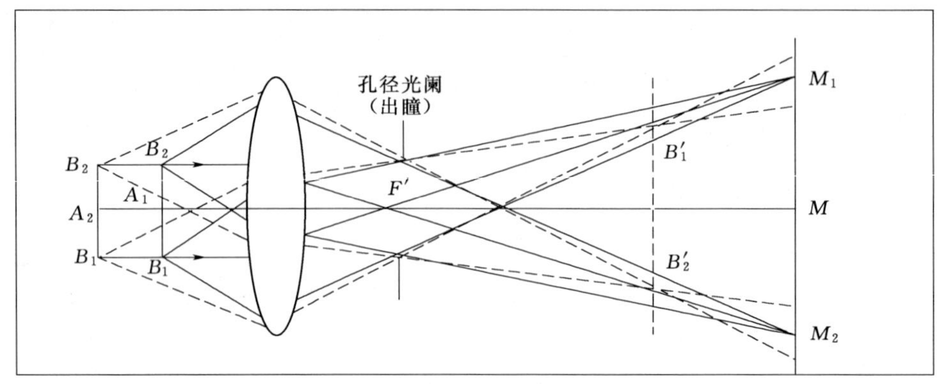

图 7.16　物方远心光路示意图

光学成像子模块的机械结构如图 7.17 所示。通过对远心光源、线阵 CCD 上插杆高度的调整，保证远心光源、远心镜头、线阵 CCD 的中心在一条水平线上，确保整个光学成像子模块各器件的同轴性，进而在线阵 CCD 上获得清晰的图像。

（1）照明光源的选型。为了使检测模块测量精度不受光学成像设计的影响，选用远心平行 LED 照明光源对缝合线线径进行精密线性测量，其绿色光源波长为 540nm，与选用的线阵 CCD 的响应波长范围 530～560nm 相匹配，镜头平行度<1°，可用于本案例中光学成像子模块的测量，远心平行 LED 光源如图 7.18 所示。

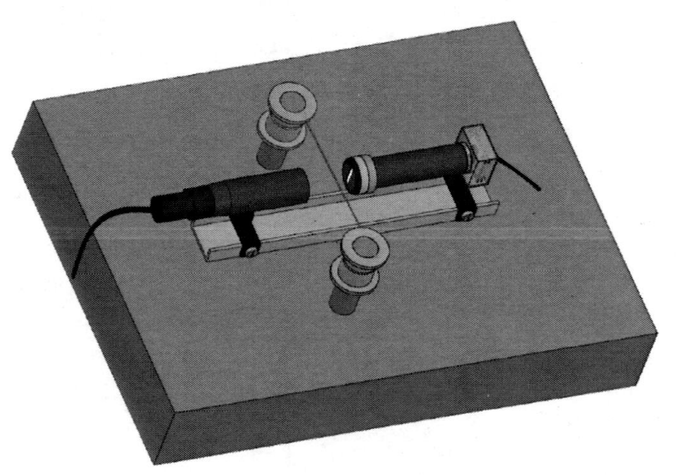

图 7.17　光学成像子模块的机械结构

图 7.18　远心平行 LED 光源外观图

（2）光路设计。将待测缝合线固定在图 7.17 中的两个导向轮上，将远心平行 LED 光源固定于光源支架上，线阵 CCD 固定于 CCD 支架上，物方远心镜头固定于线阵 CCD 前，调整光源支架位置，使光源距离待测缝合线 30mm。线性 CCD 芯片选用具有 2048 个有效像敏元的 TCD1209D，其像元尺寸为 14μm×14μm，则成像长度为

$$L=2048\times0.014=28.673(\text{mm}) \tag{7.11}$$

根据凸透镜成像原理，测量精度与放大倍数正相关。由缝合线制作工艺确定 CCD 水

平视场 FOV 为 4mm，同时也是系统的最大检测范围。

图 7.16 为缝合线光学成像模块光路设计，放大倍率：

$$\beta=\frac{I'}{I}=\frac{L}{FOV}=\frac{28.673}{4}\approx 7.17 \tag{7.12}$$

式中：I 为物距；I'为像距。

可得系统的最小检测范围为 0.002mm，则系统的检测范围可以确定为 0.002～4mm。由于受工作空间限制，理论上设计物距为 30mm，所以像距 I'为

$$I'=30\times 7.17=215.1(\text{mm}) \tag{7.13}$$

所以，焦距 f 为

$$f=\frac{I}{1+\frac{1}{\beta}}=\frac{30}{1+\frac{1}{7.17}}=26(\text{mm}) \tag{7.14}$$

根据上式，选取焦距为 26mm 的远心镜头。

2. 线径检测模块

可吸收缝合线的线径检测模块的硬件电路以 STM32F103ZET6 为核心。STM32F103ZET6 的晶振电路及复位电路如图 7.19 所示。晶振电路包括一个 8MHz 的外部高频晶振，用于 PLL 倍频，以及一个 32.768kHz 的外部低频晶振，专用于内部实时时钟。

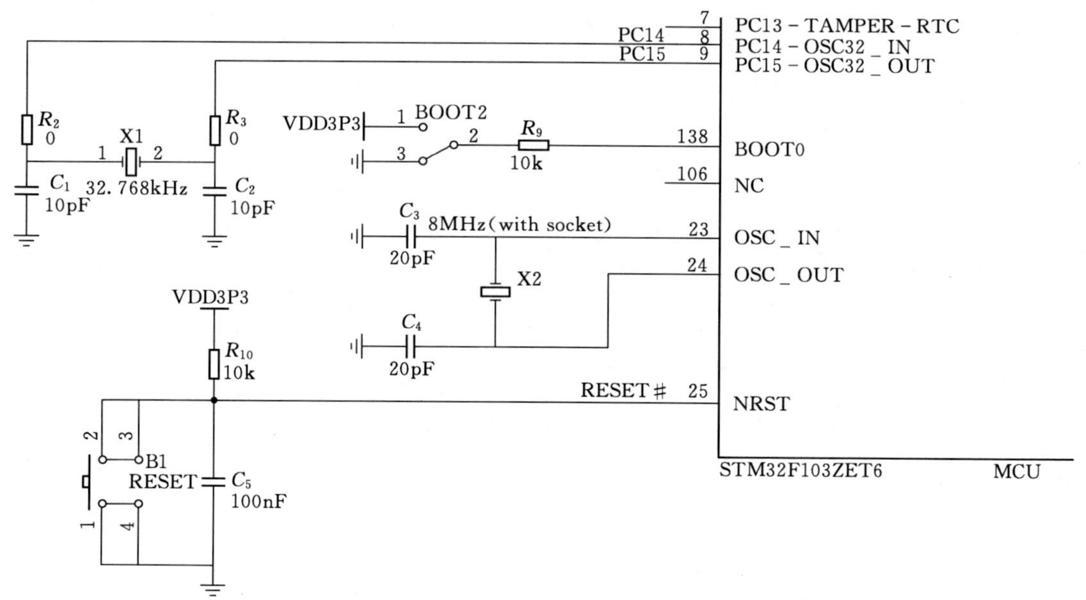

图 7.19 STM32F103ZET6 的晶振电路及复位电路

STM32F103ZET6 的 JTAG 电路如图 7.20 所示。通过 JTAG 接口完成程序的调试、下载和调试信息输出，同时查看 STM32F103ZET6 芯片的存储器与寄存器状态。为了增强抗干扰能力，在每行信号线之间加上地线，采用标准的 20 针 JTAG 接法。通过 JTAG 下载程序，实时调试程序，观察寄存器的数据变化情况。

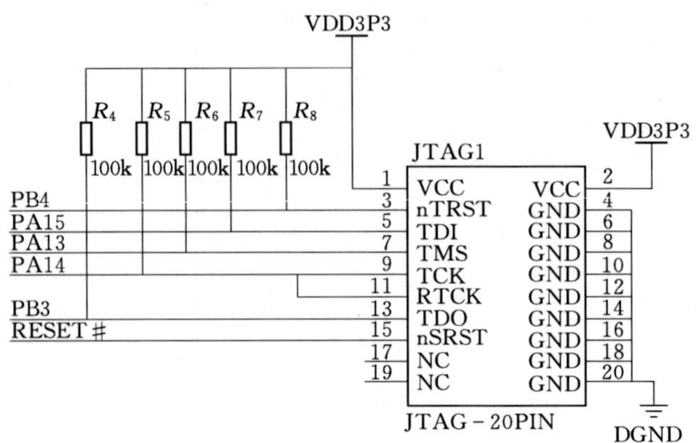

图 7.20　STM32F103ZET6 的 JTAG 电路

线径检测电源电路如图 7.21 所示。由于 STM32F103ZET6 的工作电压为 3.3V，TCD1209D 的工作电压为 12V，故将 5V 电源经过 ASM1117 - 3.3 稳压芯片，输出 3.3V 电源供电给 STM32F103ZET6，3.3V 电压通过 100μF 电容接地，用于去耦滤波抗干扰；同时 5V 电源经过升压芯片 MC34063 后输出 12V 电源用作 TCD1209D 的工作电源。

3. 线阵 CCD 驱动模块

选用 STM32F103ZET6 芯片对线阵 CCD 进行驱动。线性 CCD 芯片选用 TCD1209D，TCD1209D 的原理结构图如图 7.22 所示。

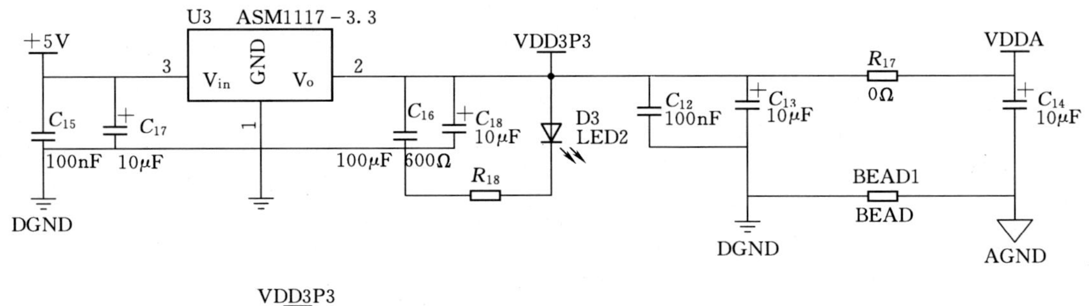

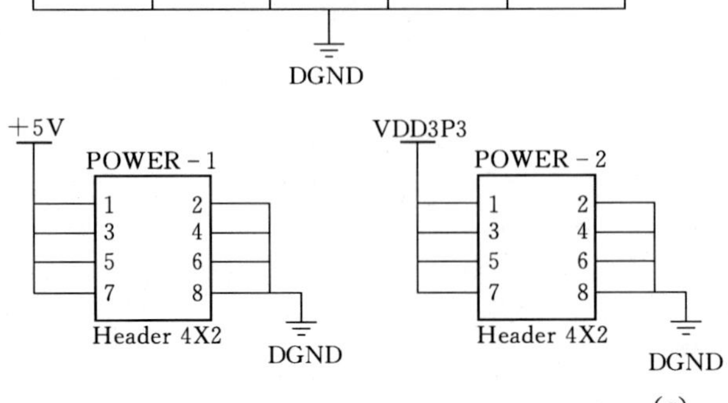

(a)

图 7.21（一）　线径检测电源电路

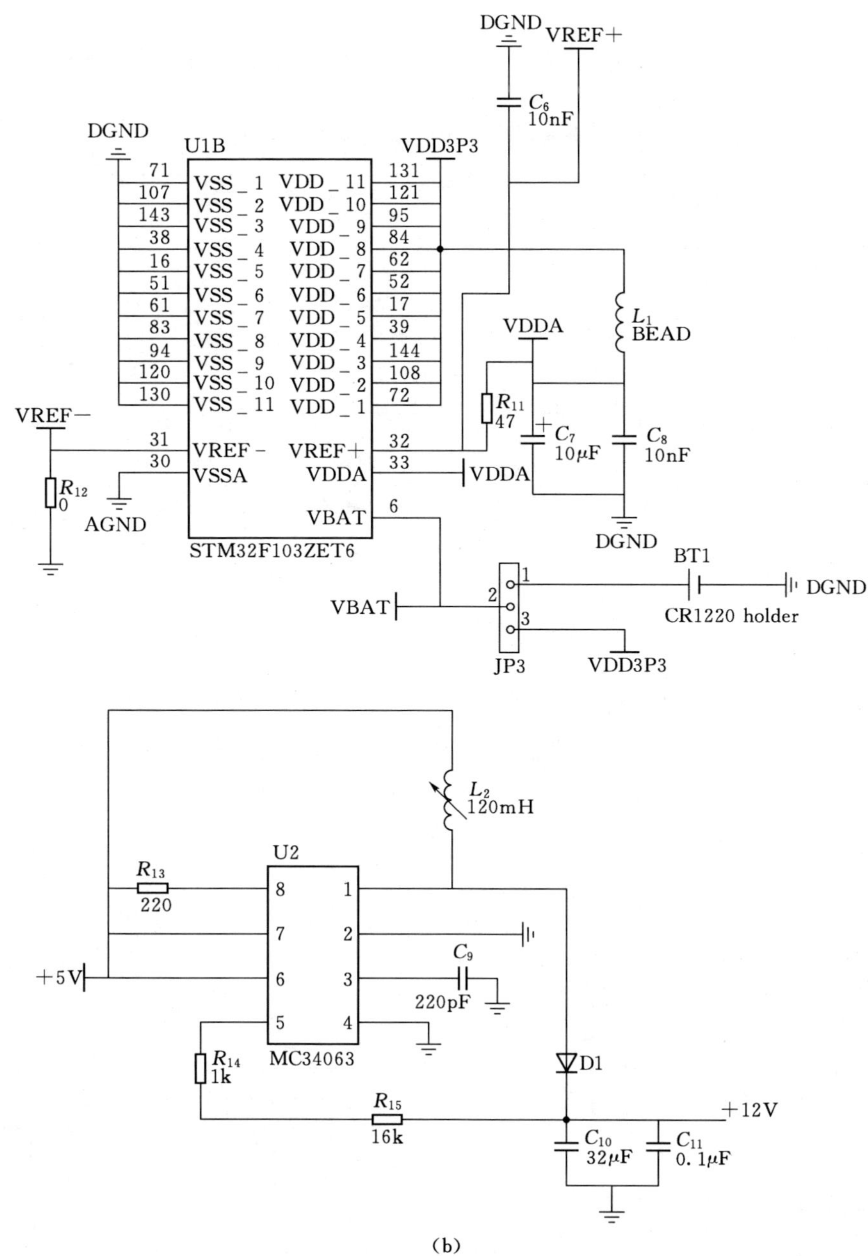

(b)

图7.21（二） 线径检测电源电路

驱动TCD1209D需要转移脉冲SH、驱动脉冲CR1和CR2、复位脉冲RS和缓冲控制脉冲CP五路脉冲同时作用。由输出信号OS将稳定的模拟信号输出，完成整个CCD传感器的工作流程。

该器件的最大工作频率为20MHz，最佳工作频率为1MHz，在环境温度为25℃，U_{OD}为12V时的特征参数见表7.1所示。

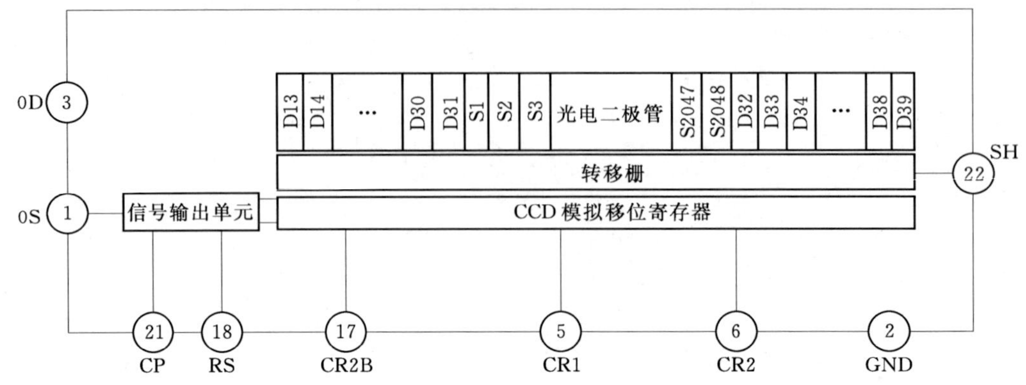

图 7.22　TCD1209D 的原理结构图

表 7.1　TCD1209D 特征参数

特征参数	参数符号	最小值	典型值	最大值	单位
灵敏度	*R*	25	31	37	V/(lx·s)
像敏单元	*PRNU*	—	3	10	%
不均匀性	*PRNU* (V)	—	4	10	mV
饱和输出电压	*USAT*	1.5	2.0	—	V
饱和曝光量	*ESAT*	0.04	0.06	—	lx·s
总转移效率	*TTE*	92	98	—	%
动态范围	DR	—	2000	—	—
驱动频率	*f*	—	1	—	MHZ

TCD1209D 外部引脚图如图 7.23 所示，各管脚说明见表 7.2。

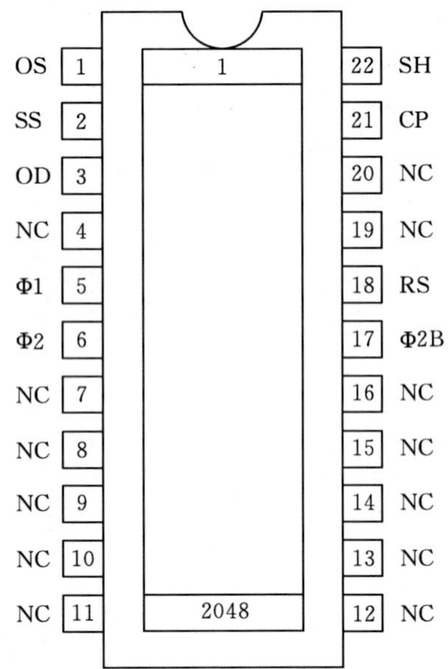

图 7.23　TCD1209D 外部引脚图

表 7.2　TCD1209D 各管脚说明

管脚名称	管脚说明
Φ1	时钟（第一相）
Φ2	时钟（第二相）
Φ2B	末极时钟（第二相）
SH	转移栅
RS	复位栅
CP	钳位栅
OS	信号输出
OD	电源
GND	模拟地
NC	没有连接

TCD1209D 驱动电路如图 7.24 所示。TCD1209D 工作电源为 12V，故在 TCD1209D 的 OD 引脚输入 12V 电源。再通过两个反相器 74HC04D 串联增加驱动时序的驱动能力。将 TCD1209D 的输出信号 OS 进行相应的信号调理，最终获得可送入 AD 转换器的输出信号 OS1。

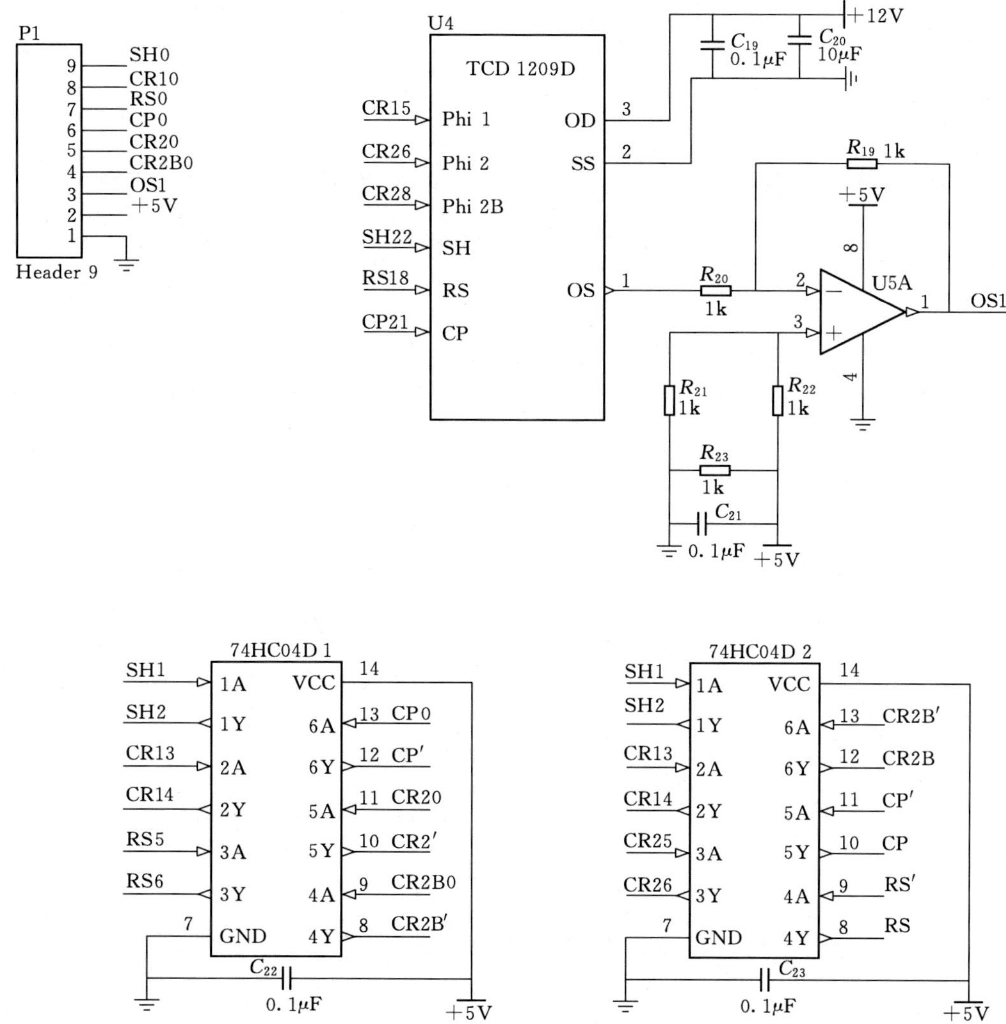

图 7.24　TCD1209D 驱动电路

7.2.4　软件设计

1. 线阵 CCD 驱动时钟程序

CCD 驱动脉冲时序满足以下要求：当转移脉冲 SH 处于高电平时，驱动脉冲 CR1 也应处于高电平状态；当转移脉冲 SH 变为低电平时，驱动脉冲 CR1 仍处于高电平状态。驱动脉冲 CR1 和 CR2 的波形频率相同、方向相反，驱动脉冲通过依次输出高电平进行电荷转移。复位脉冲 RS 的作用是清除残留在二极管中的电荷，为下次电荷检测做准备。输出信号 OS 中不仅有 2048 个有效像元信号，还包括 27 个被遮蔽的哑元信号。采用 STM32F103ZET6 芯片对 TCD1209D 进行驱动。设置其驱动频率为 1MHz，其中复位脉冲 RS 和缓冲控制脉冲 CP 的频率为 1MHz，占空比为 1：3；驱动脉冲 CR1 和 CR2 的频率为 1MHz，占空比为 1：1，转移脉冲 SH 在一个行周期内应包含至少 2088 个驱动脉冲 CR1，以保证当前电荷信号全部被转移后再开始下一行信号的转移过程。

通过控制 CPU 寄存器的方法控制 I/O 口，采用两个特别寄存器 GPIOx _ BSRR 和 GPIOx _ BRR 寄存器直接对对应的 GPIOx 端口置 1 或置 0。通过 Keil μVision5 对 TCD1209D 编写相应驱动程序，然后进行仿真，TCD1209D 的仿真时序图如图 7.25 所示。

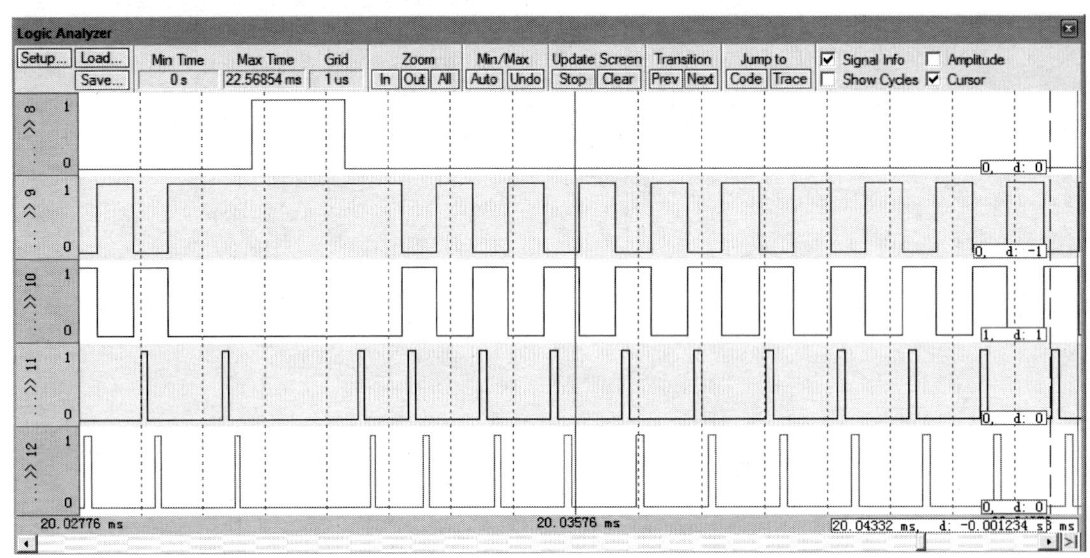

图 7.25　TCD1209D 的仿真时序图

TCD1209D 驱动程序：

```
int drive(void)
{
    GPIOB－＞BSRR＝0X1D000200；  //PB.8 低,PB.9 高,PB.10 低,PB.11 低
    delay_250ns( )；
    GPIOB－＞BSRR＝0X15000A00；
    delay_100ns( )；
    GPIOB－＞BSRR＝0X1D000200；
    delay_100ns( )；
    GPIOB－＞BSRR＝0X0D001200；
    delay_100ns( )；
    GPIOB－＞BSRR＝0X1D000200；
    delay_200ns( )；  //共延时 750ns
    GPIOB－＞BSRR＝0X1C000300；
    delay_1500ns( )；  //共延时 1500ns
    GPIOB－＞BSRR＝0X1D000200；
```

```
    delay_200ns( );
    GPIOB->BSRR=0X15000A00;
    delay_100ns( );
    GPIOB->BSRR=0X1D000200;
    delay_100ns( );
    GPIOB->BSRR=0X0D001200;
    delay_100ns( );
    GPIOB->BSRR=0X1D000200;
    delay_250ns();
    qufan(8778);  //n 最小为 2088,积分时间为 10ms
    }
```

2. A/D 采集程序

采用 STM32F103ZET6 微处理器内部自带的模数转换器，DMA 传输的方式来实现 A/D 转换过程中的数据传输。外设 ADC 对应 DMA1 控制器的通道 1，通过使用 DMA 功能来存取 ADC 转换的结果，提高处理器的使用效率。系统设置 STM32F103ZET6 的工作时钟为 56MHz，当转移脉冲信号 SH 由高变低时，ADC 对线阵 CCD 输出信号开始连续 2048 次的采样过程，将采样结果保存在相关寄存器中。A/D 数据采集的流程图如图 7.26 所示。

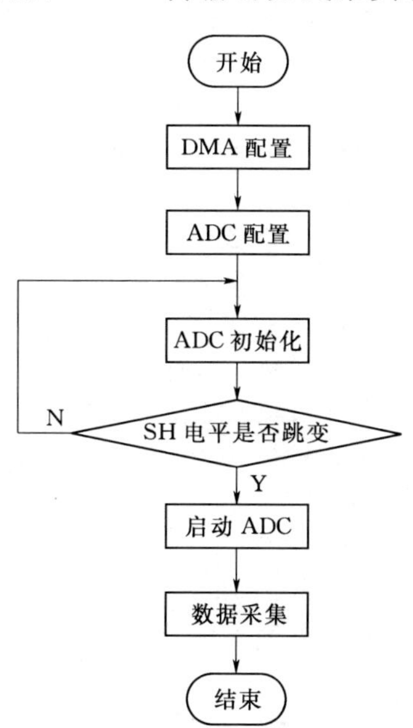

图 7.26　A/D 数据采集的流程图

AD 数据采集程序清单：

```
LCD_ShowString(10,20,200,16,16,"AD1:");
MYDMA_Config(DMA1_Channel1,(u32)&ADC1->DR,(u32)&value,M
*N);
ADC_SoftwareStartConvCmd(ADC1,ENABLE);
DMA_Cmd(DMA1_Channel1,ENABLE);
while(1)
{
    filter();
    for(i=0;i<M;i++)
    {
      avalue[i]=(float)aftervalue[i]*(3.3/4096);
      aftervalue[i]=avalue[i];
    }
    LCD_ShowxNum(47,40,aftervalue[1],4,16,0);
    for(i=0;i<M;i++)
    {
      avalue[i]-=aftervalue[i];
        avalue[i]*=1000;
    }
```

```
    LCD_ShowxNum(82,40,avalue[1],4,16,0);
    delay_ms(200);
}
void  Adc_Init(void)
{
    ADC_InitTypeDef ADC_InitStructure;
    GPIO_InitTypeDef GPIO_InitStructure;
    RCC_APB2PeriphClockCmd(RCC_APB2Periph_GPIOA|RCC_APB2Periph_ADC1,ENABLE );  //使能 ADC1 通道时钟
    RCC_ADCCLKConfig(RCC_PCLK2_Div4);  //设置 ADC 分频因子 56M/4=14
    GPIO_InitStructure.GPIO_Pin = GPIO_Pin_1;
    GPIO_InitStructure.GPIO_Mode = GPIO_Mode_AIN;
    GPIO_Init(GPIOA,&GPIO_InitStructure);
    ADC_DeInit(ADC1);  //复位 ADC1,将外设 ADC1 全部寄存器设置为缺省值
    ADC_InitStructure.ADC_Mode = ADC_Mode_Independent;
    ADC_InitStructure.ADC_ScanConvMode = ENABLE;
    ADC_InitStructure.ADC_ContinuousConvMode = ENABLE;
    ADC_InitStructure.ADC_ExternalTrigConv = ADC_ExternalTrigConv_None;
    ADC_InitStructure.ADC_DataAlign = ADC_DataAlign_Right;ADC_InitStructure.
    ADC_NbrOfChannel = M;
    ADC_Init(ADC1,&ADC_InitStructure);  // 初始化 ADC1
    ADC_RegularChannelConfig(ADC1,ADC_Channel_1,2,ADC_SampleTime_239Cycles5);
    ADC_Cmd(ADC1,ENABLE);  //使能 ADC1
    ADC_DMACmd(ADC1,ENABLE);
    ADC_ResetCalibration(ADC1);
    while(ADC_GetResetCalibrationStatus(ADC1));
    ADC_StartCalibration(ADC1);
    while(ADC_GetCalibrationStatus(ADC1));
}
void MYDMA_Config(DMA_Channel_TypeDef * DMA_CHx,u32 cpar,u32 cmar,u16 cndtr)
{
    DMA_InitTypeDef DMA_InitStructure;
    RCC_AHBPeriphClockCmd(RCC_AHBPeriph_DMA1,ENABLE);  //使能 DMA 1 通道时钟
    DMA_DeInit(DMA_CHx);
    DMA1_MEM_LEN=cndtr;
    DMA_InitStructure.DMA_PeripheralBaseAddr = cpar;
    DMA_InitStructure.DMA_MemoryBaseAddr = cmar;
    DMA_InitStructure.DMA_DIR = DMA_DIR_PeripheralSRC;
    DMA_InitStructure.DMA_BufferSize = cndtr;
    DMA_InitStructure.DMA_PeripheralInc = DMA_PeripheralInc_Disable;
    DMA_InitStructure.DMA_MemoryInc = DMA_MemoryInc_Enable;
    DMA_InitStructure.DMA_PeripheralDataSizeDMA_PeripheralDataSize_HalfWord;
```

```
    DMA_InitStructure.DMA_MemoryDataSize=DMA_MemoryDataSize_HalfWord
    DMA_InitStructure.DMA_Mode = DMA_Mode_Circular;
    DMA_InitStructure.DMA_Priority = DMA_Priority_High;
    DMA_InitStructure.DMA_M2M = DMA_M2M_Disable;
    DMA_Init(DMA_CHx,&DMA_InitStructure);  //初始化 DMA1 寄存器
}
```

3. 数据处理及运算程序

采集到的 CCD 像元数据必须进行相应的处理，CCD 各像元的输出信号表示像元的光强分布，通过像元数据获得图像边缘的位置信息。

采用二值化图像分割方法对数据逐一进行二值分割，来完全分割目标图像与背景光，获得清晰的目标和背景。若灰度值小于阈值，则判定为背景；若灰度值大于阈值，则判定为目标。其中，二值化图像分割后的灰度值只有 0 和 255 两个值，即把所有大于阈值 M 的像素点的灰度值设置为 0，而小于 M 的设置为 255。

最终的灰度值小于域值的像素数减去 CCD 哑元的数目，得到被测缝合线所占用的有效像元数目。将该数值与 CCD 像敏单元尺寸 7μm 相乘，再乘以 CCD 镜头的光学放大倍率 β，即得到被测可吸收缝合线线径的测量尺寸。

线径检测模块软件流程图如图 7.27 所示。具体过程如下：

（1）模块整体进行初始化。

（2）配置相关 I/O 口、DMA、A/D 转换器。

（3）启动 CCD、DMA、A/D 转换器。

（4）将采样得到的数字信号通过数据总线存入 SRAM 中并进行存储。

（5）判断是否采集完成，若未采集完成，重新启动 DMA、A/D 进行数据采集。

（6）若采集完成，由 STM32F103ZET6 发送中断信号，关闭 CCD 及 A/D。

（7）读取 SRAM 中存储的数据并进行运算处理。

（8）判断运算是否完成，若未完成，进行等待并再次判断。

（9）若运算完成，得出所测缝合线线径。

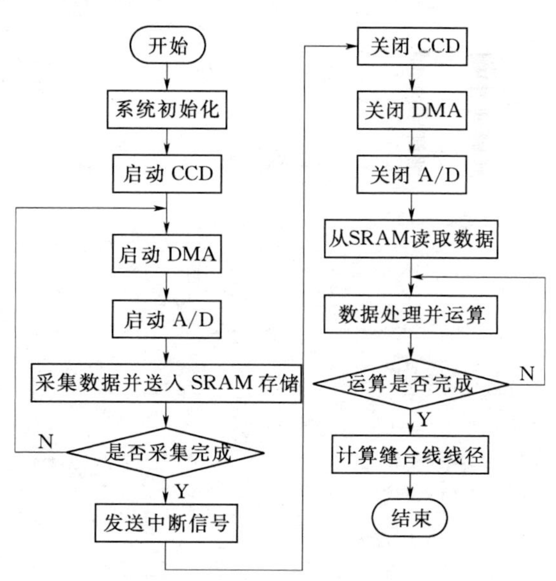

图 7.27 线径检测模块软件流程图

7.2.5 调试试验

将光源、镜头、线阵 CCD 分别安装在设计的检测模块中，将 STM32F103ZET6 与线径检测硬件电路板连接，调整光源、镜头、线阵 CCD 三者高度，保证投影在像敏面上的图像边缘清晰，且投影在图像中心位置。STM32F103ZET6 与线径检测电路板连接如图

图 7.28　STM32F103ZET6 与线径检测电路板连接图

7.28 所示。转移脉冲 SH 对应 GPIOB.8，驱动脉冲 CR1 对应 GPIOB.9，驱动脉冲 CR2 对应 GPIOB.10，复位脉冲 RS 对应 GPIOB.11，缓冲控制脉冲 CP 控制对应 GPIOB.12，使用型号为 DS1302CA 的示波器分别接入五路驱动脉冲，TCD1209D 的驱动时序波形如图 7.29 所示，其中图 7.29（a）为转移脉冲 SH 的波形图，图 7.29（b）为复位脉冲 RS 及缓冲控制脉冲 CP 的波形图，图 7.29（c）为驱动脉冲 CR1 的波形图，图 7.29（d）为驱动脉冲 CR2 的波形图。

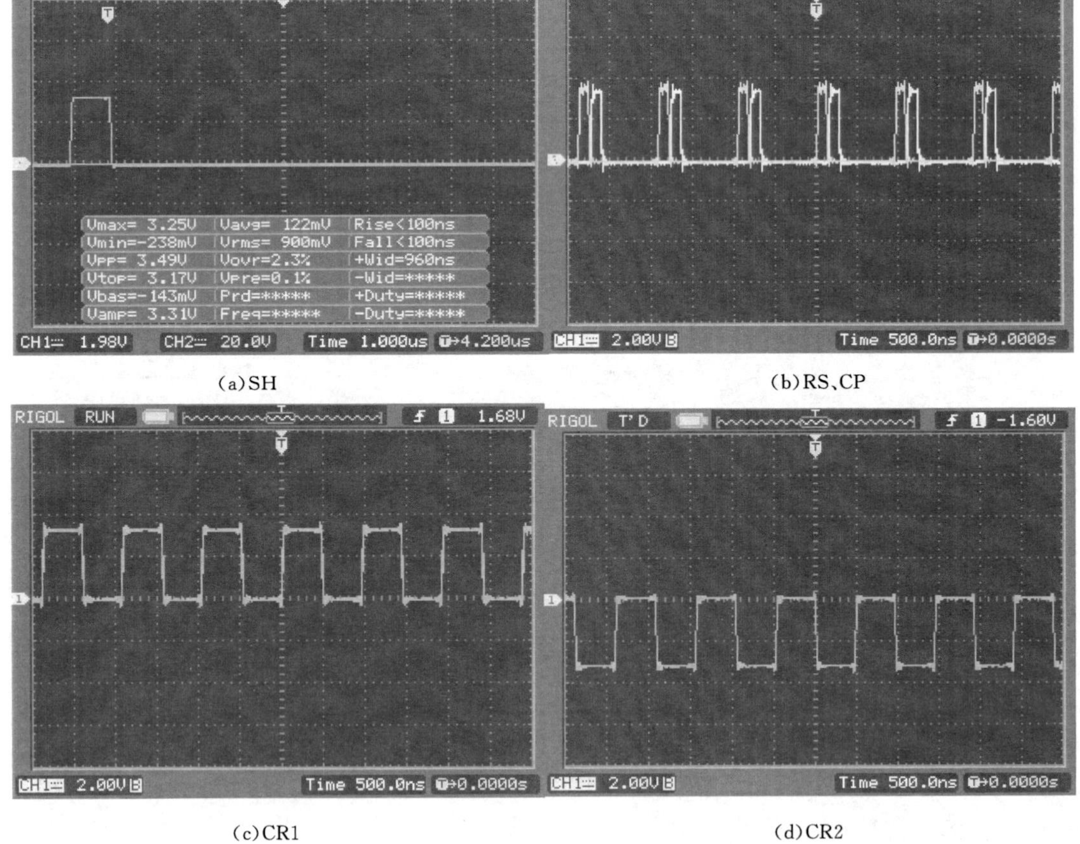

(a)SH　　(b)RS、CP

(c)CR1　　(d)CR2

图 7.29　TCD1209D 的驱动时序波形

将 TCD1209D 的输出信号 OS 接入型号为 DS1302CA 的示波器中进行波形显示，TCD1209D 输出信号 OS 波形如图 7.30 所示。取一根规格为 3－0 的壳聚糖-胶原蛋白可吸收缝合线放在设计的检测模块中。图 7.30（a）为线阵 CCD 在无遮挡时的输出波形，图 7.30（b）为线阵 CCD 在有壳聚糖—胶原蛋白可吸收缝合线遮挡时的实际输出。

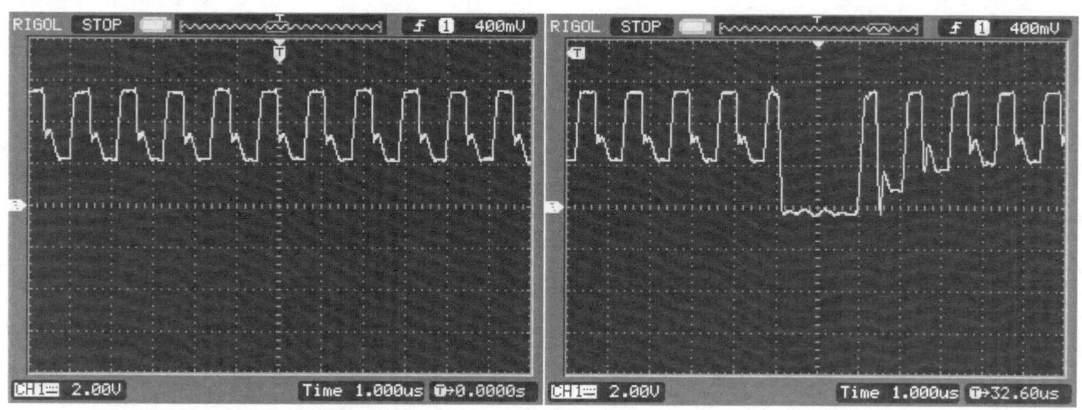

(a) TCD1209D 无遮挡时的输出波形　　(b) TCD1209D 有缝合线时的输出波形

图 7.30　线阵 CCD 输出信号 OS 波形

线阵 CCD 输出信号经数据采集处理后，送入上位机进行图像信息的采集。系统采集的灰度曲线如图 7.31 所示。图形中最两侧的低电平代表 TCD1209D 中 40 个哑元的位置，中间的高电平表示 TCD1209D 的 2048 个有效像敏元中未被缝合线遮挡的部分，中间部分的低电平表示 TCD1209D 的 2048 个有效像敏元中被待测壳聚糖—胶原蛋白可吸收缝合线遮挡的部分，计算 CCD 中被遮挡部分的尺寸即可算出缝合线的实际线径值。

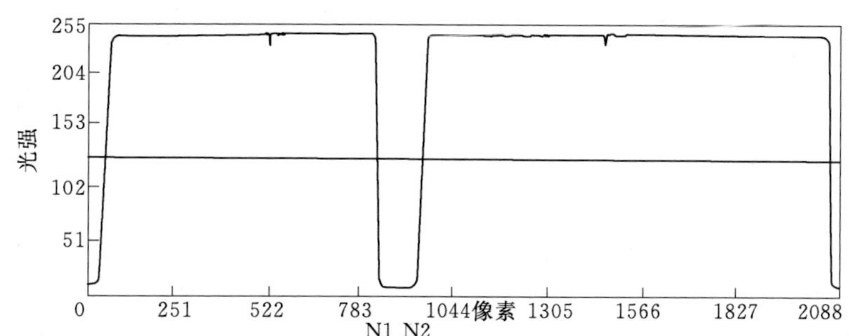

图 7.31　图像采集界面

由基于遗传算法的二值化图像分割方法确定阈值为 130，此时对应的 N_1 为 823、N_2 为 985，图像中缝合线的尺寸为

$$d'=(N_2-N_1)L_0=(985-823)\times 0.014=2.268(\mathrm{mm}) \tag{7.15}$$

缝合线的实际尺寸为

$$d=d'/\beta=2.268/7.17=0.316(\mathrm{mm}) \tag{7.16}$$

以 STM32F123ZET6 的系统时钟作为计时单位，对可吸收缝合线线径检测模块的实时性进行了测试。经多次测量，线径检测模块的数据采集与处理时间总和不超过 3ms，满足实时性的要求。

习　题

7.1　基本二阶系统包括哪些环节？

7.2　PID 整定方法有几大类？本设计中 PID 整定方法是什么？

7.3　如何使用 Proteus 进行软件仿真？

7.4　线阵 CCD 检测在机械工程领域有何应用？

7.5　线阵 CCD 光电转换的特性是什么？

7.6　STM32 的 ADC 如何配置？

7.7　STM32 的 DMA 传输如何与 ADC 配合使用？如何配置 DMA？

7.8　如何使用 Altium Designer 软件进行电路设计？

参 考 文 献

[1] 隋修武，张宏杰，桑宏强，等．机械工程领域专业学位研究生案例教学方法研究 [J]. 才智，2017：144.
[2] 袁中凡，李彬彬，陈爽．机电一体化技术 [M]. 2版．北京：电子工业出版社，2010.
[3] 隋修武．机械电子工程原理与系统设计 [M]. 北京：国防工业出版社，2012.
[4] 蔡自兴，余伶俐，肖晓明．智能控制原理与应用 [M]. 北京：清华大学出版社，2014.
[5] 郭阳宽，王正林．过程控制工程及仿真：基于 MATLAB/Simulink [M]. 北京：电子工业出版社，2009.
[6] 卜王辉，陈茂林，李梦如．MATLAB基础与机械工程应用 [M]. 北京：科学出版社，2016.
[7] 刘超，高双．自动控制原理的 MATLAB 仿真与实践 [M]. 北京：机械工业出版社，2015.
[8] 郭广颂．智能控制技术 [M]. 北京：北京航空航天大学出版社，2014.
[9] 孙增圻，邓志东，张再兴．智能控制理论与技术 [M]. 北京：清华大学出版社，2011.
[10] 赵小川，赵斌．MATLAB 数字图像处理——从仿真到 C/C++代码的自动生成 [M]. 北京：北京航空航天大学出版社，2015.
[11] 王英强，陈绥阳，张文胜．Android 应用程序设计 [M]. 北京：清华大学出版社，2016.
[12] 周伟．基于 MATLAB 的小波分析应用 [M]. 西安：西安电子科技大学出版社，2010.
[13] 李刚，林凌．生物医学电子学 [M]. 北京：北京航空航天大学出版社，2014.
[14] 李天钢，马春排．生物医学测量与仪器——原理与设计 [M]. 西安：西安交通大学出版社，2009.
[15] 孙传友，孙晓斌．测控系统原理与设计 [M]. 北京：北京航空航天大学出版社，2007.
[16] 隋修武．测控技术与仪器创新设计实用教程 [M]. 北京：国防工业出版社，2012.
[17] 广州市星翼电子科技有限公司．STM32 不完全手册 V3.1 -寄存器版本 [Z]. 2014.
[18] 广州市星翼电子科技有限公司．STM32 不完全手册 V3.1 -库函数版本 [Z]. 2014.
[19] 李先允．电力电子技术 [M]. 北京：中国电力出版社，2006.
[20] 张立勋．机电系统建模与仿真 [M]. 哈尔滨：哈尔滨工业大学出版社，2010.
[21] 李媛．小波变换及其工程应用 [M]. 北京：北京邮电大学出版社，2010.
[22] 黄夫海．数字信号处理原理及其 Lab VIEW 实现 [M]. 北京：电子工业出版社，2015.
[23] 薛年喜．MATLAB 在数字信号处理中的应用 [M]. 北京：清华大学出版社，2003.
[24] 沈再阳．精通 MATLAB 信号处理 [M]. 北京：清华大学出版社，2015.
[25] 李刚，林凌．测控电路 [M]. 北京：高等教育出版社，2014.
[26] 贾智平，张瑞华．嵌入式系统原理与接口技术 [M]. 北京：清华大学出版社，2005.
[27] 刘理云．嵌入式单片机开发与应用 [M]. 北京：北京理工大学出版社，2016.
[28] 周自强．机械工程测控技术 [M]. 北京：国防工业出版社，2016.
[29] 李红增，何华锋，李爱华．计算机测控技术 [M]. 西安：西北工业大学出版社，2015.
[30] 王孙安．机械电子工程原理 [M]. 北京：机械工业出版社，2010.
[31] 王岚，赵丹，隋立明．机电系统计算机控制 [M]. 哈尔滨：哈尔滨工程大学出版社，2006.
[32] 陈荷娟．机电一体化系统设计 [M]. 北京：北京理工大学出版社，2008.
[33] 梁景凯，盖玉先．机电一体化技术与系统 [M]. 北京：机械工业出版社，2007.
[34] 王孙安，杜海峰，任华．机械电子工程 [M]. 北京：科学出版社，2003.

[35] 徐航，徐九南，熊威．机电一体化技术基础［M］．北京：北京理工大学出版社，2010.
[36] 魏俊民，周砚江．机电一体化系统设计［M］．北京：中国纺织出版社，1998.
[37] 林宋，郭瑜茹．光机电一体化技术应用100例［M］．2版．北京：机械工业出版社，2010.
[38] 范宁军，李杰，王正杰．光机电一体化系统设计［M］．北京：机械工业出版社，2010.
[39] 于金．机电一体化系统设计及实践［M］．北京：化学工业出版社，2008.
[40] 李宇成，郑勇，许芬，等．自动化系统设计与能力创新案例教程［M］．北京：国防工业出版社，2012.
[41] 武自芳，虞鹤松，王秋才．微机控制系统及其应用［M］．4版．北京：电子工业出版社，2007.
[42] 黄长艺，严普强．机械工程测试技术基础［M］．2版．北京：机械工业出版社，2002.
[43] 赵学增．现代传感技术基础及应用［M］．北京：清华大学出版社，2010.
[44] 施文康，余晓芬，樊玉铭．检测技术［M］．2版．北京：机械工业出版社，2007.
[45] 赵树忠．机电测试技术［M］．北京：机械工业出版社，2005.
[46] 戚新波，范峥，田效伍．检测技术与智能仪器［M］．北京：电子工业出版社，2007.
[47] 徐文尚，武超，亢洁，等．计算机控制系统［M］．北京：北京大学出版社，2007.
[48] 李国勇．智能控制及其MATLAB实现［M］．北京：电子工业出版社，2006.
[49] 中国科学技术协会，中国仪器仪表学会．仪器科学与技术学科发展报告［M］．北京：中国科学技术出版社，2007.
[50] 顾德英，罗云林，马淑华．计算机控制技术［M］．2版．北京：北京邮电大学出版社，2006.
[51] 吴坚，赵英凯，黄玉清．计算机控制系统［M］．武汉：武汉理工大学出版社，2002.
[52] 赵廷才，王杰，孙中健．工业控制计算机组成原理［M］．北京：清华大学出版社，2001.
[53] 周永喜，施群，王小椿．基于DSP的运动控制卡的设计与实现［J］．机床与液压，2003（3）：86-88.
[54] 高云峰，姜华．基于DSP的PCI总线通用6轴运动控制卡的硬件设计［J］．组合机床与自动化技术，34-36.
[55] 宫淑贞．可编程控制器原理及应用［M］．2版．北京：人民邮电出版社，2009.
[56] 周志学，吴晓君，马松龄．机电传动控制［M］．北京：国防工业出版社，2011.
[57] 郭丙君．电机与拖动基础［M］．北京：化学工业出版社，2012.
[58] 王耕，王晓雷．控制电机及其应用［M］．北京：电子工业出版社，2012.
[59] 邓星钟．机电传动控制［M］．4版．武汉：华中科技大学出版社，2007.
[60] 孙建忠，刘凤春．电动机与拖动［M］．北京：机械工业出版社，2011.
[61] 许建国．电机与拖动基础［M］．北京：高等教育出版社，2009.
[62] 张立勋，张今瑜，杨勇．机电一体化系统设计［M］．哈尔滨：哈尔滨工业大学出版社，2004.
[63] 隋修武，刘蕾，杜玉红，等．基于线阵CCD的可吸收缝合线线径在线检测系统［J］．传感技术学报，2014，27（8）：1154-1158.